高等职业教育创新型系列教材
信息化数字资源配套教材

液压气动技术与应用

▶▶

杨成刚　主编
赵红美　杨丽璇　副主编

YEYA QIDONG
JISHU YU YINGYONG

化学工业出版社

·北京·

内 容 简 介

《液压气动技术与应用》根据教育部对高等职业教育人才培养目标的要求，结合高等职业教育人才培养特点和编者的教学与实践经验编写而成，内容包括液压传动简述、液压传动基础、液压泵和液压马达、液压缸、液压控制阀、液压辅助元件、液压基本回路、典型液压系统、气动基础知识、气动执行元件、气动控制阀、气动回路、典型气动系统及使用维护。本书设置了知识、技能、素质目标，每章后附有理论、技能、素质考核试题，添加了"学习体会"空间，并拓展了专业英语等内容。为方便教学，配套了动画、视频等资源可扫描书中二维码观看，电子课件等资源可以免费下载（QQ群410301985）。

本书可作为职业教育机械、机电类专业教材，并可供作为培训教材使用，也可供相关工程技术人员参考。

图书在版编目（CIP）数据

液压气动技术与应用/杨成刚主编．—北京：化学工业出版社，2021.6
ISBN 978-7-122-38770-7

Ⅰ.①液… Ⅱ.①杨… Ⅲ.①液压传动-高等职业教育-教材②气压传动-高等职业教育-教材 Ⅳ.①TH137②TH138

中国版本图书馆CIP数据核字（2021）第051796号

责任编辑：韩庆利　　　　　　　　　　　　　　　文字编辑：宋旋　陈小滔
责任校对：宋玮　　　　　　　　　　　　　　　　装帧设计：史利平

出版发行：化学工业出版社（北京市东城区青年湖南街13号　邮政编码100011）
印　　装：三河市延风印装有限公司
787mm×1092mm　1/16　印张 19½　字数 504千字　2021年9月北京第1版第1次印刷

购书咨询：010-64518888　　　　　　　　　　　售后服务：010-64518899
网　　址：http://www.cip.com.cn
凡购买本书，如有缺损质量问题，本社销售中心负责调换。

定　价：55.00元　　　　　　　　　　　　　　　　　　　　版权所有　违者必究

序

唐山工业职业技术学院的杨成刚教授，日前送来他主编的新书《液压气动技术与应用》高等职业教育机械类专业通用教材，希望我作序。

伴随科学技术和经济社会的飞速发展，在港口物流、船舶制造、钢铁冶金、机械制造、航空航天、军事装备等众多领域液压传动技术日益广泛的应用，甚至，液压传动技术普及程度也已作为一个国家工业化程度的标志之一。液压系统的可靠性、可维修性的提高，使各个行业对液压专业的人才多层次的需求日益凸显，特别是液压装备的数据采集、故障预测和维护技术技能型人才的需求，尤其突出。

杨成刚教授主编的《液压气动技术与应用》教材，强调立德树人的理念和创新意识、工匠精神的形成教育，而且该书理论知识够用，更突出了液压职业技能综合能力的培养。该教材的特点：一是，全视角育人，从普及液压基础知识和液压技术实际操作技能等方面全方位满足育人需求；二是，液压新技术和应用案例引领，在拓展空间中，把最新的科研成果"液压有源测试技术"及其典型故障诊断和排除案例、英语阅读等收录进来，为提高读者的技术技能提供手段；三是，该教材拓展了阅读空间，为了便于读者阅读，在显著位置插入二维码，提供了动画、微视频等资源，并在合适的位置为读者提供了记录学习笔记的空间位置和学习效果检测的测试题。

我与杨成刚教授已经合作了十多年，参与完成了多项国家重点工程项目，如中国天眼 FAST 液压促动器可靠性研究的现场测试和故障排除，大型工程运载施工装备的现场有源快速测试等项目。

杨成刚教授具有三十多年的液压技术理论和实践教学经验，本书将在其项目实施过程中积累的各种实际操作技巧和经验收录在该教材中，可以满足大学生、大专生、企业工程技术人员和生产一线的装备数据采集故障诊断和维修维护人员等对液压系统设备维护维修技能提高的要求，是具有实用特色的液压技术工具书。感谢该教材为液压技术的普及和应用做出的贡献。

2021 年 04 月

前言

本书作为高等职业教育机电类专业通用教材,是根据教育部新时代高等教育40条目标要求,以思政教育引导教材建设,结合企业人才职业素养需求和高等教育人才培养的特点,以及编者多年的教学和实践经验精心编写而成的。基于液压气动技术在国民经济中的广泛应用和对专业维护人才的需求,"液压气动技术与应用"课程在机电类专业人才培养中的地位和作用日益凸显。本书特色其一,强调立德树人的理念,以理论知识够用,突出职业能力的培养和创新意识、工匠精神的形成教育;其二,加入了编者最新的科研成果"液压有源测试技术";其三,设置了知识、技能和素质考核内容,供阅读者测验学习效果;其四,为了便于读者阅读,在合适位置添加了"学习体会"空间和各种学习资源的二维码,最大限度地为读者提供方便。此外,本书中的拓展空间,汇集了液压气动技术的最新发展、常用专业英语等方面内容,为学生课内知识和职业能力的提升以及课外阅读提供了较丰富的资源。

本书适用于60~90学时的教学,教师可根据专业人才培养目标的不同而进行教学内容的取舍。此外,本书也可以作为1+X职业技能等级证书培训教材,成人高校、中等职业学校机电类专业教材,同时,可供本科学生、工程技术人员参考或作为自学职业能力提升用书。

本书由唐山工业职业技术学院杨成刚教授主编,唐山工业职业技术学院赵红美副教授、金杜律师事务所杨丽璇任副主编。参与本书编写的有唐山工业职业技术学院张雨新副教授,河北钢铁集团唐山钢铁公司董新华、张海成高级工程师,唐山工业职业技术学院张斌工程师,赵士明、郑杰、董瑞佳、张海峰和刘艳柳等讲师,河北港口集团港口机械有限公司张春辉高级工程师,唐山宏远专用汽车有限公司高健工程师,唐山港集团股份有限公司邱良高级工程师。编书分工:第1~3章由杨成刚、高健编写;第4~5章由赵红美、张海成编写;第6章由赵士明、董新华编写;第7章由张斌、张海成编写;第8章由郑杰、董新华编写;第9~10章由张雨新、张春辉编写;第11章由董瑞佳、刘艳柳编写;第12~13章由张海峰、张斌、邱良编写;全书英文由杨丽璇编译。杨成刚和杨丽璇对全书进行策划和统稿。燕山大学赵静一教授、中建工程产业技术研究院有限公司黎泽桑工程师审稿。

本书在编写过程中，得到了唐山工业职业技术学院机械工程系孙艳敏主任、机械设备教研室教师们，自动化工程系主任王凤华主任、机电教研室等教师们的大力帮助，唐山工业职业技术学院科研处处长崔发周教授、中国重汽集团唐山宏远专用汽车有限公司张辉工程师、燕山大学机械工程学院蔡伟博士对本书的编写提出了宝贵意见，在此，谨致由衷感谢。

本书配套资源丰富，配有章节重点知识和技能电子课件、部分动画、微视频、考核内容和答案。

由于编者水平和经验有限，书中难免存在一些疏漏和瑕疵，恳请读者批评指正。

编　者

目 录

第1章 液压传动简述 ... 1

1.1 液压传动的工作原理及组成部分 ... 1
- 1.1.1 液压千斤顶工作原理和各部分作用 ... 2
- 1.1.2 平面磨床工作原理和各部分作用 ... 3
- 1.1.3 液压传动系统的组成部分 ... 4
- 1.1.4 液压传动系统的图形符号 ... 4

1.2 液压传动应用和发展 ... 5
- 1.2.1 液压传动应用 ... 5
- 1.2.2 液压传动的发展 ... 6
- 1.2.3 液压传动的优缺点 ... 7

1.3 职业技能 ... 8
- 1.3.1 液压千斤顶使用注意事项 ... 8
- 1.3.2 液压千斤顶使用操作规范 ... 9
- 1.3.3 液压千斤顶故障诊断排除 ... 10
- 1.3.4 液压系统维护安全规范 ... 10

第2章 液压传动基础 ... 15

2.1 液体流动的基本概念 ... 15
- 2.1.1 液体压力 ... 15
- 2.1.2 液压冲击和气穴 ... 18
- 2.1.3 其他概念 ... 19

2.2 液体流动规律 ... 19
- 2.2.1 伯努利方程 ... 19
- 2.2.2 连续性方程 ... 22

2.3 液压传动的工作介质 ... 23
- 2.3.1 液压油性质 ... 23
- 2.3.2 液压油种类和牌号 ... 25

  2.3.3 液压油选用 ·· 26
2.4 ▶ 职业技能 ··· 27
  2.4.1 液压油中的污染物及其清除方法 ··· 27
  2.4.2 压力表和真空表放置位置和用途 ··· 30
  2.4.3 压力损失检测及降低方法 ·· 31

第3章
液压泵和液压马达   36

3.1 ▶ 液压泵和液压马达的工作原理 ··· 36
  3.1.1 液压泵的工作原理 ·· 36
  3.1.2 液压泵的性能参数 ·· 37
  3.1.3 液压马达的工作原理 ·· 39
  3.1.4 液压马达的性能参数 ·· 40
  3.1.5 液压马达和液压泵的比较 ·· 41
3.2 ▶ 液压泵 ·· 42
  3.2.1 齿轮泵 ·· 42
  3.2.2 叶片泵 ·· 45
  3.2.3 柱塞泵 ·· 49
3.3 ▶ 液压马达 ·· 52
  3.3.1 齿轮马达 ·· 52
  3.3.2 叶片马达 ·· 53
  3.3.3 轴向柱塞马达 ··· 54
  3.3.4 径向柱塞马达 ··· 54
3.4 ▶ 职业技能 ··· 55
  3.4.1 液压泵和液压马达选用 ·· 55
  3.4.2 液压泵和液压马达型号介绍 ··· 59
  3.4.3 液压泵和液压马达安装与调试 ·· 60
  3.4.4 液压泵的旋向的调整 ·· 61
  3.4.5 液压泵故障诊断与维护 ·· 61
  3.4.6 液压马达故障诊断与维护 ·· 63

第4章
液压缸   70

4.1 ▶ 液压缸的类型和特点 ··· 70
  4.1.1 双作用液压缸 ··· 70
  4.1.2 其他液压缸 ··· 75
  4.1.3 液压缸的结构 ··· 76
4.2 ▶ 职业技能 ··· 80
  4.2.1 液压缸的选用 ··· 80
  4.2.2 液压缸型号介绍 ··· 84
  4.2.3 液压缸安装与调试 ·· 84
  4.2.4 液压缸故障诊断与维护 ·· 86

第5章 液压控制阀 — 93

5.1 方向控制阀 — 94
- 5.1.1 单向阀 — 94
- 5.1.2 换向阀 — 98

5.2 压力控制阀 — 105
- 5.2.1 溢流阀 — 105
- 5.2.2 减压阀 — 111
- 5.2.3 顺序阀 — 114

5.3 流量控制阀 — 117
- 5.3.1 流量控制阀概述 — 117
- 5.3.2 节流阀 — 119
- 5.3.3 调速阀 — 120
- 5.3.4 流量控制阀的应用 — 122

5.4 职业技能 — 124
- 5.4.1 液压控制阀选用 — 124
- 5.4.2 液压控制阀型号介绍 — 127
- 5.4.3 液压控制阀调试 — 127
- 5.4.4 液压控制阀的故障诊断与维护 — 129

第6章 液压辅助元件 — 139

6.1 油箱 — 139
- 6.1.1 油箱的分类 — 140
- 6.1.2 油箱的典型结构 — 140
- 6.1.3 油箱的设计 — 140

6.2 过滤器 — 141
- 6.2.1 过滤器的作用 — 141
- 6.2.2 过滤器的典型结构 — 141
- 6.2.3 过滤器的过滤精度 — 143
- 6.2.4 过滤器的选用 — 143
- 6.2.5 过滤器的安装 — 143

6.3 压力表和压力表开关 — 144
- 6.3.1 压力表 — 144
- 6.3.2 压力表开关 — 145

6.4 油管和管接头 — 145
- 6.4.1 油管 — 145
- 6.4.2 管接头 — 147

6.5 蓄能器 — 148
- 6.5.1 蓄能器的类型和结构 — 148
- 6.5.2 蓄能器的功能 — 149
- 6.5.3 蓄能器的使用 — 150

6.6 ▶ 密封装置 150
　6.6.1　对密封装置的要求 150
　6.6.2　密封装置的类型和特点 151
6.7 ▶ 职业技能 154
　6.7.1　液压油箱的清洗技巧 154
　6.7.2　液压系统的清洗方法 155
　6.7.3　管路安装注意事项 156
　6.7.4　蓄能器使用及维护注意事项 157
　6.7.5　液压管路泄漏的排除方法 158
　6.7.6　压力表选用使用技巧 158

第7章 液压基本回路　162

7.1 ▶ 方向控制回路 162
　7.1.1　换向回路 163
　7.1.2　锁紧回路 163
　7.1.3　启停回路 164
7.2 ▶ 压力控制回路 164
　7.2.1　调压回路 164
　7.2.2　减压回路 166
　7.2.3　增压回路 166
　7.2.4　保压回路 167
　7.2.5　卸荷回路 168
　7.2.6　平衡回路 170
　7.2.7　缓冲回路 171
　7.2.8　卸压回路 171
7.3 ▶ 速度控制回路 172
　7.3.1　调速回路 172
　7.3.2　快速运动回路 178
　7.3.3　速度换接回路 179
7.4 ▶ 多缸动作控制回路 181
　7.4.1　顺序动作回路 181
　7.4.2　同步控制回路 182
7.5　职业技能 184
　7.5.1　液压回路分析 184
　7.5.2　回路选用禁忌 187

第8章 典型液压系统　193

8.1 ▶ 组合机床动力滑台液压系统 194
　8.1.1　概述 194
　8.1.2　液压系统工作原理 194
　8.1.3　YT4543动力滑台液压主要元件作用 196

8.1.4　YT4543动力滑台液压系统特点 ·················197
8.2 ▶ 注塑机液压传动系统 ·················197
　　8.2.1　概述 ·················197
　　8.2.2　液压系统工作原理 ·················198
　　8.2.3　液压系统主要元件作用 ·················201
　　8.2.4　液压系统的特点 ·················201
8.3 ▶ 混凝土搅拌车液压系统 ·················201
　　8.3.1　概述 ·················201
　　8.3.2　液压系统工作原理 ·················202
　　8.3.3　主要元件作用 ·················203
　　8.3.4　系统特点 ·················203
8.4 ▶ 职业技能 ·················204
　　8.4.1　液压系统安装时的注意事项 ·················204
　　8.4.2　液压系统调试中的注意事项 ·················206
　　8.4.3　液压系统的使用与维护注意事项 ·················208
　　8.4.4　液压系统故障诊断技术分类及实际诊断技巧 ·················211
　　8.4.5　典型液压系统的安装使用与故障诊断 ·················215

第9章　气动基础知识　222

9.1 ▶ 气压传动原理和组成 ·················222
　　9.1.1　气压传动原理 ·················223
　　9.1.2　气压传动系统组成 ·················223
　　9.1.3　气动技术的应用与发展 ·················224
　　9.1.4　气动技术的优缺点 ·················225
　　9.1.5　空气的性质 ·················225
9.2 ▶ 气源装置及气动辅助元件 ·················226
　　9.2.1　气源装置 ·················226
　　9.2.2　空气压缩机 ·················227
　　9.2.3　气动辅助元件 ·················229
9.3 ▶ 职业技能 ·················235
　　9.3.1　空压机使用注意事项和故障诊断维护方法 ·················235
　　9.3.2　气动三联件使用和调试技巧 ·················237

第10章　气动执行元件　243

10.1 ▶ 气缸 ·················243
　　10.1.1　气缸的分类 ·················244
　　10.1.2　常用气缸的结构特点和工作原理 ·················244
10.2 ▶ 气动马达 ·················246
　　10.2.1　气动马达的分类 ·················246
　　10.2.2　常用气动马达的结构特点和工作原理 ·················247

10.3 ▶ 职业技能 ·· 248
　10.3.1　气动执行元件的维护保养 ··· 248
　10.3.2　气动执行元件使用注意事项和故障诊断 ················· 249
　10.3.3　气缸的选择 ··· 250

第11章　气动控制阀　　　　　　　　　　　　　　　　256

11.1 ▶ 方向控制阀 ·· 256
　11.1.1　单向型控制阀 ··· 257
　11.1.2　换向型控制阀 ··· 258
11.2 ▶ 压力控制阀 ·· 261
　11.2.1　减压阀 ··· 261
　11.2.2　溢流阀 ··· 263
　11.2.3　顺序阀 ··· 263
11.3 ▶ 流量控制阀 ·· 264
　11.3.1　单向节流阀 ··· 264
　11.3.2　排气节流阀 ··· 264
11.4 ▶ 职业技能 ·· 265
　11.4.1　气动控制阀选用 ··· 265
　11.4.2　气动控制阀的使用与维护 ··· 266
　11.4.3　气动控制阀的常见故障与排除方法 ························· 267

第12章　气动回路　　　　　　　　　　　　　　　　　273

12.1 ▶ 方向控制回路 ·· 273
　12.1.1　单作用气缸换向控制 ··· 273
　12.1.2　双作用气缸控制回路 ··· 274
12.2 ▶ 压力控制回路 ·· 276
　12.2.1　一次压力控制回路 ··· 276
　12.2.2　二次压力控制回路 ··· 276
　12.2.3　差压回路 ··· 276
　12.2.4　限压回路 ··· 277
　12.2.5　多级压力控制 ··· 277
　12.2.6　增压回路 ··· 278
　12.2.7　压力控制顺序回路 ··· 278
12.3 ▶ 速度控制回路 ·· 279
　12.3.1　单作用气缸的速度控制回路 ····································· 279
　12.3.2　双作用气缸的速度控制回路 ····································· 279
12.4 ▶ 位置控制回路 ·· 280
12.5 ▶ 同步控制回路 ·· 282
12.6 ▶ 安全保护回路 ·· 284
　12.6.1　过载保护回路 ··· 284

12.6.2　互锁回路 ···284
　　12.6.3　双手同时操作回路 ···284
12.7 ▶ 职业技能 ···285
　　12.7.1　气动系统的组建 ···285
　　12.7.2　气动系统使用注意事项和维护保养 ·····································286

第13章　典型气动系统及使用维护　　289

13.1 ▶ 气液动力滑台气动系统 ···289
　　13.1.1　气液动力滑台的构成 ··289
　　13.1.2　气液动力滑台气压传动系统的工作过程 ································290
13.2 ▶ 职业技能 ···291
　　13.2.1　气动系统安装 ···291
　　13.2.2　气动系统维护和保养 ···293
　　13.2.3　气动系统常见故障维修 ··294
参考文献 ···300

第 1 章 液压传动简述

知识目标

1. 认识、理解液压传动的概念。
2. 明晰、掌握液压传动系统的工作原理。
3. 识别、明确液压传动系统的组成部分和作用。
4. 了解液压传动优缺点及主要应用领域。

技能目标

1. 初步了解液压系统使用前及使用中的注意事项。
2. 初步形成液压系统故障的认知和故障诊断意识。
3. 初步形成液压系统维护和故障排除的意识。
4. 学会使用液压千斤顶。

素质目标

1. 把祖国放在心中,有爱国精神。
2. 为国家进步而刻苦读书。
3. 科学精神和团结合作,脚踏实地。

学习导入

液压传动技术是实现工业自动化、智能化的一种重要的手段,具有广阔的发展前景。目前,液压传动技术正向高压、高速、大功率、高效率、低噪声、高集成化、数字化、智能化等方向发展,已形成标准化、系列化、通用化知识和技术体系。特别是近年来,机电液一体化技术的发展,与微电子、计算机技术相结合,促使液压传动技术向更广阔的领域拓展,液压传动技术已经成为一门包括传动、控制和检测在内的完整的自动控制技术。

1.1 液压传动的工作原理及组成部分

所谓传动,是指运动和动力的传递。常见的传动有机械传动、电气传动和流体传动。流体传动又包括液体传动和气体传动。液体传动又可以分成液压传动和液力传动。

液压传动是以液压油为传动介质，利用压力能来实现动力的传递和控制的一种传动方式。液压传动系统的本质是一种能量转换装置，液压传动的过程其实就是机械能—液压能—机械能的能量转换过程。

1.1.1 液压千斤顶工作原理和各部分作用

（1）液压千斤顶工作原理

液压千斤顶是常见重物举升工具和设备，其工作原理如图1-1所示。液压千斤顶由手动柱塞泵和举升油缸两部分构成。手动柱塞泵由杠杆1、小活塞2、小缸体3、单向阀4和5等组成；举升油缸由大活塞7、大缸体6、卸油阀9等组成。液压千斤顶工作时，先手动提起杠杆1，小活塞2被带动上升，小缸体3下腔的密闭容积增大，腔内压力降低并形成部分真空。大缸体下腔内的油液，在重物G作用下，形成的压力使单向阀5关闭。同时，油箱10的油液在大气压力作用下，使单向阀4打开，油液沿吸油管路11进入并充满小缸体3的下腔，完成一次吸油动作。接着压下杠杆1，小活塞2下移，小缸体3下腔的密闭容积减小，其腔内压力升高而使单向阀4关闭，同时克服大缸体6下腔

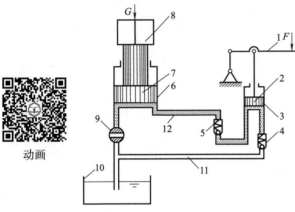

图1-1 液压千斤顶结构工作原理图
1—杠杆；2—小活塞；3—小缸体；4，5—单向阀；
6—大缸体；7—大活塞；8—重物；9—卸油阀；
10—油箱；11—吸油管路；12—压油管路

的压力而使单向阀5打开，小缸体下腔的油液沿压油管路12进入大缸体6的下腔（卸油阀9处于关闭状态），推动大活塞7向上移动，顶起重物8。反复提、压杠杆1，就可以使大活塞7推举重物8不断上升，达到顶起重物的目的。将卸油阀9转动90°，大缸体6下腔与油箱连通，大活塞7在重物8的推动下向下移动，下腔的油液通过卸油阀9流回油箱10。

（2）液压系统两个重要性质

活塞单位面积上受到的力被称为压力，用p表示，对于小活塞下的压力可以用$p=F/A$求得，压力单位为帕（Pa）。设大、小活塞的面积为A_2、A_1，当作用在大活塞上的负载和作用在小活塞上的作用力分别为G和F时，依据帕斯卡原理：连接大、小液压缸下腔管路构成密闭容积内的液体具有相同的压力值，若忽略活塞的运动时的摩擦阻力和油液的黏性损失，则大活塞下腔的压力与小活塞下腔的压力是相等的，即：$p=G/A_2=F/A_1$或者$G=(A_2/A_1)F$，由于大活塞面积大于小活塞面积，因而大活塞上作用的力必然大于小活塞上作用的力。如果在小活塞上施加较小的力，将在大活塞上输出较大的力而顶起重物，因此液压千斤顶在工作时能够省力。我们要注意一个问题：如果大活塞上不作用着负载G，小活塞上就不会有作用力F，压力的形成是由于大活塞上作用的负载G。因此，我们得出液压系统一个重要的性质，液压系统的压力在不考虑黏性力和摩擦力情况下，是由负载决定的。

设大、小活塞的移动速度为v_2、v_1，在不考虑油液的压缩性、漏损和缸体、油管的变形

时，则被小活塞压出的油液的单位时间的体积 $V_1 = v_1 A_1$，必然等于大活塞向上升起后大活塞下腔扩大的单位时间的容积 $V_2 = v_2 A_2$。单位时间的油液体积又称为流量，用 q 表示，$q = v_1 A_1 = v_2 A_2$，因此有：小、大活塞的运动速度分别为 $v_1 = q/A_1$、$v_2 = q/A_2$。由于大活塞面积大于小活塞面积，因而大活塞上升的位移必然小于小活塞下降的位移，换句话说，大活塞上升的速度必然小于小活塞下降的速度，因此液压千斤顶在工作时顶起重物的速度比较慢。因此，我们得出液压系统另一个重要的性质，液压缸的活塞运动速度取决于进入的流量。

(3) 液压千斤顶各元件作用

手动柱塞泵：向系统提供压力油；举升缸：输出力和运动；单向阀：规范了油液流动方向，只允许单向流动，单向阀4允许油液从油箱流入手动柱塞泵，单向阀5允许油液流入举升缸；卸油阀：实现举升缸活塞下腔的油液卸荷流回油箱。

★学习体会：

1.1.2 平面磨床工作原理和各部分作用

(1) 平面磨床工作原理

平面磨床是机械行业常用于碳素钢板类元件精密加工的设备，其液压系统工作原理如图1-2所示。平面磨床液压系统由齿轮泵、溢流阀、换向阀、节流阀、液压缸、过滤器和油箱等元件组成。

电动机驱动齿轮泵3旋转，齿轮泵3吸油侧绝对压力低于大气压，液压油箱1中的液压油在大气压力的作用下，经过滤器2、管道接头进入齿轮泵3内，输送到齿轮泵出油口一侧，换向阀5处在如图阀位下，液压油经换向阀5阀芯缩径位置和管道流入油箱，处在卸荷状态。当推动换向阀5的控制手柄向右到极限位置后，齿轮泵3输出的液压油经换向阀5阀芯缩径位置流入到节流阀6、换向阀7的进口位置，此时，换向阀7阀芯的台肩将进油口封死。当齿轮泵3

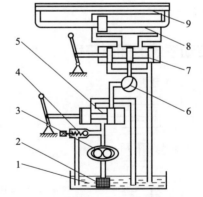

图1-2 平面磨床液压系统结构工作原理图
1—油箱；2—过滤器；3—齿轮泵；4—溢流阀；
5，7—换向阀；6—节流阀；8—液压缸；
9—工作台

输出的油液压力达到溢流阀4的调定压力时，输出的液压油液经溢流阀4溢流回液压油箱1，系统处于等待运动状态，且系统压力处在最大状态。当向右推动换向阀7的手柄到极限位置后，齿轮泵3输出的液压油液经换向阀7的阀芯的左缩径到达液压缸8的左腔，液压缸8的右腔的液压油液经换向阀7的阀芯右缩径，经管道流回油箱1，实现液压缸8活塞杆推动负载向右运动。同理，当向左拉动换向阀7的手柄到极限位置后，液压缸8活塞杆推动负载向左运动。不断地往返推动换向阀7手柄,就实现了液压缸8不断的循环运动,在工作过程中,当换向阀5向左拉到极限位置,齿轮泵输出的油液经换向阀5卸荷,液压油缸停止运动。

(2) 各主要元件的作用

① 液压泵3:向系统提供压力油,是液压系统的动力源。
② 溢流阀4:限定了系统的最大压力,起到保护系统的作用。
③ 换向阀5:启停作用。
④ 节流阀6:调节液压油进入的流量,实现液压缸运动速度的调节。
⑤ 换向阀7:改变进入液压缸的油液的方向,从而实现液压缸的往复运动。
⑥ 液压缸8:实现液压能转换为直线运动和输出力。

1.1.3 液压传动系统的组成部分

从以上实例可以看出,一个完整的液压传动系统主要由以下几部分组成:

① 动力元件。它将原动机输出的机械能转换为油液的压力能,提供液压系统所需的压力油。常见的动力元件是液压泵。

② 执行元件。它将油液的压力能转换为机械能,驱动工作机构做直线运动或旋转运动。常见的执行元件是液压缸和液压马达。

③ 控制元件。它控制和调节系统中油液的压力、流量和流动方向。控制元件包括各种压力控制阀、流量控制阀和方向控制阀,这些元件的不同组合组成了不同功能的液压系统。

④ 辅助元件。它将前面三部分元件连接起来组成一个系统,起着储油、过滤、测量和密封等作用,以保证液压系统可靠、稳定、持久地工作。辅助元件包括管路、管接头、油箱、过滤器、蓄能器、密封件和控制仪表等。

⑤ 工作液体。它是液压传动中传递能量的载体,也是液压传动系统中最本质的一个组成部分,被称为液压油。

1.1.4 液压传动系统的图形符号

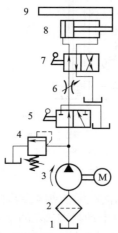

图1-3 磨床液压系统图形符号工作原理图
1—油箱;2—过滤器;3—液压泵;4—溢流阀;
5,7—换向阀;6—节流阀;8—液压油缸;9—工作平台

液压传动系统的原理图是由代表各种液压元件、辅件及连接形式的图形符号组成的,是用以表达一个液压系统工作原理的示意图。

液压传动系统的原理图有两种表达方式:一种是按照元件结构式绘制的系统原理图,如图1-1、图1-2所示,这种原理图比较直观,元件结构特点清楚明了,但图形繁琐,绘制麻烦,一般较少使用;另一种是用图形符号表示的系统原理图,即把各类液压元件用规定的图形符号表示。如图1-3所示为磨床液压系统图形符号原理图。

比较图1-3和图1-2可知,图1-3简单并可以很容易分析各元件的工作原理,且容易绘制。因此,在以后的液压系统原理图除了特殊情况外,都采用图形符号原理图绘制。

我国制定的液压与气动元件图形符号最新标准为《流体传动系统及元件图形符号和回路图 第1部分：用于常规用途和数据处理的图形符号》（GB/T 786.1—2009）。

★学习体会：

1.2 液压传动应用和发展

1.2.1 液压传动应用

由于液压传动以功率密度大、响应速度快、控制精度高等特点，广泛地应用在机床工业、工程机械、冶金工业、轻纺工业、汽车工业、农业、林业、船舶工业、航空航天及国防工业等领域的各类装备中，处于控制和动力传输的核心，是目前应用最广泛的驱动方式。如今，装备中采用液压技术的程度，已成为衡量一个国家工业水平的重要标志之一。液压传动典型应用如图1-4所示。

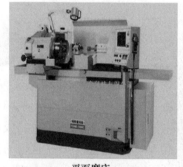
平面磨床

轮式挖掘机

轧钢机械

注塑机

拔树机

吹沙船

图1-4

图1-4 液压传动典型应用

1.2.2 液压传动的发展

液压传动相对于机械传动来说,是一门新学科,从17世纪中叶帕斯卡提出静压传动原理,18世纪末英国制造第一台水压机算起,液压传动已有二三百年的历史,只是由于早期技术水平和生产需求的不足,液压传动技术没有得到普遍应用。随着科学技术的不断发展,对传动技术要求越来越高,液压传动技术自身也在不断地发展,特别是第二次世界大战期间及战后,由于军事及建设需求的刺激,液压传动技术日趋成熟。第二次世界大战前后,成功地将液压传动装置用于军舰炮塔转向器,其后出现了液压六角车床和磨床,一些通用的机床到20世纪30年代才用上了液压传动。第二次世界大战期间,在武器上采用了功率大、反应快、动作准的液压传动和控制装置,它大大提高了武器的性能,也大大促进了液压技术的发展。战后,液压传动技术迅速转向民用,并随着各种标准的不断制定和完善及各类元件的标准化、规格化、系列化,而在机械制造、工程机械、农业机械、汽车制造等行业中推广开来。

近几十年来,由于原子能技术、航空航天技术、控制技术、材料技术、微电子技术等学科的发展,再次将液压传动技术向前推进,使它发展成为包括传动、控制、检测在内的一门完整的自动化技术,在国民经济各个部门都得到了应用。

液压传动技术在科技飞速发展的当今世界,发展将更加迅速。液压传动技术的研究方向主要是智能化、数字化、节能化、小型化、轻量化、位置控制的高精度化,以及与电子学相结合的综合控制技术。

1.2.3 液压传动的优缺点

(1) 优点

① 传动平稳。油液的可压缩性极小,在常压下可以认为不可压缩。在液压传动系统中,各传动装置依靠油液的连续流动进行运动和动力的传递。油液具有吸振能力,加之在油路中可以设置液压缓冲装置,因而传动十分平稳,便于实现频繁换向。因此,液压传动广泛地应用在要求传动平稳的机械上,如磨床传动机构几乎全部采用了液压传动。

② 同功率体积小、质量轻。液压传动与其他传动方式相比,在同样输出功率的情况下,其体积小、质量轻、结构紧凑,因而惯性小、动作灵敏。例如,采用液压传动的挖掘机比采用机械传动的挖掘机的质量大大减轻。

③ 承载能力大。液压传动易于获得很大的力和转矩,因此广泛应用于锻造操作机、隧道掘进机、万吨轮船操舵机、万吨水压机等。

④ 易于实现无级调速。液压传动系统在工作过程中,调节液体的流量就可实现无级调速,并且调速范围很大。

⑤ 易于实现过载保护。液压传动系统中采取了许多安全保护措施,能够自动防止过载,避免事故发生。

⑥ 液压元件寿命较长。由于通常采用液压油作为工作介质,液压传动装置能自动润滑,因此,液压元件的使用寿命较长。

⑦ 容易实现复杂动作。采用液压传动能获得各种复杂的动作,如仿形车床的液压仿形刀架、数控铣床的液压工作台等,可以满足加工不规则形状零件的需要。

⑧ 结构简化。采用液压传动可以大大简化机械结构,从而减少机械零部件数量。

⑨ 便于实现自动化。在液压传动系统中,液体的压力、流量和方向非常容易调节和控制,很容易与电气、电子控制结合起来,实现复杂的自动工作过程。目前,液压传动在组合机床和自动线上应用十分普遍。

⑩ 便于实现"三化"。液压元件易于实现系列化、标准化和通用化,便于设计和组织专业性大批量生产,从而提高生产率和产品质量,降低成本。

笔记

(2) 缺点

① 泄漏。泄漏分为外泄漏和内泄漏两种。漏油是液压系统典型的缺点,外泄漏造成油液损失和环境污染,内泄漏会造成液压系统动作迟缓、异常温升等。

② 实现定比传动困难。液压传动系统中由于存在泄漏,同时,液体具有一定的可压缩性,因此,无法保证严格的传动比。液压传动不宜应用在传动比要求严格的场合,例如螺纹和齿轮加工机床的传动系统等。

③ 对油温的变化比较敏感。由于液压油的黏性随温度的变化而改变,故不宜在高温或低温的环境下工作。

④ 不适宜远距离传动。由于液压传动中压力损失较大,传动效率相对较低,故不宜利用它进行远距离传动。

⑤ 空气混入油液中会影响液压传动系统的工作性能。油液中混入空气后,容易引起爬行、振动和噪声,使液压传动系统的工作性能受到影响。

⑥ 油液容易受污染。油液被污染后会影响液压传动系统工作的可靠性。

华罗庚献身祖国

1946年，著名数学家华罗庚放弃美国优厚的待遇和科研环境，回到可爱的祖国。别人问他为啥那么傻？他回答说："为了抉择真理，为了国家民族，我要回国去！"终于带着妻儿回到了北平（今北京）。回国后，他不仅刻苦致力于理论研究，而且足迹遍布全国 23 个省、市、自治区，用数学解决了大量生产中的实际问题，被誉为"人民的数学家"。

1.3 职业技能

1.3.1 液压千斤顶使用注意事项

液压千斤顶在日常生活的起重工作中发挥着重要的作用，为人们所熟知。它作为一个起重工具，具有便于移动、使用简单等诸多优点。为了延长它的使用寿命，安全、可靠地完成工作任务，在使用过程中要注意以下事项。

（1）选择合适的液压千斤顶

在工作前，其一，要依据需要举升的重量，选择合适的吨位。只有这样才能够保障液压千斤顶正常承担足够的重量，顺利地进行工作；其二，要根据工作任务的高度选择合适举升行程，否则，完不成工作任务；其三，选择合适的种类，液压千斤顶分为立式和卧式两种，如图 1-5 和图 1-6 所示。立式整体高度较大，重量相对轻便，吨位较大，稳定性较差；卧式高度相对低，稳定性相对较好，吨位较小。

（2）使用前要进行性能试验

为了保证液压千斤顶的可靠工作，必须对液压千斤顶进行性能试验。通过试验查出是否存在故障，如：漏油、少油、不举升、卸荷阀内漏、杠杆反弹等故障。液压千斤顶试验需要设计制造标准的试验框架，如图 1-7 所示，且试验时间要大于工作时间。

图 1-5 立式千斤顶

图 1-6 卧式千斤顶

图 1-7 千斤顶试验框架

（3）放置在稳固、平坦的支撑面上

液压千斤顶在投入工作时，应该被放置在平坦、支撑面强度足够的地方，严禁支撑面倾斜，严防事故发生（因为液压千斤顶倾斜顶起而造成举升重物倒下）。当支撑面为松软的接触面时，一定要用平坦的、接触面积比液压千斤顶接触面积大于3倍以上的，厚度不小于30mm的垫板或5mm以上的钢板作为垫板。

（4）多个工具要统一协调使用

在实际工作过程中，因为重物种类差异，有可能需要多个液压千斤顶共同工作，这时一定要注意统一协调多个液压千斤顶工作，最好事前拟定协调方案，保障重物平稳升降，防止操作中出现失衡现象。

（5）液压千斤顶严禁支撑后就进行工作

为了保证人身和设备绝对安全，在使用千斤顶支起重物后，需要用合适的支撑体放到撑起物下方，液压千斤顶充分放下，使支撑体接触实，才允许进行相应的工作。

（6）合理存放，定期检查

为了保障液压千斤顶处于完好状态，延长其使用寿命。在完成工作后要将它放在室内，不能风吹日晒，以免受到伤害。同时，要进行定期的检查维护，使其保持良好状态。

1.3.2　液压千斤顶使用操作规范

（1）使用前准备

① 研究分析支撑重物的结构，确定合理的支撑点。
② 判断支撑面是否平坦、支撑面软硬、重物的重量、起升高度、是否需要辅助垫板等。
③ 确定液压千斤顶的种类、吨位、行程，并进行试验。
④ 对于移动的设备如轿车，需要准备三角垫木将前后车轮限位，防止在支撑过程中轿车移动，造成事故。
⑤ 准备支撑方垫木，根据起升高度，准备合适的方垫木。

（2）使用中

① 移动设备前后限位。
② 加设垫板，放置液压千斤顶，拧紧卸油阀。
③ 将杠杆插入手动柱塞泵加力套筒中。
④ 操纵杠杆升和降到最大位置，连续操作，直至重物举升到需要的高度。
⑤ 放好支撑垫木，拧松卸油阀，让重物落在支撑垫木上。
⑥ 完成维修任务。
⑦ 拧紧卸油阀，起升液压千斤顶，取出支撑垫木。
⑧ 拧松卸油阀，放下重物，移出液压千斤顶。

（3）使用后

① 收拾现场。将三角垫木、支撑垫木、垫板、液压千斤顶和维修使用的用品等放到存

放地点。

② 清扫现场。

③ 填写维修记录，并归档。

④ 编写维修体会。

1.3.3 液压千斤顶故障诊断排除

(1) 操纵杠杆时，举升缸没有反应

进油单向阀失去单向功能，即钢球和阀座密封带损坏或者由于脏污存在，致使单向功能失效。排除方法是卸下单向阀，用合适的刚性好的钢杆顶住单向阀，用合适的锤子用力敲打一次即可。

(2) 操纵杠杆时，举升缸随着杠杆同步升降

出油单向阀失去单向功能，此故障和进油单向阀故障类似，排除方法相同。

(3) 能顶起重物却途中下降

卸油阀漏油，造成此故障的原因：一是，卸油阀拧紧力不够；二是，卸油阀密封带损坏。维修方法：一是，拧紧卸油阀；二是，拆卸卸油阀，维修密封带或更换新卸油阀。

(4) 液压千斤顶漏油

液压千斤顶手动举升泵活塞杆漏油，由于密封件磨损或老化造成密封失效。排除：将液压千斤顶夹在台虎钳上，拆下手动举升泵，更换配套密封件即可。

1.3.4 液压系统维护安全规范

液压系统维护的首要问题是人身和设备安全问题，没有安全一切工作都归为零。现场操作维护人员，要熟悉液压、机械、电气控制系统工作原理和结构特点，掌握操作要领的基础。为了保证人身和设备安全，必须熟记以下内容。

(1) 不允许交叉作业情况发生

设备在进行维护时，为了追赶维修进度，交叉作业的情况时有发生，给人身安全和设备安全留下隐患，除了非常时期做好预案之外，严禁交叉作业。记住不管有无交叉作业的情况，在试车前，必须绕场一周，检查完毕后，对着设备大声说："试车啦！"再试车，切记！

(2) 关闭设备电源，并贴挂作业警示牌

设备在进行维护前，必须关闭电源，并在显著的位置贴挂作业警示牌，警示牌要注明作业开始时间和结束时间，结束后及时清除警示牌。

(3) 执行元件驱动的负载位置为零势能状态

设备在进行维护前，严格核对液压系统执行元件驱动的负载位置，使设备的各执行元件

驱动的负载势能为零势能状态，除了不能恢复为零势能的特殊情况，要用支架、吊车或天车进行严格的保护，才允许作业。

（4）排空蓄能器中的压力油

设备在进行维护前，查看液压原理图看是否有蓄能器，若有，则在其中的压力油排出后才允许进行维护作业，记住排净后要马上关闭阀门。

（5）用容器承接漏出的液压油

拆卸液压元件、管道和接头时，不允许液压油自然排空，污染作业环境，若不小心污染作业空间，要及时清理，防止因作业空间湿滑，而造成无法估量的事故发生。

（6）拆卸前做好标记

在拆卸液压元件、管道等附件前，要采用各种办法进行标记，例如：拍照、扁铲錾印、贴标记等，但不允许用容易清除的标记办法。

（7）拆卸前排空管道油液

拆卸液压元件和油管接头时，要松开一定圈数后，等油液流束变为滴油后再完全松开，并观察设备状态。

（8）拆卸部位要保护

拆卸的液压元件和附件，要进行保护，防止环境中的灰尘进入其中。

（9）拆卸的螺栓和螺母集中放置

拆卸中卸下的螺栓和螺母要组装在一起，并集中放在一个容器或塑料袋内，并标明使用部位。

（10）拆卸过程前后，要严格践行5S管理制度

拆卸过程前后，要严格践行5S管理制度，保障维护任务顺利高效完成，并做好施工后现场恢复工作，为安全生产提供好的环境。

★学习体会：

理论考核（30分）
一、请回答下列问题（每题5分，共计15分）
1. 液压传动的概念。

2. 液压系统的组成部分及其作用。

_____
_____。

3. 简单说出液压传动三个突出的优点和缺点。

优点：_____。

缺点：_____
_____。

二、判断下列说法的对错（正确画√，错误画×，每题3分，共计15分）

1. 机械传动、电气传动和流体传动是工程中常见的传动方式。（   ）
2. 液压传动实际上是一种力向另一种力的传递。（   ）
3. 液压系统结构原理图比图形符号原理图简单明了。（   ）
4. 液压泵属于执行元件，是一种将机械能转换为液压能的转换装置。（   ）
5. 液压系统的压力是由负载决定，液压缸运动速度由进入流量决定。（   ）

技能考核（40分）

一、填空（每空1分，共计18分）

1. 简述如何正确选择液压千斤顶。
_____；_____；
_____。

2. 液压千斤顶在使用前为什么要进行试验？
通过试验可以防止在使用中出现_____的故障，从而保证_____的可靠性。

3. 液压千斤顶使用中如何使用垫板、三角垫木和垫木？
垫板用于_____；三角垫木用于_____；
垫木用于_____。

4. 液压系统维护安全规范有_____；_____；_____；
_____；_____；_____；
_____；_____。

二、判断下列说法的对错（正确画√，错误画×，每题2分，共计22分）

1. 使用液压千斤顶时，可以根据举升的重量，选择种类。（   ）
2. 液压千斤顶在使用前，要进行试验，检查是否有故障，然后按照使用规范进行操作，并在使用完后，物品归位，收拾现场。（   ）
3. 支撑面松软的地面需要在液压千斤顶下垫合适的垫板，并将设备进行限位。（   ）
4. 维修现场支撑面尽量找平坦的水泥硬面上操作，但环境不允许，也可以进行使用，只要操作中注意就可以了。（   ）
5. 操纵千斤顶杠杆时，举升缸随着杠杆同步升降，是由于进油单向阀故障。（   ）
6. 液压千斤顶油罐液压油充足，操纵千斤顶杠杆时，举升缸不举升，是由于卸油阀泄漏。（   ）
7. 在用千斤顶举升重物时，需要仔细研究举升部位，确保举升时的平稳性。（   ）
8. 当举升很重的重物，需要多个千斤顶协同作业时，要设计好具体实施方案，切勿凭感觉随意设置。（   ）
9. 液压系统维护在非常时期，在作业中可以液压、电气和机械交叉作业。（   ）

10. 短时间的小修液压系统故障时,可以带电进行。（   ）
11. 拆卸液压元件过程中,为了防止将零件安装错误,必须照相备查。（   ）

素质考核（30分）

1. 试谈谈你如何践行爱国。（10分）
_____
_____
_____
_____。

2. 试叙述如何刻苦读书学好这门课。（10分）
_____
_____
_____
_____。

3. 请说说你怎样理解"科学精神和团结合作,脚踏实地"。（10分）
_____
_____
_____。

自我体会：
_____
_____

学生签名：_____ 日期：_____

拓展空间

1. 液力传动

液力传动：以液体为工作介质,利用液体动能来传递能量的一种传动方式。液力传动的典型元件有液力变矩器和液力耦合器。其广泛应用在重型驱动机械、装载机、叉车和自动挡轿车等装备中,图1-8为液力变矩器结构原理图,图1-9为液力传动原理图。

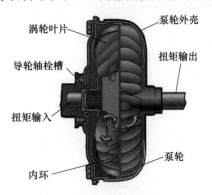

图1-8　液力变矩器结构图

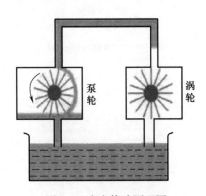

图1-9　液力传动原理图

叶轮将动力机（内燃机、电动机、涡轮机等）输入的转速、力矩加以转换,经输出轴带动机器的工作部分。液体与装在输入轴、输出轴、壳体上的各叶轮相互作用，产生动量矩的变化，从而达到传递能量的目的。液力传动与靠液体压力能来传递能量的液压传动在原理、结构和性能上都有很大差别。液力传动的输入轴与输出轴之间只靠液体为工作介质联系，构件间不直接接触，是一种非刚性传动。

液力传动的优点是：能吸收冲击和振动，过载保护性好，甚至在输出轴卡住时动力机仍能运转而不受损伤，带载荷起动容易，能实现自动变速和无级调速等，因此它能提高整个传动装置的动力性能。

2. 专业英语

What is the Hydraulic Transmission

The hydraulic transmission is a type of transmission that is based on a fluid medium. Energy of the compressed fluid is used to accomplish mechanical transmission and automatic control. A complete hydraulic system consists of five parts, namely, power components, actuator components, control components, auxiliary components and hydraulic oil. The power components usually indicate pumps. Pumps converts a mechanical energy to hydraulic energy and supplies hydraulic oil to the system. The actuator components usually consists of rotation motors and linear cylinders. It converts hydraulic power to mechanical energy driving loads in straight lines or rotation motion. Control components in the hydraulic system control and regulate the oil pressure, the flow rate and the direction of oil flow to ensure the actuators work in correct sequence. Auxiliary components are important parts in a hydraulic system. They include reservoirs, oil filters, heat exchangers, accumulators, tubing and pipe fittings, seals, pressure gauges, oil level gauges and so on. Hydraulic oil in the hydraulic system plays two roles of transmission energy and lubrication on the surfaces of working interaction.

第 2 章 液压传动基础

知识目标

1. 掌握压力、流量、黏性、压力损失等基本概念。
2. 掌握连续性方程的形式和意义。
3. 掌握液压系统伯努利方程的形式和意义。
4. 掌握液压油牌号命名方法、液压油选择方法。
5. 了解液压冲击、气穴现象和防护措施。

技能目标

1. 掌握压力表和真空表的安装位置和用途。
2. 了解减少沿程损失和局部损失的方法。
3. 掌握液压油污染物和清除方法。

素质目标

1. 扎扎实实地学好每一次课程任务。
2. 干什么事都要有责任心。
3. 记得自己的初心,无论工作环境如何改变,初心不变。

学习导入

液压油是液压传动的工作介质,因此,要了解其工作性质,掌握污染种类和控制检测方法,了解和掌握液体平衡和运动中主要力学规律、运动状态和能量的转换形式、液体流动中的基本概念等,这些对于设计、使用和维护液压系统十分重要。

2.1 液体流动的基本概念

2.1.1 液体压力

液体压力包括静压力、动压力和全压力,动压力是流体运动过程中,单位质量的液体所具有的动能转化的压力,全压力为包含静压力和动压力的总压力,该压力在以后章节里定义为液体压力。

(1) 液体静压力

作用在液体上的力有质量力和表面力。质量力是作用在液体所有质点上的力,如重力、惯性力等;表面力是作用在液体表面上的力,包括法向力和切向力。

液体静压力是指液体处于静止状态下,液体单位面积上所受到的法向力。如果在液体内某点处微小面积 ΔA 上作用有法向力 ΔF,则该点处的静压力 p 可表示为 $p = \lim\limits_{\Delta A \to 0} \dfrac{\Delta F}{\Delta A}$。当在液体的作用面积 A 上受到均匀分布的法向作用力 F 时,则静压力 p 可表示为 $p = \dfrac{F}{A}$。

液体静压力有以下特性:液体静压力方向垂直指向作用面;静止液体内任一点的静压力在各个方向上都相等。

(2) 液体静压力基本方程

在重力作用下,静止液体所受的力除液体重力外还有液面上作用的外加压力,其受力情况如图2-1所示。不同深度液体的压力是不相同的。那么,离液面深度为 h 的某点压力 p 是多少?

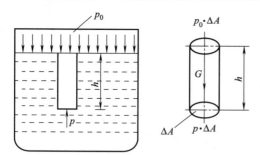

图2-1 静止液体的受力情况

在静止液体中取一个液柱,设液柱底面积为 ΔA,高为 h,则液柱体积为 $h \cdot \Delta A$。液柱受到的重力为 $G = \rho g h \cdot \Delta A$,其方向向下;液柱顶面受到的总压力为 $p_0 \cdot \Delta A$,其方向向下;液柱底面受到的总压力方向向上;液柱侧面受到的力在垂直方向的分力大小为0。液柱在以上诸力作用下处于平衡状态,因此,在垂直方向上力的平衡关系为:

$$p \cdot \Delta A = p_0 \cdot \Delta A + \rho g h \cdot \Delta A$$
$$p = p_0 + \rho g h \tag{2-1}$$

上式即为液体静压力的基本方程,由方程可知如下。

① 静止液体内任一点的压力由两部分组成:一部分是液面上的外加压力 p_0,另一部分是该点上液体自重所形成的压力 $\rho g h$。当液面压力为大气压力 p_a 时,液体内任一点处的压力为:$p = p_a + \rho g h$。

② 静止液体内某点的压力随该点距离液面的深度呈直线规律变化。

③ 液面深度相等处各点的压力均相等,即等压面是水平面。

(3) 静压传递原理

由静压力的基本方程可知,静止液体中任意一点处的压力都包含了液面上的压力 p_0。在液压传动中,由于负载产生的外加压力 p_0 远远大于液体自重所形成的压力 $\rho g h$,因此可忽略 $\rho g h$,即认为液压传动中液体内部压力处处相等,$p = p_0$。若负载越大,即 p_0 越大,则液压系统中液体压力 p 也就越大,反之亦然。由此也说明液压系统的工作压力取决于负载,并随着负载的变化而变化。

在密闭容器中,当外加压力发生变化时,只要液体保持原来的静止状态,则液体内任一点的压力都将发生同样大小的变化。也就是说,在密闭容器内,施加于静止液体上的外加压力将以等值传递到液体内部各处。这就是静压传递原理,也称帕斯卡原理。

下面将液压千斤顶结构工作原理图1-1进行简化成如图2-2所示的静压传递示意图。

对液压千斤顶如图2-2所示形成的密闭容器内的液体,手压泵受到的作用力F作用在A_1的面积上形成的压力,或者举升缸受到的外负载W的重力作用在A_2的举升缸活塞面积上所形成的压力,可以传递到内部所有的点。

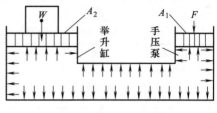

图2-2 静止传递示意图

液体各点的压力可以用式(2-2)表示:

$$p = \frac{W}{A_2} = \frac{F}{A_1} \tag{2-2}$$

由式(2-2)可以看出,液压系统压力由外负载决定。

(4) 液体对固体壁面的作用力

静止液体和固体壁面相接触时,固体壁面上各点在某一方向上所受静压力的总和,就是液体在该方向上对固体壁面的作用力。

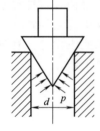

图2-3 液体对锥面的作用力

当固体壁面为一平面时,如不计重力作用,平面上各点的静压力大小相等。液体对平面壁的作用力F等于静压力p与作用面积A的乘积,即$F=pA$,其方向垂直于平面壁。

当固体壁面为一曲面时,液体对曲面在某x方向上的作用力F_x,等于液体压力p与该曲面在该x方向上的投影面积A_x的乘积,即$F_x=pA_x$。

如图2-3所示,假设与锥阀接触的液体压力为p,锥面与阀口接触处的直径为d,液体在轴线方向对锥面的作用力F_y,就等于液体压力p与受压锥面在轴线方向的投影面积$\frac{\pi}{4}d^2$的乘积,即$F_y = p\frac{\pi}{4}d^2$。

(5) 压力的表示方法

压力的表示方法有绝对压力、相对压力和真空度。以绝对真空($p=0$)为基准所表示的压力,称为绝对压力,用p_{ab}表示;以大气压力作为基准所表示的压力,称为相对压力,用p_{re}表示。大气压力用p_a表示,由于压力表在大气压力作用下的读数为0,所以压力表所测得的压力是相对压力(习惯称表压力)。在本课程中所提到的压力,如不特别说明,均指相对压力。

绝对压力与相对压力的关系是:

$$p_{ab} = p_a + p_{re} \tag{2-3}$$

当绝对压力小于大气压力时,相对压力为负值,称为负压。把绝对压力小于大气压的那部分数值即相对压力的绝对值称为真空度,用p_v表示,即

$$p_v = -p_{re} = p_a - p_{ab} \tag{2-4}$$

绝对压力、相对压力和真空度的三者关系如图2-4所示。

由图2-4可知,以大气压力为基准计算压力时,基准以上为正值是相对压力,基准以下为负值,其绝对值就是

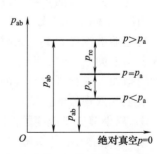

图2-4 绝对压力、相对压力和真空度

真空度。

压力的国际单位是 Pa（帕，N/m²）或 MPa（1MPa=10⁶Pa）。除此以外还有大气压（atm）、千克力/平方厘米（kgf/cm²）、巴（bar）、磅/平方英寸（psi）等单位。它们的换算关系是：

$$1atm=1kgf/cm^2=1bar=14.5psi=0.1MPa$$

★学习体会：
_____
_____
_____
_____

2.1.2 液压冲击和气穴

(1) 液压冲击

在液压系统中，由于某些原因造成液体压力瞬间升高，产生很高的压力峰值，这种现象称为液压冲击。当油液迅速换向或突然关闭油路，运动部件突然制动或换向等都会导致液压冲击（也称为水锤）。液压冲击会引起振动和噪声，破坏密封装置、管道和液压元件，有时还会使某些液压元件（压力继电器、顺序阀等）产生误动作，影响系统正常工作。

减小液压冲击的措施：
① 缓慢关闭阀门，消减冲击波的强度；
② 在阀门前设置蓄能器，缩短冲击波传播的距离；
③ 限制流速或者采用橡胶软管；
④ 设置安全阀，消减冲击波强度；
⑤ 禁止液压系统带载按下急停。

(2) 气穴和气蚀现象

笔记

在液压系统中，由于压力降低导致油液中产生大量气泡，使油液成为不连续状态的现象，称为气穴现象。气泡来源有两个方面：其一，油液中某处压力低于当时温度下的空气分离压时，原来融入油液中的空气分离出来，形成气泡；其二，油液中某处压力降低至该温度下的汽化压力（饱和蒸气压）时迅速汽化，形成气泡。气穴多发生在阀口和液压泵的吸油口处。由于阀口通道狭窄，液流速度增大，压力很低，容易产生气穴；当液压泵的安装（吸油）高度过大，吸油管直径过小，吸油阻力太大，会造成进口处真空度过大而产生气穴。

当液压系统中出现气穴现象时，大量气泡破坏了液流的连续性，造成流量和压力的脉动，气泡随液流进入高压区时会急剧破灭，引起局部液压冲击，发出噪声并引起振动。当气泡在金属表面破灭时，产生的局部高温、高压会使金属产生疲劳，长时间作用就会造成金属表面的剥蚀，这种现象叫气蚀。气蚀会加大系统的压力损失和缩短液压元件的使用寿命。

减小气穴现象的措施：
① 减小节流口或缝隙两端的压力差，高低压比小于3.5；
② 尽量增大液压泵吸油口的通流直径，降低流速；
③ 零件选用抗腐蚀性材料，并增加表面硬度。

2.1.3 其他概念

（1）理想液体

既无黏性又不可压缩的假想液体称为理想液体。理想液体的引入是为了研究问题方便，而进行抽象化的假设。

（2）实际流体

既有黏性又具有压缩性的液体称为实际液体。

（3）稳定流动

如果液体中任一点的压力、速度和密度都不随时间变化，称这种流动为稳定流动（也称为定常流动或恒定流动）。反之，则为非稳定流动。

（4）通流截面

液体在管道中流动时，与液体的流速方向相垂直的面即为通流截面。

（5）流量

单位时间内流过某一通流截面液体的体积称为流量。流量的单位是 m^3/s 或 L/min。在液压传动中常用 L/min，在气压传动中常用 m^3/s。

（6）平均流速

平均流速 v 是通过整个通流截面的流量 q 与该截面面积 A 的比值，见式（2-5）。其单位为 m/s，平均流速在工程中有实际应用价值。

$$v = \frac{q}{A} \tag{2-5}$$

2.2 液体流动规律

2.2.1 伯努利方程

伯努利方程是能量守恒定律在流体力学中的一种表现形式。首先，讨论理想液体的伯努利方程，然后对它进行修正，最后得到实际流体的伯努利方程。

（1）理想流体伯努利方程

理想流体在稳定流动的状态下，根据能量守恒定律，液体流过截面1的总能量和流过截面2的总能量相等，即为：

$$\frac{p_1}{\rho g} + \frac{v_1^2}{2g} + z_1 = \frac{p_2}{\rho g} + \frac{v_2^2}{2g} + z_2 \tag{2-6}$$

该公式还可以转化为式（2-7）：

$$p_1 + \frac{1}{2}\rho v_1^2 + \rho g z_1 = p_2 + \frac{1}{2}\rho v_2^2 + \rho g z_2 \tag{2-7}$$

由于流管两端的截面，是任意选取的，还可以写成：

$$p + \frac{1}{2}\rho v^2 + z = c \tag{2-8}$$

伯努利方程的物理意义：在管道中作稳定流动的理想液体所具有的压力能、动能、势能三种形式的能量，在任意一个通流截面上，可以相互转化，但总的能量保持不变，三者的关系如图2-5所示。

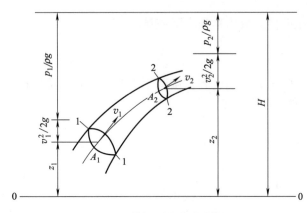

图2-5 伯努利方程示意图

（2）实际流体伯努利方程形式

由于实际的液体是有黏性和可压缩的，因此液体从截面1流到截面2的总能量是不相等的，在流动过程中，会有能量的损失。因此实际流体的伯努利方程的形式为：

$$p_1 + \frac{1}{2}\rho v_1^2 + \rho g z_1 = p_2 + \frac{1}{2}\rho v_2^2 + \rho g z_2 + \Delta p \tag{2-9}$$

式中，Δp 为液体从截面1到截面2的总压力损失。

（3）液压系统中伯努利方程形式

液压系统是依靠压力能来进行能量传递的。系统中的压力能比动能、势能大得多，在研究液压系统时，为了方便，可以将动能、势能忽略不计，因此对实际流体的伯努利方程进行修改，就可得到液压系统的伯努利方程的形式如式（2-10）所示

$$p_1 = p_2 + \Delta p \tag{2-10}$$

式中，p_1 为截面1的压力，Pa；p_2 为截面2的压力，Pa；Δp 为液体从截面1流到截面2总的压力损失，Pa。

式（2-10）在分析液压系统和确定液压泵的工作压力时，非常有用。

（4）液体流动的压力损失

实际流体在流动过程中会发生能量损失。流体在液压管路中的能量损失表现为压力损失，其损失不仅与流程的长度、流道的局部特性有关，还有流体的流动状态有关。

19世纪末，法国科学家雷诺通过观察水在圆管中的流动情况，发现液体有两种流动状态：层流和紊流。层流时，液体质点间互不干扰，液体的流动呈线性或层状；紊流时，液体

质点间相互干扰，液体质点运动杂乱无章。当液体流速较低，黏性力起主导作用时流动呈层流状态；当液体流速较高，惯性力起主导作用时流动呈紊流状态。

液体在流动中的流态可以用雷诺数 Re 来判别。

$$Re = \frac{vd}{\nu} \tag{2-11}$$

式中，v 为平均流速，m/s；d 为管径，m；ν 为运动黏度，mm²/s。

雷诺数是一个无量纲数。液体的流态从紊流转为层流时的雷诺数叫作临界雷诺数，用 Re_c 表示。常见液流管道的临界雷诺数见表2-1。当 $Re<Re_c$ 时，流态为层流，当 $Re>Re_c$ 时，流态为紊流。

表 2-1 常见管道的临界雷诺数

管道形状	临界雷诺数 Re_c	管道形状	临界雷诺数 Re_c
光滑的金属圆管	2000~2300	带环槽的同心环状缝隙	700
橡胶软管	1600~2000	带环槽的偏心环状缝隙	400
光滑的同心环状缝隙	1100	圆柱形滑阀阀口	260
光滑的偏心环状缝隙	1000	锥阀阀口	20~100

① 沿程损失。液体在等径直管中流动时，由于液体的内摩擦力的作用即黏性作用，而产生的压力损失称为沿程压力损失。沿程压力损失用 Δp_y 表示，其计算式为：

$$\Delta p_y = \lambda \times \frac{l}{d} \times \frac{1}{2} \rho v^2 \tag{2-12}$$

式中，λ 为沿程阻力系数（与流态有关）；l 为等径直管长度，m；d 为管道内径，m；ρ 为液体密度，m³/s；v 为液流平均流速，m/s。

对圆管层流而言，金属管 $\lambda = 75/Re$，橡胶管 $\lambda = 80/Re$。

对圆管紊流而言，$\lambda = f(Re, \Delta/d)$，其中 Δ 称为管壁的绝对粗糙度，Δ/d 称为相对粗糙度。对于光滑管，当 $2.3\times10^3<Re<10^5$ 时，$\lambda = 0.3164Re^{-0.25}$；对于粗糙管，$\lambda$ 值可以根据不同的 Re 和 Δ/d 从相关设计手册中查到。

从式（2-12）可以看出，沿程损失主要与液体的流速、黏性和管路的长度、管径以及管道内壁的粗糙度有关，即流速越大，液体的黏度越大，管径越小，油管的长度越长，管道的粗糙度越大等，沿程损失也越大。

② 局部损失。液体流经管道的弯头、接头、突变截面、阀口和滤网等部位时，由于液体流动速度的大小和方向的改变，而产生的压力损失称为局部压力损失。局部压力损失用 Δp_j 表示，其计算式为：

$$\Delta p_j = \zeta \frac{1}{2} \rho v^2 \tag{2-13}$$

式中，ζ 为局部阻力系数，ζ 值可从相关设计手册中查到。

在管路系统的压力损失中，液体的流速影响最大，流速高压力损失会增大很多。但流速太低，会增加管路和阀类元件的尺寸。合理选择液体在管路中的流速，是液压系统设计中一个重要的问题。此外，在选择安装液压系统管道时，应尽量减少直角弯等流速急剧变化的部位，从而减少局部损失。

③ 阀的压力损失。流经各种液压阀元件时产生的压力损失，可以在对应的产品样本中或有关的手册中查到。查得的压力损失为其在某一流量下的压力损失大小，该数值在不同的流量下发生很大的变化，此时，流过的压力损失 Δp_f 值可以用下式计算：

$$\Delta p_f = \left(\frac{q_s}{q_n}\right)^2 \Delta p_n \tag{2-14}$$

式中，q_s 为通过该阀的实际流量，L/min；q_n 为通过该阀的额定流量，L/min；Δp_n 为该阀在额定流量下允许的最大压力损失，Pa；Δp_f 为该阀通过实际流量的压力损失，Pa。

④ 液压系统的总压力损失。液压系统总的压力损失是包含液压执行元件（液压缸和马达）进油路（对于开式液压系统来说，从液压泵出油口到液压执行元件的入口，含管道、接头、方向阀控制元件、流量控制元件等）的压力损失 Δp_j 与回油路（回油路是在开式液压系统中，从液压缸回油口到油箱入口，含管道、接头、流量控制元件和方向控制元件等）的压力损失 Δp_h 之和，可以用下式求得：

$$\sum \Delta p = \sum \Delta p_j + \sum \Delta p_h \tag{2-15}$$

进、回油路的各自的总的压力损失 Δp_j、Δp_h 又各自等于其油路中各串接的直管的沿程损失 $\sum \Delta p_y$、弯管及接头等的局部损失 $\sum \Delta p_j$、各阀的压力损失 $\sum \Delta p_f$ 之和，即：

$$\sum \Delta p_j = \sum \Delta p_{jy} + \sum \Delta p_{jj} + \sum \Delta p_{jf} \tag{2-16}$$

$$\sum \Delta p_h = \sum \Delta p_{hy} + \sum \Delta p_{hj} + \sum \Delta p_{hf} \tag{2-17}$$

可以利用式（2-15）进行总的压力损失计算。但由于诸多原因和因素，如压力差、流量、沿程损失系数、局部损失系数、阀口损失等等，在进行液压系统进、回油路和总压力损失计算时，几乎不可能完成。通常最有效的方法是通过实验法完成各损失的求得（参照本章职业技能部分）。

★学习体会：

2.2.2 连续性方程

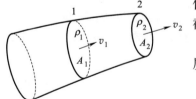

图 2-6 连续性方程示意图

流量连续性方程是质量守恒定律在流体力学中的一种表现形式。如图 2-6 所示的液体在任意形状的管道中作定常流动，任取 1、2 两个不同的通流截面。

根据质量守恒定律，单位时间内流过这两个截面的液体质量是相等的，即

$$\rho_1 v_1 A_1 = \rho_2 v_2 A_2 \tag{2-18}$$

若忽略液体的可压缩性，即 $\rho_1 = \rho_2$，则

$$v_1 A_1 = v_2 A_2 = q = C$$

由于流管两端的截面是任意选取的，因此有

$$q = Av = C \tag{2-19}$$

这就是理想液体的连续性方程式，它说明流过各通流截面的体积流量是相等的。这个方程式表明，不管平均流速和通流截面沿着流程怎样变化，流过不同截面的流量是不变化的。应用连续性方程可以很方便地求得管道内的流速或通过各通流截面的流量。同时可得到不同管径与其流速之间的关系。

★学习体会：

2.3 液压传动的工作介质

2.3.1 液压油性质

（1）密度

单位体积液体的质量称为液体的密度。体积为 V，质量为 m 的液体密度 ρ 为

$$\rho = \frac{m}{V} \tag{2-20}$$

液压油的密度随温度和压力的变化而发生改变，但其变动值很小，所以常将其视为常量。一般液压油温度为 20℃ 时的密度为 850~900kg/m³。常用液压油的密度见表 2-2。

表 2-2　液压油的密度

种类	L-HM32 液压油	L-HM46 液压油	油包水乳化液	水包油乳化液	水-乙二醇液	通用磷酸酯液
密度/(kg/m³)	870	875	932	998	1060	1150

（2）黏性

液体在外力作用下发生流动或有流动趋势时，分子间的内聚力会阻止分子相对运动而产生内摩擦力的这种性质，称为液体的黏性。液体在流动或有流动趋势时才呈现出黏性，静止的液体不呈现黏性。

液体黏性的大小用黏度来表示，黏度是液压系统选择液压油的主要指标，它会直接影响液压系统的正常工作、系统效率和灵敏性。常用的黏度有三种：动力黏度 μ、运动黏度 γ 和相对黏度。动力黏度是用液压油流动时所产生的内摩擦力大小来表示的黏度，其单位是 Pa·s 或 N·s/m²。液体动力黏度与密度之比为运动黏度，即运动黏度 $\gamma = \mu/\rho$，其国际单位是 m²/s，在工程中常用 mm²/s，也称为厘斯（cSt）。相对黏度又叫条件黏度，它是采用特定的黏度计在规定条件下测定出来的液体黏度，我国用的是恩氏黏度。

液体的黏度随压力和温度的变化而变化。压力升高，液体分子间距减小，内聚力增大，黏度增加；温度升高，分子间距增大，内聚力减小，从而使黏度下降。在液压传动中，由于压力不是特别高，一般不考虑其对黏度的影响。温度对黏度的影响较大，应予以考虑。温度变化造成液体黏度变化的特性称为液压油的黏温特性，常用的液压油的黏温特性曲线如图 2-7 所示。

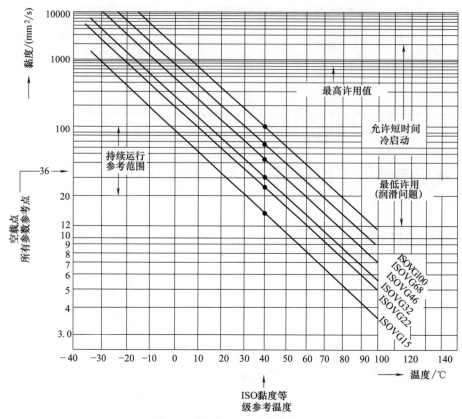

图 2-7 常用液压油黏温特性图

图 2-7 中列出 ISOVG15、22、32、46、68、100 6 种国际标准抗磨液压油的随温度变化黏性的变化曲线,可以清楚地看到,当油液温度为 40℃时,对应的运动黏度分别为 15mm²/s、22mm²/s、32mm²/s、46mm²/s、68mm²/s 和 100mm²/s,以上数值为液压油牌号;液压系统持续运行的黏度范围为 20~100mm²/s;最大允许的运行黏度为 700mm²/s,超过此值后溶解到液压油中的空气析出;允许短时间冷启动的黏度为 2000mm²/s,该值由产生气穴的黏度值决定;最低允许的黏度为 12mm²/s,这是由润滑要求决定的;空载连续运行的黏度为 36mm²/s。

黏温特性一般用黏度指数来度量。黏度指数越高,黏度受温度的影响越小。通常在各种液压油的质量标准中都会给出黏度指数,一般要求液压油的黏度指数应在 90 以上。常见的工作介质的黏度指数见表 2-3。

表 2-3 常见工作介质的黏度指数

介质种类	抗磨液压油 L-HM	高黏度液压油 L-HR	液压导轨油 L-HG	水包油乳化液 L-HFA	油包水乳化液 L-HFB	水-乙二醇液 L-HFC
黏度指数 VI	≥95	≥160	≥90	≈130	130~170	140~170

液压系统正常运行时,最佳的温度应该控制在 40~55℃之间,超过 60℃,就必须加装冷却器,低于 10℃就需要加装加热器或者液压系统自身预热运行。液压系统的泄漏量的变化,受温度变化的影响很大,并加速液压元件的老化甚至造成故障。

(3) 可压缩性

液体体积会随压力的增大而减小的性质称为液体的可压缩性。液体的可压缩性可用体积

压缩系数 k 来表示。

$$k = \frac{1}{\Delta p} \frac{\Delta V}{V} \qquad (2-21)$$

式中，Δp 为压力变化量，Pa；ΔV 为压力变化作用下的体积变化量，m^3；V 为压力变化前的液体体积，m^3。

液压油的可压缩性是钢的 100~150 倍。压缩性会降低运动的精度，增大压力损失而使油温上升，压力信号传递时，会有时间延迟、响应不良的现象。液压油虽具有可压缩性，但在中低压系统中压缩量很小，一般可忽略不计。只有在高压系统和液压系统的动态特性分析中才考虑液体的可压缩性。

（4）其他性质

液压油除了以上的基本物理性质外，还有其他一些物理及化学性质，如稳定性、抗泡沫性、抗乳化性、防锈性、润滑性、相容性、闪点和燃点等，都对它的选择和使用有重要影响，这些性质需要通过在精炼的矿物油中加入各种添加剂来获得。

2.3.2 液压油种类和牌号

液压油种类有矿油型、合成型和乳化型三种。矿油型液压油是以原油精炼而成，再加入适当的用来改变性能的添加剂，使其黏温特性和化学稳定性得到了一定的提高。矿油型液压油具有润滑性能好，腐蚀性小，黏度较高和化学稳定性好等特点，在液压传动系统中应用广泛。合成型液压油主要有水-乙二醇液、磷酸酯液和硅油等，乳化型液压油有水包油型乳化液和油包水型乳化液。它们的抗燃性好，主要用于有抗燃要求的液压系统。

液压油采用统一的命名方式，其一般形式为：类别-品种-牌号。例如 L-HM46，其中，L 是"润滑剂及有关产品"类别代号，HM 是抗磨液压油，46 是液压油的牌号。液压油种类代号特性和应用见表 2-4。

表 2-4 液压油的应用

类型	名 称	ISO代号	组成和特性	应用
矿油型	精制矿物油	L-HH	不含任何添加剂的矿物油，无抗氧化性	用于循环润滑和要求不高的液压系统
	普通液压油	L-HL	HH 油加入添加剂，提高抗氧化和防锈能力	用于室内一般设备的中低压系统
	抗磨液压油	L-HM	HL 油加入添加剂，改善抗磨性能	用于有防磨要求带叶片泵的液压系统
	低温液压油	L-HV	L-HM 油加入添加剂，改善黏温特性	用于环境温度在 -20~40°C 的高压系统及户外工作的工程机械和船用设备
	高黏度指数液压油	L-HR	L-HL 油加添加剂，改善黏温特性，VI 值达 175 以上	黏温特性优于 L-HV，用于数控机床液压系统和伺服系统
	液压导轨油	L-HG	L-HM 油加入添加剂，改善黏滑性能	用于机床中液压和导轨润滑合用的系统
	其他液压油		加入多种添加剂	用于高品质的专用液压系统
乳化型	水包油乳化液	L-HFA	又称高水基液，特点是难燃、黏温特性好，有一定的防锈能力，润滑性差，易泄漏	用于有抗燃要求、油液用量大且泄漏严重的系统

续表

类型	名称	ISO代号	组成和特性	应用
乳化型	油包水乳化液	L-HFB	既具有矿油型液压油的抗磨、防锈性能,又具有抗燃性	用于有抗燃要求的中压系统
合成型	水-乙二醇液	L-HFC	难燃,黏温特性和抗蚀性好,能在-30~60℃的温度下使用	用于有抗燃要求的中低压系统
	磷酸酯液	L-HFDR	难燃,润滑抗磨性能和抗氧化能良好,能在-54~135℃温度范围内使用;缺点是有毒	用于有抗燃要求的高压液压系统

2.3.3 液压油选用

(1) 液压传动对工作介质的性能要求

不同的工作环境和不同的设备对液压传动工作介质的要求有很大的不同。为了更好地传递动力和运动,液压传动对工作介质有如下要求:

① 合适的黏度,较好的黏温特性,以保证液压元件在工作压力和温度变化时得到良好的润滑和密封。

② 质地纯净,杂质少。

③ 对金属和密封件有良好的相容性。

④ 有良好的抗氧化性、水解性和热稳定性,长期工作不易变质。

⑤ 抗泡沫性好,抗乳化性好,腐蚀性小,防锈性好,以防止金属表面锈蚀。

⑥ 体积膨胀系数小,比热容大。

⑦ 流动点和凝固点低,燃点和闪点高。

⑧ 对人体无害,成本低。

(2) 液压油的选用

笔记

液压油可根据不同的使用场合选用合适的品种,在品种确定的情况下,最主要考虑的是油液的黏度。在确定油液黏度时主要考虑液压系统工作压力、环境温度和工作部件的运动速度。当系统工作压力较大、环境温度较高、工作部件运动速度较低时,为了减小泄漏,宜采用黏度较高的液压油。反之,则宜选用黏度较低的液压油。液压泵常用液压油的黏度范围及推荐牌号见表2-5。

表2-5 液压泵用油的黏度范围及推荐牌号

名称	黏度范围/(mm²/s)		工作压力/MPa	工作温度/℃	推荐用油
	允许值	最佳值			
叶片泵 (1200r/min)	16~220	26~54	7	5~40	L-HH32,L-HH46
				40~80	L-HH46,L-HH68
叶片泵 (1800r/min)	20~220	25~54	>14	5~40	L-HL32,L-HL46
				40~80	L-HL46,L-HL68
齿轮泵	4~220	25~54	<12.5	5~40	L-HL32,L-HL46
				40~80	L-HL46,L-HL68
			10~20	5~40	L-HL46,L-HL68
				40~80	L-HM46,L-HM68

续表

名称	黏度范围/(mm²/s)		工作压力/MPa	工作温度/℃	推荐用油
	允许值	最佳值			
齿轮泵	4~220	25~54	16~32	5~40	L-HM32,L-HM68
				40~80	L-HM46,L-HM68
径向柱塞泵	10~65	16~48	14~35	5~40	L-HM32,L-HM46
轴向柱塞泵	4~76	16~47	>35	5~40	L-HM32,L-HM68
				40~80	L-HM68,L-HM100

市场上常供的液压油牌号有32#、46#、68#等，具体在选择液压油时，依据工作压力选择液压油种类，当工作压力小于10MPa时，选择普通液压油，当大于10MPa时，选择抗磨液压油；依据环境温度选择液压油牌号，当冬季选择低牌号，夏季选择高牌号，室内使用的机械装备采用46#。

★学习体会：

例2-1 某一液压挖掘机液压系统使用的工作条件如下：最大的工作压力为28MPa，常年使用在环境恶劣的室外环境下，冬夏环境温差变化很大，请为其选择合适的液压油牌号。

解：依据最大工作压力选择液压油种类：p_{max} = 28MPa > 10MPa，因此选择抗磨液压油（L-HM）。

依据环境温度选择液压油牌号：冬季选择32#液压油，夏季选择68#液压油，在春夏和秋冬换季时进行更换。

爱岗敬业时代楷模——李超

李超是鞍钢集团鞍钢股份公司冷轧厂4号线设备作业区作业长兼党支部副书记。参加工作25年来，他始终坚定"技术报国"理想信念，把实现个人梦与中国梦紧密相连，勤学不辍、苦练本领，干一行、钻一行、精一行，主导完成多项国内外首创、国际领先的技术改造革新项目，曾荣获2013年度国家科技进步二等奖。李超是新时期技术型、知识型、创新型产业工人，他的先进事迹和崇高精神，体现了忠于祖国、勇于担当的主人翁责任，敢为人先、攻坚克难的创新意识，锲而不舍、刻苦钻研的敬业态度，凝心聚力、高效协作的优秀品质，是当代产业工人的学习榜样。

2.4 职业技能

2.4.1 液压油中的污染物及其清除方法

液压油是液压系统中能量传递的介质，同时还具有冷却、润滑、防锈、清洁等作用。据统计，液压系统的故障有75%以上是由液压油污染引起的，因此确保液压油不受污染对保证液压系统工作的可靠性十分重要。

液压油污染物包括：固体颗粒物、水、空气以及少量的有机溶剂（如液压元件清洗时带入的柴油）。固体颗粒物会加剧液压元件的磨损，并且若被卡在阀芯或其他运动副中会影响整个系统的正常工作，导致机器产生故障；如果液压油中水分超标，会使液压元件生锈，使液压油乳化变质和生成沉淀物；液压油路中如果混入了空气，会形成气蚀，使系统不能正常工作，损伤液压元件。有害的化学物质会导致液压油的化学性质发生变化，使油液无法继续使用。因此要对液压油进行定期的检查与保养。

液压油污染检测的目的，就是掌握在线液压油污染状态，为科学更换液压油提供数据支持。液压油污染检测方法分为目测法、仪器分析法和在线污染检测法。目测法是最原始、最普遍的检测方法，通过眼睛观察液压油是否含有水分，通过将使用过和未使用的油进行比较，观察液压油的气味与外观有无明显区别，来判定液压油是否变质，是否需要更换；仪器分析法是通过现场定点液压油液取样，经过仪器物理处理方法，来分析液压油液中的固体颗粒的种类、颗粒尺寸和数量以及水的含量的方法，该方法相对精确，但检测结果出来时间较长；在线污染检测法是通过现场连接的污染检测仪实时检测液压系统油液污染状态，特点是方便快捷，但精度需要定期校验。

（1）液压油污染的产生

液压油中的污染物分成有残留污染物、侵入污染物和生成污染物三种。残留污染物是指液压元件在制造、运输、储存、安装过程中带入的砂粒、铁屑、灰尘、油污等，在液压系统未清洗或清洗不干净的情况下所形成的污染物。侵入污染物是指周围环境中的空气、粉尘和水等通过一切可能的侵入点进入液压系统所形成的污染物。生成污染物是指液压系统工作过程中由于磨损颗粒、油液氧化物所形成的污染物。这些污染物以固态、液态和气态的形式存在于液压油中，其中以颗粒形式存在的固态污染物对液压系统危害最大。

（2）液压油的固体颗粒污染等级

固体颗粒污染等级是指单位容积中所含各种尺寸固体污染物的颗粒数，它表示了液压油的污染程度。我国现已制定了油液固体颗粒污染等级国家标准（GB/T 14039—2002），等效国际标准ISO 4406：1999，见表2-6。

表2-6 油液固体颗粒污染等级代号标准（GB/T 14039—2002）

1mL工作介质的固体颗粒数	等级代码	1mL工作介质的固体颗粒数	等级代码	1mL工作介质的固体颗粒数	等级代码
>80000~160000	24	>160~320	15	>0.32~0.64	6
>40000~80000	23	>80~160	14	>0.16~0.32	5
>20000~40000	22	>40~80	13	>0.08~0.16	4
>10000~20000	21	>20~40	12	>0.04~0.08	3
>5000~10000	20	>10~20	11	>0.02~0.04	2
>2500~5000	19	>5~10	10	>0.01~0.02	1
>1300~2500	18	>2.5~5	9	>0.005~0.01	0
>640~1300	17	>1.3~2.5	8	>0.0025~0.005	0.9
>320~640	16	>0.64~1.3	7	—	—

该标准规定用以斜线分隔的3个数来表示污染程度，分别代表油液中≥4μm、6μm、14μm的颗粒等级，第1个数表示每mL液压油中所含的4μm颗粒数等级，其余两个数的含义是6μm、14μm的颗粒数等级。如污染度等级代码为18/16/13的液压油，它表示该液压油每mL内不小于4μm的颗粒数在1300~2500之间，不小于6μm颗粒数在320~640之间，不小于

14μm 的颗粒数在 40~80 之间。在应用中，可用 "*" 代表颗粒数太多而无法计数，用 "—" 代表不需要计数。例如*/18/13 中的 "*" 表示 1mL 油液中颗粒尺寸≥4μm 的颗粒数太多而无法计数；又如—/18/13 中的 "—" 表示 1mL 油液中颗粒尺寸≥4μm 的颗粒数不需计数。除了国家标准（GB/T 14039—2002）、国际标准 ISO 4406 外还有美国航空航天标准 NAS1638，目前 NAS1638 使用较多，如表 2-7 所示。

美国航空航天标准 NAS1638 的固体颗粒污染等级，是以颗粒浓度为基础，按照 100mL 工作介质中，把给定颗粒五个工作区的最大允许颗粒划分为 14 个等级，最清洁的为 00 级，污染最严重的是 12 级。

表 2-7　美国 NAS1638 固体颗粒等级（100mL 液压油中颗粒数）

尺寸范围/μm	污染等级														
	00	0	1	2	3	4	5	6	7	8	9	10	11	12
	颗粒数														
5~15	125	250	500	1000	2000	4000	8000	16000	32000	64000	128000	256000	512000	1024000
15~25	22	44	89	178	356	712	1425	2850	5700	11400	22800	45600	91200	182400
25~50	4	8	16	32	63	126	253	506	1012	2025	4500	8100	16200	32400
50~500	1	2	3	6	11	22	45	90	180	360	720	1440	2880	5760
>100	0	0	1	2	4	8	16	32	64	128	256	512	1024

根据经验推荐典型液压系统污染等级范围如表 2-8 所示，仅供参考。

表 2-8　典型液压系统允许固体颗粒污染等级范围

NAS1638	2	3	4	5	6	7	8	9	10	11	12
CB/T 14039—2002	12/9	13/10	14/11	15/12	16/13	17/14	18/15	19/16	20/17	21/18	22/19
系统类型											
污染极敏感系统	━━━	━━━	━━━	━━━							
伺服系统		━━━	━━━	━━━	━━━						
高压系统				━━━	━━━	━━━	━━━				
中压系统					━━━	━━━	━━━	━━━			
低压系统						━━━	━━━	━━━	━━━		
低敏感系统							━━━	━━━	━━━	━━━	
数控机床液压系统				━━━	━━━	━━━					
机床液压系统					━━━	━━━	━━━				
一般机械液压系统						━━━	━━━	━━━			
行走机械液压系统					━━━	━━━	━━━	━━━			
重型液压系统					━━━	━━━	━━━	━━━	━━━		
重型行走液压系统							━━━	━━━	━━━		
冶金轧钢液压系统						━━━	━━━	━━━	━━━		

（3）固体颗粒污染的检测

固体颗粒污染的测定方法有很多种，常见的有重量分析法和自动颗粒计数法两种。重量分析法是指用阻留在滤油器上污染物的重量来表示液压油污染程度的方法。这种方法简单，但不易进行污染源的分析。自动颗粒计数法是指一定体积液压油中所含各个颗粒尺寸的数量，是一种用颗粒尺寸分布来表示液压油污染程度的方法，如图 2-8 所示为国产 KLD

图2-8 污染检测计

型污染检测计外观图。

测试液压油液污染等级的目的是便于及时维护液压油液，及时更换液压油液或清除液压油液中的固体污染物和水污染物，避免出现过维护或欠维护的情况，给企业造成经济损失。过维护，使得本不应该更换的液压油液被更换，造成经济损失；欠维护，使得本应该更换或维护的液压油液还在线使用，必然会加速液压系统的老化，出现各种液压故障，影响使用寿命。

（4）液压油固体污染的控制

① 减少残留污染。严格检查液压元件的清洁度，在液压元件的运输和保管过程中，所有油口必须加盖密封，防止污染物进入。装配前严格清洗液压元件，清洗干净后所有油口加盖密封。

② 防止污染物从外界侵入。改善设备的运行环境，控制工作场地的粉尘。油箱呼吸口加装空气滤清器，油液注入经过滤器或加油机加入。

③ 滤除生成污染物。在液压系统中安装进油过滤器、高压过滤器和回油过滤器，此外，对于大型的液压装备，还加装独立的过滤系统。过滤掉由于腐蚀和油液氧化颗粒以及液压元件运动副和密封件脱落的颗粒等污染物，并定期采样检测污染物状态，超标及时用滤油机过滤液压油并更换液压系统过滤器滤芯，污染严重的还要清洗油箱和替换管路系统液压油，如图2-9所示为滤油机实物图。

液压油污染检测微视频

图2-9 滤油机实物

（5）水污染的控制

液压油液进水后，液压油发生乳化，黏性下降，液压元件发生锈蚀，泄漏严重等。液压油进水的途径如下：a.潮湿空气在液压油箱呼吸过程中混入；b.冷却器损坏进入；c.水从油箱上盖进入。当液压油乳化后，首要的任务是查清液压油进水的途径，并彻底解决。

液压油水污染清除方法：a.用离心式滤油机滤除；b.将混有水的液压油从液压系统和油箱中替换掉，在油桶中放置一段时间，等液体分层后放出水；c.加热清除，该方法不好控制加热温度，温度过高则使油液氧化变黑，致使液压油报废，不建议用此方法。

（6）空气污染的控制

空气进入液压油中，会造成液压油液不连续，液压执行元件运动出现爬行、噪声、加速油液氧化等。气体进入原因有：泵吸油侧的管道或接头漏气、过滤器阻塞、泵轴油封损坏。液压油混入空气的现象如下：a.针状小气泡悬浮在油液中，这是由过滤网阻塞造成油中溶解的空气在真空状态下析出或者真空度太大，油液汽化造成；b.液压油表面有大气泡，这是因为液压泵吸油管接头密封圈老化、接头松动或者泵轴骨架油封损坏。

2.4.2 压力表和真空表放置位置和用途

压力表和真空表在液压系统中，除了特殊系统留有测压口之外，都必须在线设置。压力表显示的是相对压力，即表压力，其放置的位置在液压系统液压泵出油口一侧，任何需要观测的位置进行布置，通常需要和压力表开关一起使用，液压系统正常工作下，为了保护压力表，压力表开关是关闭的。真空表是通常用于显示液压泵进油口的真空度大小，用来显示进油过滤器是否通畅，当真空度大于 0.035MPa 时，显示过滤器阻塞，需要清洗或更换。测压组件如图 2-10 所示。

图 2-10　测压组件图
1—O 形密封圈；2—压力表开关；3—测压软管；
4—压力表；5—测压接头

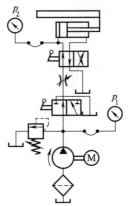

图 2-11　压力损失检测原理图

2.4.3　压力损失检测及降低方法

　　液压油在流动过程中，由于沿程损失和局部损失作用，在总压力能不变的情况下，用于做功的有效压力能降低，因此，从理论角度来看，希望压力损失越小越好，压力损失的数值可以应用式（2-12）和式（2-13）求得。但是，沿程阻力系数 λ 和局部损失系数 ζ，都是由流态等因素决定的系数，要想精确地确定，需要在液压系统流量、液压元件、管件等确定好后，用测压组件来进行测试得出，如图 2-11 所示为磨床液压系统压力损失检测原理图。压力损失检测方法是按照如图办法连接两组测压管路，当系统工作时，两个压力表之差即为总压力损失，同样，可以采用相同的办法检测需要检测的液压元件的压力损失。

　　从图 2-11 分析可知，产生压力损失的包括管道造成的沿程损失和接头以及两个换向阀和一个节流阀的局部损失，沿程损失通过式（2-12）可以知道管道内径越大、管道越短、流速越小沿程损失越小，反之越大；对于局部损失，其降低的方法是减少接头、元件数量以及降低流速等。

★学习体会：

理论考核（30 分）

一、请回答下列问题（20 分）

1. 静止的液体受到哪些力的作用？（3 分）

2. 静止的液体中，压力与深度呈现什么样的关系？（3分）

3. 液压系统液压油具有哪些主要的物理性质？（3分）

4. 液压系统工作介质分为哪几类？液压油型号如何构成并举例说明？（3分）

5. 某压力机使用的最大工作压力为24MPa，工作环境为室内，请选用合适的液压油？（3分）

6. 图2-12所示为两个结构相同且串联着的液压缸1和2。设无杆腔面积A_1=100cm²，有杆腔面积A_2=80cm²，缸1输入压力p_1=9MPa。若不计压力损失、摩擦力和泄漏，当两个液压缸承受相同负载（$F_1=F_2$）时，该负载的数值是多少？（5分）

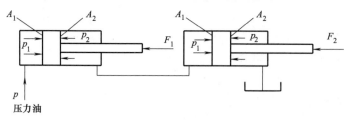

图2-12　题6图

二、判断下列说法的对错（正确画√，错误画×，每题1分，共计10分）
1. 液压千斤顶工作的理论依据是帕斯卡原理。（　　）
2. 相对压力是绝对压力高于大气压力的部分，真空度是大气压力高于绝对压力的部分。（　　）
3. 一个在液体中的物体所受到的浮力实际上就是所受液体静压力的合力。（　　）
4. 液体黏度的表示方法有两种形式。（　　）
5. 液压油黏度对温度的变化十分敏感，温度上升时黏度上升。（　　）
6. 液压油的可压缩性很大，严重影响了液压系统运动的平稳性。（　　）
7. 在选用液压油时，通常是依据液压泵类型和系统温度来确定液压油的品种。（　　）
8. 液体流量连续性是遵循能量守恒定律，当流过截面减小时，流速就快。（　　）
9. 液压系统伯努利方程形式为$p_1 = p_2 + \Delta p$，Δp为总损失，其越大越好。（　　）
10. 液压油牌号是按照环境温度为40℃时，液压油运动黏度的平均值来表示的。（　　）

技能考核（40分）

一、填空（每空2分，共计26分）
1. 液压系统中的压力表显示的压力为＿＿压力，又称为表压力，压力表放置在＿＿任意需要检测的地方；真空表显示的是＿＿度，放置在＿＿用来＿＿。

2. 液压油选择要考虑压力、流速、液压泵种类等因素，最终确定_____。具体选择办法是：①依据工作压力选择液压油种类，_____，选择抗磨液压油；②依据环境温度选择液压油牌号，_____，室内使用的机械装备采用46#。

3. 液压油污染物种类有_____、_____和_____以极少量的有机溶剂。固体污染物采用_____办法清除，可以利用_____检查的污染度等级。

二、简答题（14分）

1. 叙述压力损失的检测及降低方法（5分）
_____
_____
_____

2. 液压油污染检测的目的及检测方法分类（5分）
_____
_____
_____

3. 压力表和真空表的布置位置和作用（4分）
_____
_____

素质考核（30分）

1. 试谈谈你如何学好每一个学习任务。（10分）
_____
_____
_____
_____

2. 试举出一名你身边敬业人物，简要叙述其事迹。（10分）
_____
_____
_____
_____

3. 简单叙述你的读大学的初心，遇到困难采取什么态度。（10分）
_____
_____
_____
_____

自我体会：
_____
_____

学生签名：_____ 日期：_____

拓展空间

1. 孔口和缝隙的流量特性

(1) 孔口流量特性

在液压传动中，经常利用阀的孔口来控制流量和压力，因此，了解孔口的流量——压力特性，对于正确使用和维护液压系统，分析液压元件的性能非常必要。

孔口可分为三种，当孔口的长径比 $l/d \leq 0.5$ 时，称为薄壁小孔；当 $0.5 < l/d < 4$ 时，称为短孔；当 $l/d \geq 4$ 时，称为细长孔。

经研究发现，通过孔口的流量与孔口的面积、孔口前后的压力差以及由孔口形式所决定的特性系数有关。液体流经孔口时的通用流量公式为：

$$q = KA \cdot \Delta p^m \qquad (2-22)$$

式中，A 为孔口截面面积，m^2；Δp 为孔口前后的压力差，Pa；m 为由孔口形状决定的指数，且 $0.5 \leq m \leq 1$。当孔口为薄壁小孔时 $m=0.5$，当孔口为细长孔时 $m=1$；K 为孔口形状系数，当孔口为薄壁小孔时，$K = C_q\sqrt{2/\rho}$（其中 C_q 为小孔流量系数），当孔口为细长孔时 $K = d^2/(32\mu l)$。从孔口流量公式可以看出，对细长孔而言，流量 q 与孔口前后的压力差 Δp 呈线性关系，且与流体黏度 μ 有关，因此，流量受温度、压力差的影响较大。对薄壁小孔而言，流量 q 与孔口前后的压力差 Δp 的平方根及孔口截面面积 A 成正比关系，而与黏度无关，因此，流量受温度、压力差的影响较小，而且流程短，不易堵塞。因而在液压传动与控制中，薄壁小孔得到了广泛应用。

(2) 缝隙流量特性

在液压系统中，由于元件连接部分密封不好以及配合表面间隙的存在，油液流经这些缝隙时就会产生泄漏现象，造成流量损失。

缝隙的大小相对于它的长度和宽度而言小得多，一般在几微米到几十微米之间，因此缝隙中的流动受固体壁面的影响很大，其流态一般为层流。液体流经缝隙的流量计算公式见表2-9。

表2-9　液体流经缝隙的流量计算公式

类型	缝隙流动示意图	流量计算公式
平行平板缝隙流动		$q = \dfrac{bh^3}{12\mu l}\Delta p \pm \dfrac{bh}{2}u_0$
同心环形缝隙流动		$q = \dfrac{\pi d h^3}{12\mu l}\Delta p \pm \dfrac{\pi d h}{2}u_0$
偏心环形缝隙流动		$q = \dfrac{\pi d h^3}{12\mu l}\Delta p\left(1+\varepsilon^3\right) \pm \dfrac{\pi d h}{2}u_0$

表中各符号的含义如下：q 为通过缝隙的流量，m^3/s；b 为缝隙宽度，m；h 为缝隙的高度，m；Δp 为缝隙前后压力差，Pa；μ 为油液的动力黏度，Pa·s；l 为缝隙的长度，m；d 为环形缝隙的外圆直径，m；u_0 为相对运动速度，m/s；ε 为缝隙的相对偏心率，是指内圆柱中

心与外圆中心的偏心距 e 对缝隙高度 h 的比值，即 $\varepsilon = e/h$。

在表 2-9 所示的公式中，"±"号的确定方法是：当两个相对运动形成的流量方向与压差形成的流量方向相同时，取"+"号；方向相反时取"−"号。从公式中可以看出：

① 缝隙流量（泄漏量）对缝隙尺寸 h 最为敏感，与 h^3 成正比，因此，必须确保在较好的相对运动的前提下严格控制间隙值，以减少泄漏量。这也是液压元件配合精度要求高的原因。

② 当偏心环形缝隙的相对偏心率达到最大值即 $\varepsilon = e/h = 1$ 时，称为完全偏心，此时偏心环形缝隙的流量是同心环形缝隙流量的 2.5 倍。由此可见，保持阀件配合的同轴度非常重要。

2. 专业英语

The Requests and Choice of Hydraulic Oil

In the hydraulic transmission system, the oil plays two roles of transmission energy and lubrication on the surfaces of working interaction. So it will affect the hydraulic system, such as the reliability, stability, and efficiency. The requests for the hydraulic fluids are: have an appropriate viscosity, good in property of favorable viscosity-temperature, a good lubricity, chemical and environmental stability favourable viscosity-temperature, compatible with other system materials, heat transfer capability, high bulk modulus, low volatility, low foaming tendencies, fire resistant, good dielectric properties, nontoxic or allergenic, non-malodorous, low in cost, and easily available.

The viscosity is a key consider action in the choice of oil. Higher or lower viscosity will affect the hydraulic system. Higher viscosity will result in the higher viscous resistance force, and at lower viscosity larger leak oil. Generally, the hydraulic oil in a hydraulic system at $v_{40}=(10\sim60)\times10^{-6}\mathrm{m^2/s}$ is recommended.

The hydraulic oil should be chosen according to the request of hydraulic pump due to the high load, speed and operating temperature.

第 3 章 液压泵和液压马达

知识目标

1. 掌握液压泵和液压马达的参数计算方法。
2. 了解齿轮泵、叶片泵液压泵和液压马达的工作原理和结构特点。
3. 掌握轴向柱塞泵的工作原理和内泄漏途径。
4. 了解液压马达的种类和特点。

技能目标

1. 熟记液压泵和液压马达的图形符号和规范画法。
2. 了解液压泵和液压马达的选型技巧。
3. 掌握液压泵和液压马达的安装和调试技巧。
4. 了解液压泵和液压马达故障的诊断和维护方法。

素质目标

1. 做诚信务实的人,少说多做事。
2. 坚持认真负责的态度,不敷衍了事。
3. 遵守承诺,履行诺言,担当责任,不随便轻易地承诺,做出承诺便一定会兑现。

学习导入

液压泵和液压马达分别是液压系统的动力元件和执行元件。动力元件是液压系统动力来源,其为液压系统提供一定压力、流量的油液;液压马达是将压力能转换为驱动执行机构旋转运动机械能的转换装置,二者都是液压系统重要的组成部分。液压泵和液压马达的合理选用、使用和维护可以提高液压系统的运行可靠性和寿命。

3.1 液压泵和液压马达的工作原理

3.1.1 液压泵的工作原理

液压泵是靠密封容腔容积的变化来工作的,如图 3-1 (a) 所示是液压泵的工作原理图。

当偏心轮1由原动机带动旋转时，柱塞2便在偏心轮1和弹簧4的作用下在缸体3内往复运动。缸体内孔与柱塞外圆之间有良好的配合精度，即具有良好的密封性，柱塞在缸体孔内做往复运动时基本没有油液泄漏。柱塞右移时，缸体中密封工作腔V的容积变大，产生真空，油箱中的油液便在大气压力作用下通过吸油单向阀6吸入缸体内，实现吸油；当柱塞左移时，缸体中密封工作腔V的容积变小，油液受挤压，通过压油单向阀5输送到系统中去，实现压油。如果偏心轮不断地旋转，液压泵就会不断地完成吸油和压油动作，从而连续不断地向液压系统供油。如图3-1（b）、图3-1（c）、图3-1（d）、图3-1（e）所示分别是定量液压泵、变量液压泵、双向定量泵和双向变量泵的图形符号。

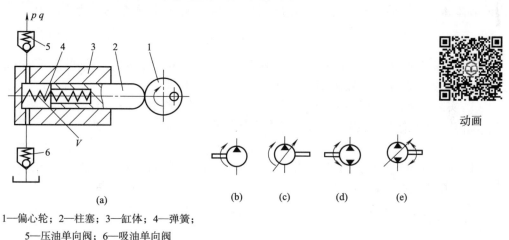

1—偏心轮；2—柱塞；3—缸体；4—弹簧；
5—压油单向阀；6—吸油单向阀

图3-1　液压泵的工作原理和图形符号

从上述液压泵工作原理可以看出，液压泵要实现正常工作，必须满足四个条件：
① 具有密闭的工作容腔。此工作容腔的密封程度应达到规定要求。
② 密封工作容腔的容积大小是交替变化的。
③ 需要有配流装置。其能够将吸油腔和压油腔分开，保证液压泵有规律地连续吸、排液压油。
④ 油箱要与大气相通。液压泵在旋转过程中从油箱中吸油，油箱液面上的空气压力，必须等于或大于大气压力。这也是容积式液压泵能吸入油液的外部条件。

由于这种泵是依靠密封工作容积的交替变化来实现吸油和压油过程，因而称之为容积式液压泵。容积式液压泵的输出流量的大小取决于密封工作腔容积变化的大小和次数，若不考虑泄漏，与工作压力无关。

3.1.2　液压泵的性能参数

（1）液压泵的工作压力、最大压力和额定压力

① 工作压力p。工作压力指液压泵出口处的实际压力值。工作压力值取决于液压系统的外负载。外负载增大，则工作压力升高；反之则工作压力降低。

② 最大压力p_{max}。最大压力值的大小由液压泵零部件的结构强度和密封性来决定。超过这个压力值，液压泵有可能发生机械或密封方面的损坏。

③ 额定压力 p_n。额定压力指液压泵在试验标准规定的转速下，连续工作过程中允许达到的最高压力。

（2）排量和流量

① 排量 V。液压泵每转一周其理论上应该排出的油液体积，即一个循环当中其密封容积的变化量称作液压泵的排量，单位为 mL/r。排量可以调节改变也可以固定，对应的液压泵称为变量泵和定量泵。

② 理论流量 q_t。理论流量是指在不考虑液压泵泄漏流量的条件下，在单位时间内所排出的液体体积。如果液压泵的排量为 V，驱动转速为 n，则液压泵的理论流量为：

$$q_t = \frac{Vn}{1000} \tag{3-1}$$

式中，q_t 为理论流量，L/min；V 为液压泵的排量，mL/r；n 为主轴转速，r/min。在实际工作中，为方便起见，一般可用液压泵的空载流量代替理论流量。

③ 实际流量 q_p。液压泵在某一具体工况下，单位时间内所排出液体的体积称为实际流量，其值等于理论流量 q_t 减去液压泵泄漏和压缩损失后的流量 Δq，即

$$q_p = q_t - \Delta q \tag{3-2}$$

④ 额定流量 q_n。液压泵在正常工作条件下，按实验标准规定（如在额定压力和额定转速下）必须保证的流量。

（3）功率

① 输入功率 P_i。液压泵的输入功率是指液压泵主轴上实际输入的机械功率，其值为：

$$P_i = T_i \omega \tag{3-3}$$

式中，P_i 为输入功率，W；T_i 为液压泵主轴上的输入转矩，N·m；ω 为液压泵主轴上的角速度，rad/s。

② 实际输出功率 P_o。由于液压泵存在泄漏和机械摩擦，液压泵实际输出的液压功率小于理论输出功率，其值可以用下式表示：

$$P_o = \frac{\Delta p q_p}{60} \tag{3-4}$$

式中，P_o 为液压泵实际输出的液压功率，kW；Δp 为泵吸、排油口间的压差，MPa；q_p 为泵实际流量，L/min。

在实际计算中，若加油箱通大气，液压泵吸、排油口的压力差 Δp 常用液压泵的出口实际压力 P_p 代替。式（3-4）可以变为：

$$P_o = \frac{p_p q_p}{60} \tag{3-5}$$

（4）效率

液压泵存在三种能量损失即容积损失、摩擦损失和压力损失，分别用容积效率、机械效率和总效率表示。其中压力损失很小，通常忽略不计，其相应的总效率一般都在 0.90 以上。

① 容积效率 η_V。容积效率是表征液压泵容积损失的性能参数，它等于液压泵的实际流量与理论流量之比，即

$$\eta_V = \frac{q_p}{q_t} = 1 - \frac{\Delta q}{q_t} \tag{3-6}$$

式中，Δq 为液压泵的泄漏量，其值为：

$$\Delta q = q_t - q_p \tag{3-7}$$

液压泵的容积损失是由于液压泵内部高压腔的泄漏、油液的压缩以及在吸油过程中因吸油阻力太大、油液黏度大、液压泵转速高等原因而导致油液不能全部充满密封工作腔产生的。

由于泄漏量 Δq 随 p_p 增大而增大，因此，液压泵的容积效率随 p_p 的增大而减少，且随液压泵的结构类型不同而异。

② 机械效率 η_m。机械效率是表征液压泵的摩擦损失的性能参数，它等于液压泵的理论转矩 T_t 与实际输入转矩 T_i 之比，即

$$\eta_m = \frac{T_t}{T_i} = \frac{T_T \omega}{T_i \omega} \tag{3-8}$$

摩擦损失主要是由于液压泵内相对运动部件之间的机械摩擦以及液体的黏性而引起的。

③ 总效率 η。液压泵的总效率是指液压泵的实际输出功率与其输入功率的比值，即

$$\eta = \frac{P_o}{P_i} = \frac{p_p q_p}{2\pi n T_i} = \eta_m \eta_v \tag{3-9}$$

由式（3-9）可知，液压泵的总效率等于其容积效率与机械效率的乘积，所以液压泵的输入功率也可以写成下式：

$$P_i = \frac{P_o}{\eta} = \frac{p_p q_p}{60 \eta} \tag{3-10}$$

式（3-10）非常重要，在计算液压泵匹配驱动电动机时经常用到。在使用此公式计算时，要注意各个参数的单位：如 P_o 为实际输出功率，kW；p_p 为泵出口压力单位，MPa；q_p 为实际流量，L/min。

例 3-1 某液压系统，泵的排量为 $V=10$ mL/r，驱动电机转速为 $n=1200$ r/min，泵的输出压力为 $p=5$ MPa，泵的容积效率为 $\eta_v = 0.92$，总效率 $\eta=0.84$，求：

① 泵的理论流量。
② 泵的实际流量。
③ 泵的输出液压功率。
④ 驱动电机的功率。

解：① 泵的理论流量 $q_t = Vn = 10 \times 1200 \times 10^{-3} = 12$ (L/min)。
② 泵的实际流量 $q_p = q_t \eta_v = 12 \times 0.92 = 11.04$ (L/min)。
③ 泵的输出液压功率 $P_o = p_p q_p = 5 \times 10^6 \times 11.04 \times 10^{-3}/60 = 0.92$ (kW)。
④ 驱动电机功率 $P_i = \dfrac{P_o}{\eta} = \dfrac{0.92}{0.84} = 1.10$ (kW)。

3.1.3 液压马达的工作原理

液压马达的工作原理，如图3-2（a）所示。当压力为 p 的油液从进油口进入叶片1和3之间时，叶片2因两面均受液压油的作用所以不产生转矩。叶片1、3上，一面作用有压力油，另一面为低压油。由于叶片3伸出的面积大于叶片1伸出的面积，因此作用于叶片3上的总液压力大于作用于叶片1上的总液压力，于是压力差使转子产生顺时针的转矩。同样道理，压力油进入叶片5和7之间时，叶片7伸出的面积大于叶片5伸出的面积，也产生顺时针

转矩。如此，液压马达就把油液的压力能转变成了机械能。当进油方向改变时，液压马达反转。当定子的长短径差值越大，转子的直径越大，以及输入的压力越高时，叶片马达输出的转矩也越大。

在图 3-2（a）中，叶片 2、4、6、8 两侧的压力相等，无转矩产生。叶片 3、7 产生转矩，方向为顺时针方向。

如图 3-2（b）所示为定量马达图形符号，图 3-2（d）为双向定量液压马达图形符号，除此之外还有如图 3-2（c）所示单向变量液压马达和如图 3-2（e）所示双向变量液压马达等。

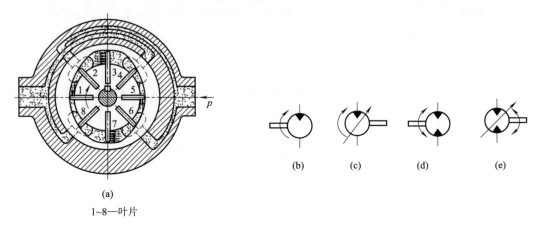

1~8—叶片

图 3-2 液压马达工作原理图和图形符号

3.1.4 液压马达的性能参数

（1）液压马达的理论输出转矩

液压马达的理论输出转矩用 T_t 表示，单位为 N·m，其大小与两端进出油口的压力差 Δp 和自身排量 V 成正比，具体关系式如下：

$$T_t = \frac{\Delta p V}{2\pi} \tag{3-11}$$

式中，Δp 为液压马达进出油口两端的压力差，MPa；V 为液压马达的排量，mL/r。

（2）液压马达实际输出转矩 T

因为液压马达的内部不可避免地存在各种摩擦力，液压马达实际输出转矩要比理论输出转矩要小，其计算公式为：

$$T = \frac{\Delta p V}{2\pi} \eta_m \tag{3-12}$$

式中，η_m 为液压马达的机械效率，其数值一般在 0.85~0.90 之间，其影响液压马达的最低转速的稳定性。

若进油口压力为 p_1，出油口为 p_2，则有 $\Delta p = p_1 - p_2$，液压马达的出油口与液压油箱相通，回油管的压力损失较小，一般在实际计算中，将其忽略，因此，上式可以写成

$$T = \frac{\Delta p V}{2\pi} \eta_m = \frac{p_1 V}{2\pi} \eta_m \tag{3-13}$$

式中，T 单位为 N·m，p_1 单位为 MPa，V 的单位为 mL/r。该式在实际应用中广泛使用，

用于粗略计算液压马达的输出转矩的大小。

（3）液压马达的输出转速

液压马达的输出转速取决于供液的流量q和液压马达本身的排量V，由于液压马达内部的泄漏是不可避免的，并不是所有的油液都推动液压马达做功，一小部分的油液泄漏掉了，因此实际输出的转速要比理想情况低一些。其大小，可用下式计算：

$$n = \frac{q}{V}\eta_v \tag{3-14}$$

式中，η_v为液压马达容积效率，其数值可查阅相关资料获取。

从式（3-14）可以看出液压马达的输出转速与进入的流量成正比和自身排量成反比，在有些需要高速的场合，可采用先改变q，后改变V的办法获得。

例3-2　某液压马达排量为100mL/r，进油口最大工作压力为20MPa，出油口压力为1MPa，其容积效率为0.95，机械效率为0.9，当输入流量为250L/min时，求：

① 马达的理论输出扭矩（取整数部分）。
② 马达的实际输出扭矩。
③ 马达的输出转速。

解：① 马达的理论输出扭矩 $T_i = \frac{\Delta p V}{2\pi} = \frac{(20-1) \times 100}{2 \times 3.14} = 302(\text{N}\cdot\text{m})$。

② 马达的实际输出扭矩 $T = T_i \eta_m = 302 \times 0.9 = 271.8(\text{N}\cdot\text{m})$。

③ 马达的输出转速 $n = \frac{q}{V}\eta_v = \frac{250}{100 \times 10^{-3}} \times 0.95 = 2375(\text{r/min})$。

3.1.5　液压马达和液压泵的比较

液压马达是把液体的压力能转换为机械能的装置。从原理上讲，液压泵可以作液压马达使用，液压马达也可作液压泵使用。但事实上同类型的液压泵和液压马达虽然在结构上相似，但由于两者的工作情况不同，使得两者在结构上也有某些差异，如：

① 液压马达一般需要正反转，所以在内部结构上具有对称性，而液压泵一般是单方向旋转的，没有这一要求。

② 为了减小吸油阻力，减小径向力，一般液压泵的吸油口比出油口的尺寸大。而液压马达低压腔的压力稍高于大气压力，所以没有上述要求。

③ 液压马达要求能在很宽的转速范围内正常工作，必须采用静压轴承，若采用动压轴承，在马达低速时，不易形成润滑油膜。

④ 叶片泵依靠高速旋转而产生的离心力，使其始终贴紧定子的内表面，起到密封作用，并形成工作容腔。若将其当马达用，必须在液压马达的叶片根部装上弹簧，以保证叶片始终贴紧定子内表面，以便马达能正常起动。

⑤ 液压泵在结构上需保证具有自吸能力，而液压马达就没有这一要求。

⑥ 液压马达必须具有较大的起动转矩。所谓起动转矩，就是液压马达由静止状态起动时，液压马达轴上所能输出的转矩，该转矩通常大于在同一工作压差时处于运行状态下的转矩，所以，为了使起动转矩尽可能接近工作状态下的转矩，要求液压马达转矩的脉动小，内部摩擦小。

因此，依据液压马达与液压泵各自的特点，使得很多类型的液压马达和液压泵不能互逆使用。

3.2 液压泵

液压泵作为液压系统动力元件，将原动机（电动机、发动机等）输入的机械能（转矩和角速度）转换为压力能（压力和流量）输出，为执行元件提供压力油。液压泵的性能好坏直接影响着液压系统的工作性能，在液压传动中占有极其重要的地位。液压泵的选型是否合理、维护保养是否得当，对液压泵的寿命和可靠性有着重要的影响。

液压泵的分类方式很多，按液压泵额定压力的大小，分为低压泵、中压泵和高压泵；按排量是否可调节，分为定量泵和变量泵；按液压泵的结构，分为齿轮泵、叶片泵、柱塞泵和螺杆泵（略）。其中，齿轮泵、叶片泵和螺杆泵多用于中、低压系统，柱塞泵多用于高压系统。如表3-1所示为压力的等级。

表3-1 压力等级

压力等级	低压	中压	中高压	高压	超高压
压力/MPa	2.5	>2.5~8	>8~16	>16~32	>32

3.2.1 齿轮泵

齿轮泵按其啮合方式不同，分为内啮合齿轮泵和外啮合齿轮泵两种。内啮合齿轮泵结构较复杂，加工较难，应用相对较少；外啮合齿轮泵具有结构简单、容易制造、成本低廉、对油液污染不敏感、工作可靠、维修方便、寿命长等优点，故广泛应用于各类液压系统中。随着齿轮泵在结构上的不断完善，中、高压齿轮泵应用逐渐增多，目前，高压齿轮泵的工作压力可达到柱塞泵的工作压力。

(1) 外啮合齿轮泵

① 外啮合齿轮泵工作原理。外啮合齿轮泵的工作原理图如图3-3所示，实物图如图3-4所示。它由装在泵体内的一对的齿轮所组成，齿轮两侧有端盖。泵体、端盖和齿轮的各个齿间槽组成了许多密封工作腔。当齿轮按图示方向（左旋）旋转时，右侧吸油腔由于相互啮合的轮齿逐渐脱开，密封工作容积逐渐增大，形成部分真空。油箱中的油液在外界大气压力的

笔记

动画

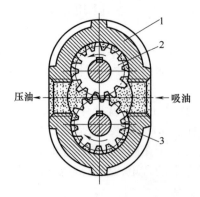

图3-3 外啮合齿轮泵的工作原理
1—泵体；2—主动齿轮；3—从动齿轮

图3-4 外啮合齿轮泵实物

作用下，经吸油管进入吸油腔，将齿间槽充满，并随着齿轮旋转，把油液带到左侧压油腔内；在压油区一侧，由于轮齿在这里逐渐进入啮合，密封工作腔容积不断减小，油液便被挤出去，从压油腔输送到压力管路中去。在齿轮泵的工作过程中，只要两齿轮的旋转方向不变，其吸、排油腔的位置也就确定不变。两个齿轮啮合点处的齿面接触线将高、低压腔分隔开，起着配油作用，因此在齿轮泵中不需要设置专门的配流机构，这也是齿轮泵与其他类型液压泵的不同之处。

② 外啮合齿轮泵结构。外啮合齿轮泵外形大致相同，按其内部结构不同可分为：无侧板型、浮动侧板型和浮动轴套型。CB-B型齿轮泵为无侧板型，其结构如图3-5所示。它采用分离三片式结构，即泵体7、后端盖4和前端盖8三片组成。它的结构简单，但不能承受较高的压力。泵体内装有结构参数完全相同的又相互啮合的一对齿轮6，长轴10和短轴1通过键与齿轮6传递扭矩，两个轴借助滚针轴承2支承在后前端盖4、8中，前后泵盖与泵体用两个定位销11定位，用6个螺钉5连接并压紧。为了使齿轮能灵活地转动，同时又要泄漏量最小，在齿轮端面和端盖之间应有适当的缝隙。为了防止泵内油液外泄漏，并且能减轻螺钉的拉力，在泵体7的两端面设置了卸荷槽d，此槽与吸油腔相通。另外，在前后端盖中的轴承部位也加工有泄油孔，使轴承处泄漏的油液经短轴中心孔b及通道c流回吸油腔，同时，润滑轴承部位，并带走该部位产生的热量。

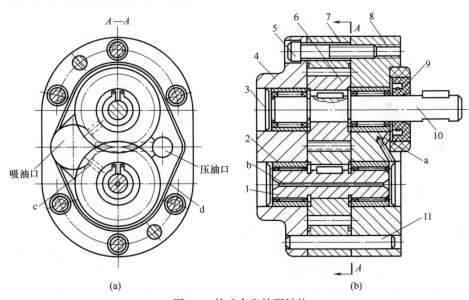

图3-5 外啮合齿轮泵结构

1—短轴；2—滚针轴承；3—油堵；4，8—后前端盖；5—螺钉；6—齿轮；7—泵体；
9—骨架油封；10—长轴；11—定位销

③ 齿轮泵的泄漏途径。分析外啮合齿轮泵的结构和工作原理，可以看出其内部泄漏有三个途径：

a. 齿轮端面和端盖间的轴向间隙的泄漏。

b. 齿轮顶面和泵体内表面的径向间隙的泄漏。

c. 两个齿轮的啮合线泄漏。

比较以上三处泄漏量的大小，其中齿轮端面和端盖间的轴向间隙泄漏占总泄漏量的75%~80%。该处间隙的特点是泄漏途径短、泄漏面积大，其配合间隙变大，泄漏量就多，容积效率降低；其间隙过小，又会使齿轮端面和端盖之间的机械摩擦损失增加，即液压泵的机械效率降低。因此，设计、制造和维修时，必须严格控制齿轮泵的轴向间隙。

④ 齿轮泵的困油现象及解决措施

a. 困油现象。齿轮泵要平稳工作，齿轮啮合的重叠系数 ε 必须大于1。也就是说，要求在一对轮齿即将脱开啮合前，后面的一对轮齿就要开始啮合。在两对轮齿同时啮合的这一小段时间内，留在齿间的油液困在两对轮齿和前后端盖所形成的一个密闭空间中，如图 3-6 所示。随着液压泵的旋转，封闭容积的大小也随之改变。当封闭容积增大时，由于没有外来油液补充，因此将形成局部真空，使原来溶解于油液中的空气分离出来形成气泡。油液中产生气泡后，将会引起噪声、气蚀等。在封闭容积减小时，被困油液受到挤压，压力急剧上升，使液压泵剧烈振动，这时高压油从一切可能泄漏的缝隙中挤出，造成功率损失，并使油液发热。这种封闭容积发生周期性变化而产生对液压泵有害影响的现象，称为齿轮泵的困油现象。

b. 解决措施。困油现象的产生必须具备两个条件：一是形成密闭空间；二是密闭空间的容积发生变化。因此，只要消除其中一个条件，则困油现象就可得以解决。通常的做法是在齿轮泵的两侧端盖上铣两条卸荷槽，如图 3-6 中虚线所示。当密封空间容积减小时，使其与压油腔相通；当封闭空间容积增大时，使其与吸油腔相通。这样就使密闭空间中的液体无法密闭，从而解决了困油问题。

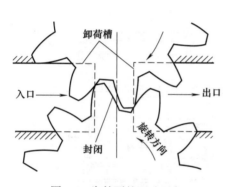

图 3-6 齿轮泵的困油现象

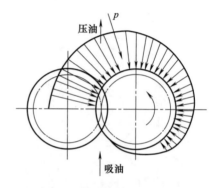

图 3-7 齿轮泵的径向不平衡力

⑤ 径向不平衡力和解决措施。在齿轮泵中，作用在齿轮外表面上的压力是不相等的，在压油腔和吸油腔处，齿轮外表面上承受着工作压力和吸油腔压力，在齿轮和壳体内表面的径向间隙中，可以认为压力是从压油腔至吸油腔逐渐分级下降，这些压力综合作用的结果，相当于给齿轮一个径向的作用力，使齿轮和轴承受载，这就是径向不平衡力，如图 3-7 所示。工作压力越大，径向不平衡力也越大，甚至可以使泵轴发生弯曲，使齿顶和泵体发生接触，甚至出现扫膛现象，同时，加速轴承的磨损，降低轴承的寿命。

对于中、高压齿轮泵，其轴承负载是非常大的。因此，齿轮泵的使用期限几乎取决于轴承的使用期限。要延长齿轮泵的寿命，减少机械磨损，必须减小径向不平衡力的影响，为此，在结构上可采取以下措施：

a. 缩小排油口尺寸。使高压油液作用在齿轮上的面积缩小，从而减小齿轮上的径向液压力。

b. 适当增大径向间隙。增大齿轮顶与泵体内表面的间隙，使齿轮在压力的作用下，只有靠近吸油腔的 1~2 个齿范围内的泵体与齿顶保持较小的间隙，而其余大部分区间齿顶与泵体保持较大间隙，使该区间的液压力基本上等于液压泵排油腔压力值，从而使大部分径向液压力得到平衡。

c. 在端盖上开设径向力平衡槽。通过两条平衡槽分别将吸、排油腔的压力引入到高压侧和低压侧齿轮的齿顶处，使吸、排油腔的对称位置上产生相应大小的液压力，从而起到平衡的作用。

⑥ 提高外啮合齿轮泵压力的措施。要提高齿轮泵的工作压力，必须减少端面的泄漏。一般采用轴向间隙自动补偿的办法，来提高外啮合齿轮泵的工作压力，如采用浮动轴套和可动侧板，并增大泵轴和轴承的刚度来解决。

（2）内啮合齿轮泵

内啮合齿轮泵有渐开线齿形和摆线齿形两种，其工作原理图如图 3-8 所示。实物图如图 3-9 所示。这两种内啮合齿轮泵的工作原理和主要特点与外啮合齿轮泵基本相同，在渐开线齿形内啮合齿轮泵中，小齿轮和内齿轮之间要设置一块月牙板，以便把吸油腔和压油腔隔离开，如图 3-8（a）所示；摆线齿形内啮合齿轮泵又称为摆线转子泵，在这种泵中，小齿轮和内齿轮只相差一个齿，因而不需设置隔离装置，如图 3-8（b）所示。内啮合齿轮泵中的小齿轮为主动轮，内齿轮为从动轮，在工作时内齿轮在小齿轮带动下同方向旋转。

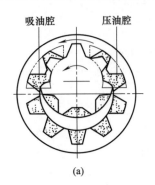
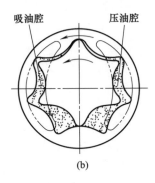

图 3-8　内啮合齿轮泵工作原理图　　　图 3-9　内啮合齿轮泵实物

内啮合齿轮泵的结构紧凑、尺寸小、质量轻、转动惯量小，运转平稳、噪声低，在高速运转工作时有较高的容积效率。但在低速、高压下工作时，压力脉动大、容积效率低，所以一般用于中低压系统中，在闭式液压系统中，常用其作为补油泵。内啮合齿轮泵的缺点是齿形复杂、加工困难、价格较贵，且不适合低速、高压工况，因此，应用受到一定局限。

★学习体会：

3.2.2　叶 片 泵

叶片泵广泛地应用在机械制造行业中、低压液压系统中，如：专用机床、塑料机械以及自动化生产线上。该类泵的优点是：运转平稳、流量脉动小、噪声低、结构紧凑和流量大等。其缺点是：对油液污染比较敏感，容易出现叶片卡死故障。按照作用方式不同，可以分成单作用和双作用两大类。前者输出流量可改变，常用于低压（7MPa以下）系统中，如：机械行业专用机床；后者流量固定，常用于中高压（16~21MPa）系统中，如注塑机、翻车机等。

单作用叶片泵是泵轴驱动转子旋转一周，吸、排油液各一次，其外观图如图3-10（a）所示。双作用叶片泵是泵轴驱动转子旋转一周，吸油两次排油也两次，它们外观图如图3-10（b）所示。

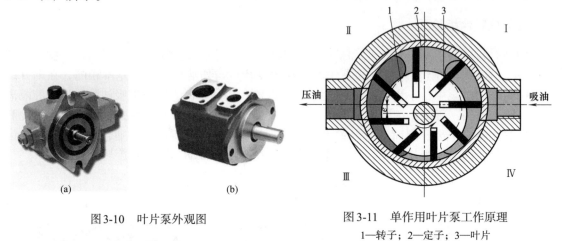

图3-10　叶片泵外观图

图3-11　单作用叶片泵工作原理
1—转子；2—定子；3—叶片

（1）单作用叶片泵

① 工作原理。单作用叶片泵的结构原理，如图3-11所示。单作用叶片泵主要由转子1、定子2、叶片3、配流盘和两侧端盖等组成。定子具有圆柱形内表面，定子和转子间有一定的偏心距。叶片装在转子槽中，并可在槽内滑动，当转子回转时，由于离心力的作用，使叶片紧靠在定子内壁，这样在定子、转子、叶片和两侧配油盘间就形成了若干个密封的工作空间。当转子按图示的方向回转时，按象限划分，在图的右部Ⅰ和Ⅳ象限为吸油侧，在图的左部Ⅱ和Ⅲ象限为压油侧，当叶片由Ⅳ象限逆时针向Ⅰ象限旋转时，叶片逐渐伸出，叶片间的工作空间逐渐增大，由于真空的作用使该侧压力降低，则从吸油口吸油。在图的左部，叶片被定子内壁逐渐压进槽内，工作空间逐渐缩小，将油液从压油口压出。配油盘的作用是，通过封油压，将吸油侧和压油侧隔离开，并为吸油和压油提供通道。当转子每转一周，叶片间的每个工作空间完成一次吸油和压油，因此，称为单作用叶片泵。转子不停地旋转，泵就不断地吸油和压油。

笔记

当改变转子与定子间的偏心量，即可增加叶片的出槽长度，从而改变泵的流量，偏心量e越大，排量越大，若调成几乎是同心的，则流量接近于零。因此单作用叶片泵大多为变量泵。单作用叶片泵是依靠出口压力实现偏心量e的变化，从而实现排量变化。

② 限压式变量叶片泵工作原理。限压式变量叶片泵是一种特殊结构的叶片泵，它能根据输出压力的变化自动改变偏心量e的大小，从而改变输出排量。限压式变量叶片泵有内反馈和外反馈两种形式。

如图3-12所示为外反馈限压式变量叶片泵的工作原理图。该泵由单作用变量泵、变量活塞4、调压弹簧9、调压螺钉10和流量调节螺钉5等组成。泵出口油液经控制通道7与活塞腔6相通。在液压泵未运转时，定子2在弹簧9的作用下，紧靠活塞4，并使活塞4靠在螺钉5上，这时定子和转子偏心量e_0最大，调节螺钉5的位置，便可改变e_0。

如图3-13所示为限压式变量叶片泵的特性曲线。当液压泵的出口压力p较低，小于限定

压力 p_B 时,限压弹簧的预压缩量不变,定子不移动,最大偏心量 e 保持不变,泵的输出流量为最大。

当液压泵压力进一步升高,大于限定压力 p_B 时,这时液压力克服弹簧力,推动定子向左移动,偏心量 e 减小,液压泵的输出流量也随之减小。

当液压泵的压力继续升高,达到某一极限压力 p_C 时,定子移动到最左端位置,偏心量 e 减至零,液压泵的输出流量为零。这时,不论液压泵的外负载如何加大,液压泵的输出压力也不会再升高,所以这种液压泵被称为限压式变量叶片泵。

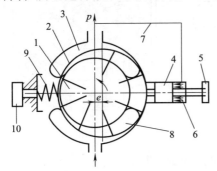 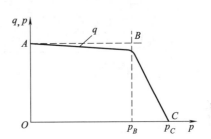

图 3-12 外反馈限压式变量叶片泵的工作原理图
1—转子;2—定子;3—吸油窗口;4—变量活塞;5—流量调节螺钉;
6—活塞腔;7—通道;8—压油窗口;9—调压弹簧;10—调压螺钉

图 3-13 限压式变量叶片泵特性曲线

(2) 双作用叶片泵

① 双作用叶片泵工作原理。双作用叶片泵的工作原理如图 3-14 所示,它是由转子 1、定子 2、叶片 3 和配流盘等组成。转子和定子中心重合,定子内表面近似为椭圆柱形,该椭圆形由两段长半径圆弧、两段短半径圆弧和四段过渡曲线所组成。当转子转动时,叶片在离心力和根部压力油的作用下,在转子槽内向外移动而压向定子内表面。在叶片、定子的内表面、转子的外表面和两侧配流盘之间就形成若干个密封空间,当转子按图示方向顺时针旋转时,处在小圆弧上的密封空间经过渡曲线而运动到大圆弧的过程中,叶片外伸,密封空间的容积增大,液压泵通过配流盘、吸油口吸入油液;当密封空间从大圆弧经过渡曲线运动到小圆弧的过程中,叶片被定子内壁逐渐压回槽内,密封空间容积变小,油液从压油口被压出。转子每转一周,每个工作空间完成两次吸油和压油,故称之为双作用叶片泵。

② 双作用叶片泵的特点。双作用叶片泵主要由定子、转子、叶片、配流盘等核心部件、前后泵体和传动轴组成。通常将定子、转子、叶片和配流盘用螺栓固定在一起组成泵芯。旋转部分有:传动轴、转子和叶片,旋转部分依靠两个轴承支撑。如图 3-15 所示为 YB_1 双作用叶片泵的结构图。为了保证密封,其一,在右配流盘上,安装两个 O 形密封圈,实现高压腔和低压腔隔离,防止内泄漏产生;其二,在前、后泵体间,安装有 O 形密封圈,防止二者配合面外泄漏;其三,

笔记
动画

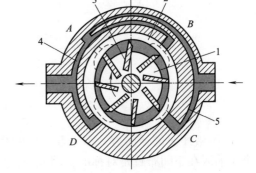

图 3-14 双作用叶片泵的工作原理
1—转子;2—定子;3—叶片;4—油液;5—泵体

在前泵体和压盖间安装有O形密封圈，防止二者配合面外泄漏；其四，在压盖内，安装骨架油封，防止从旋转轴漏油。

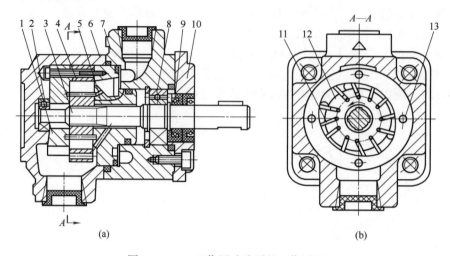

图 3-15　YB_1 双作用叶片泵的工作原理

1—左配流盘；2，8—滚动轴承；3—传动轴；4—定子；5—右配流盘；6—后泵体；7—前泵体；
9—泵轴油封；10—压盖；11—叶片；12—转子；13—泵芯组合螺栓

③ 叶片倾角。为了使叶片在转子旋转过程中便于伸出，一般叶片布置是有倾角的。双作用叶片泵的叶片倾角为前倾角，如图3-16（a）所示；单作用叶片泵的叶片为后倾布置，如图3-16（b）所示。前倾，是从图中 a 点向 O 作半径，在叶片的底部的中点作此半径的平行线，该平行线到叶片的中心线的角度方向与旋转方向一致，就为前倾，该角度 θ 为前倾角；后倾，是该平行线到叶片的中心线的角度方向与旋转方向相反，就为后倾，该角度 θ' 为后倾角。在组装叶片泵时，要注意叶片倾角方向，否则，可能导致叶片折断，产生不可修复的故障。

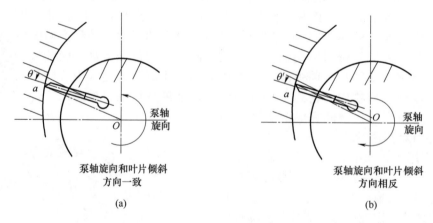

图 3-16　叶片倾角图

④ 液压泵的径向力。由于双作用叶片泵的转子转一周，完成吸油两次，压油两次，两个压油区在空间布置是对称的，因此压油区的压力作用在转子上的力是相等的。由于油压力互相抵消，转子上的径向力达到平衡。因此，双作用叶片泵的径向力是平衡的，其工作过程中的噪声较低。

(3) 叶片泵的泄漏途径

叶片泵在使用过程中，存在一定的泄漏是正常的。叶片泵的泄漏途径如下：
① 叶片顶部和定子内表面之间泄漏。
② 转子的两侧面与配流盘间的泄漏。
③ 配流盘高、低压腔密封的密封件老化变质造成的泄漏。

在以上的泄漏中，转子两侧面与配流盘之间的泄漏占主要地位。因此，为了提高叶片泵的密封性能，提高液压泵的工作压力，配流盘常做成可以进行轴向补偿的结构。此外，为了减少叶片顶部和定子内表面之间的泄漏，通常将叶片的底部与叶片泵的压油口相通，使压力油把叶片压向定子内表面，让二者密封更好。

3.2.3 柱塞泵

柱塞泵是依靠柱塞在缸体内往复运动时，密封工作容腔产生的容积变化来实现吸油和压油的。柱塞泵通常为高压液压泵，使用在液压系统压力较高的场合。按柱塞的排列和运动方向不同，柱塞泵可分为轴向柱塞泵和径向柱塞泵两类，如图3-17（a）为轴向柱塞泵外观图，图3-17（b）为径向柱塞泵外观图。轴向柱塞泵又可分为直轴式（斜盘式）和斜轴式两种。由于制造相对容易，价格相对便宜，直轴式柱塞泵在工业上应用更加广泛。

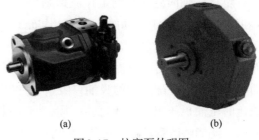

图3-17 柱塞泵外观图

(1) 径向柱塞泵工作原理和特点

① 径向柱塞泵工作原理。径向柱塞泵的工作原理如图3-18所示。柱塞1径向排列装在缸体2中，缸体由原动机带动连同柱塞1一起旋转，柱塞1在离心力或低压油的作用下抵紧定子4的内壁。当转子按图示顺时针方向旋转时，由于定子和转子之间存在偏心量e，柱塞经过上半周时向外伸出，柱塞底部的容积逐渐增大，形成部分真空。柱塞底部的密闭容腔通过衬套3上的油孔从配油孔5和吸油口b吸油。当柱塞转到下半周时，定子内壁将柱塞向里推，柱塞底部的容积逐渐减小，通过配油轴的压油口c向外压油。当转子回转一周时，每个

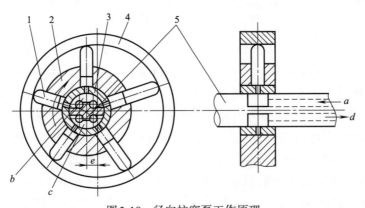

图3-18 径向柱塞泵工作原理
1—柱塞；2—缸体；3—衬套；4—定子；5—配油轴

柱塞底部的密封容积完成一次吸、压油。转子连续运转，即完成压、吸油工作。配油轴固定不动，油液从配油轴上半部的两个孔 a 流入，从下半部两个油孔 d 流出。为了进行配油，配油轴在与衬套 3 接触的一段上加工有上下两个缺口，形成吸油口 b 和压油口 c，留下的部分形成封油区。封油区的宽度应能密封住衬套上的吸、压油孔，以防吸油口和压油口连通。

② 径向柱塞泵的结构特点。径向柱塞泵的耐冲击性能好，工作可靠。但由于其结构较复杂，体积大，惯性大，制造困难，自吸能力差等原因，在工业中不如轴向柱塞泵应用广泛。

（2）轴向柱塞泵

① 轴向柱塞泵工作原理。轴向柱塞泵中的柱塞与径向柱塞泵相反，其是轴向排列的。当缸体轴线和传动轴轴线重合时，称为直轴式（斜盘式）轴向柱塞泵；当缸体轴线和传动轴轴线不在一条直线上，而形成一个夹角时，称为斜轴式轴向柱塞泵。轴向柱塞泵具有结构紧凑，工作压力高，容易实现变量等优点。

斜盘式轴向柱塞泵的工作原理图如图 3-19 所示。该泵由传动轴 5 带动缸体 1 旋转，斜盘 4 和配流盘 2 是固定不动的。柱塞 3 均布于缸体 1 内，柱塞的头部靠机械装置或在低压油作用下紧压在斜盘上。斜盘法线和缸体轴线的夹角为 γ。当传动轴按图示方向旋转时，柱塞一方面随缸体转动，另一方面，在缸体内做往复运动。显然，柱塞相对缸体左移时工作容腔是吸油状态，油液经配流盘的吸油口吸入；柱塞相对缸体右移时工作容腔是压油状态，油液从配流盘的压油口压出。缸体每转一周，每个柱塞完成吸、压油一次。如果改变斜角 γ 的大小和方向，就能够改变液压泵的排量和吸、压油的方向，此时，即为双向变量轴向柱塞泵。

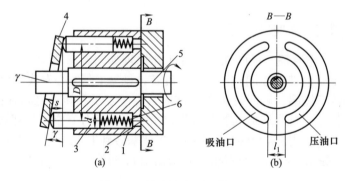

图 3-19 轴向柱塞泵工作原理

1—缸体；2—配流盘；3—柱塞；4—斜盘；5—传动轴；6—回程弹簧

② 斜盘式轴向柱塞泵结构和工作原理。斜盘式轴向柱塞泵结构如图 3-20 所示。其主要由斜盘 2、回程盘（压盘）3、滑履 4、柱塞 5、缸体 6、配流盘 7、传动轴 8、回程弹簧 9 和变量机构等部分组成。图 3-20 为手动变量轴向柱塞泵的结构图。柱塞的球状头部压装在滑履 4 内，缸体内安装的回程弹簧 9 通过钢球将回程盘 3 和滑履 4 推向斜盘。液压泵在排油过程中借助斜盘 2 推动柱塞做轴向运动；在吸油时，依靠回程盘 3、钢球和回程弹簧 9 组成的回程装置，将滑履紧紧压在斜盘表面上，将柱塞 5 从缸体 6 中拉出，完成吸油。因此，这种液压泵具有一定的自吸能力。在滑履与斜盘相接触的部分有一油室，它通过柱塞中间的小孔与缸体中的工作腔相连，压力油进入油室后在滑履与斜盘的接触面间形成了一层油

膜，起着静压支承的作用，使滑履作用在斜盘上的力大大减小，从而减小磨损。传动轴 8 通过左边的花键带动缸体 6 旋转，由于滑履 4 紧贴在斜盘表面上，柱塞在随缸体旋转的同时在缸体中做往复运动。缸体中柱塞底部的密封工作容积是通过配流盘 7 与泵的进出口相通的。随着传动轴的转动，液压泵就连续地吸油和排油。轴向柱塞泵有两个通径一样大的进出油孔和两个泄油口（其中一个根据需要用螺堵封死），泄油口接头在液压系统安装时，需要独立泄回油箱，不允许与泵的吸油管路和系统回油连接，否则，会造成泵润滑不良或壳体背压过大，影响散热效果。

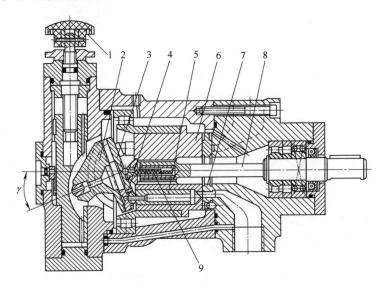

图 3-20　斜盘轴向柱塞泵结构

1—转动手轮；2—斜盘；3—回程盘；4—滑履；5—柱塞；6—缸体；7—配流盘；8—传动轴；9—回程弹簧

回程弹簧起到非常重要的作用，柱塞泵的初始密封是通过其实现的，其一方面将弹簧的弹性力作用在缸体上，将其压向配流盘，使缸体和配流盘之间的配合副形成密封；另一方面通过回程盘将柱塞压向斜盘，实现柱塞的伸出，在柱塞和缸体内孔形成真空，完成吸油过程，因此，其变形或折断会造成柱塞泵失效。

如图 3-20 所示的柱塞泵为手动变量柱塞泵。转动手轮 1 通过丝杠螺母副可以改变斜盘的倾角 γ，从而改变液压泵的排量和输出流量。通过改变不同的斜盘倾角控制方式，可以构成机动变量、液控变量、电动变量等多种变量形式的轴向柱塞泵。

③ 斜轴式轴向柱塞泵结构和工作原理。下面以力士乐 A2F 型斜轴式轴向柱塞泵为例来说明，如图 3-21 所示为其结构图，其主要由主轴 1、轴承组 2、回程盘 3、柱塞 4、碟簧 5、中心铰轴 6、后泵体 7、配流盘 8、缸体 9、柱塞连杆 10 和主泵体 11 等部分组成。从图可以看出主轴轴线与缸体轴线之间存在一定的夹角。对于 A2F 型斜轴柱塞定量泵来说，这个夹角也不是固定的，一般在 20°~25°之间。该夹角的大小决定泵的排量大小。在主轴上安装有轴承组，由三列球轴承构成。中间有隔离圈，从左到右分别为深沟球轴承和两个压力角为 40°的推力轴承。前一种用来承受径向力，后两个承受轴向力和径向力。在主轴右端面盘上用螺栓装有回程盘，而回程盘与柱塞连杆的球部连接，柱塞连杆与柱塞连接，柱塞在缸体柱塞孔中，在主轴的驱动下，柱塞实现伸出或缩回。中心铰轴的尾端插入配流盘的中间孔中，在中心铰轴上装有碟簧或螺旋弹簧，其作用是将缸体压在配流盘上，形成初始的预紧力。

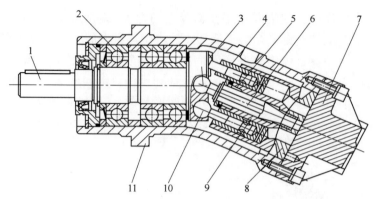

图3-21 斜轴式轴向柱塞泵结构
1—主轴；2—轴承组；3—回程盘；4—柱塞；5—碟簧；6—中心铰轴；7—后泵体；
8—配流盘；9—缸体；10—柱塞连杆；11—泵主体

当斜轴式轴向柱塞泵工作时，由电动机驱动主轴按照规定的旋向旋转，柱塞连杆带动柱塞跟随主轴一起旋转，柱塞带动缸体一起旋转，柱塞实现复合运动，一方面做旋转运动，另一方面，由于主轴轴线与缸体轴线之间存在一定的夹角，柱塞在缸体内孔上做往复直线运动，当柱塞向外运动时，柱塞与缸体形成的密封容积增大，完成吸油，当密封容积减小，完成排油。

④ 轴向柱塞泵的泄漏途径。柱塞泵由于制造精度高，是三种液压泵中泄漏最小、容积效率最高的液压泵。影响其容积效率的因素主要有三个：

a. 配流盘和缸体之间的泄漏。配流盘与旋转缸体之间的局部磨损，将影响压油区和吸油区的密封性能。

b. 配流盘和泵体（如图3-21中后泵体7）之间没有相对运动。如果在装配中接触不良，将造成油液泄漏。

c. 柱塞上的滑靴与斜盘之间的密封损坏，造成油液泄漏。

3.3 液压马达

液压马达是液压执行元件之一，是将压力能转换为机械能（转矩和角速度）的一种能量转换装置，其结构上与液压泵很类似，液压马达的性能好坏决定着某一支路性能是否可靠。液压马达输入的是压力能，输出转速和转矩，驱动负载做旋转运动。

液压马达以输出转速500r/min为界限分为两大类，输出转速高于此界限的为高速液压马达，低于此界限的为低速液压马达。高速液压马达按其结构不同，可以分为齿轮式、螺杆式、叶片式和轴向柱塞式等。高速马达的特点是转速较高、转动惯量小，便于起动和停止，调速和换向的灵敏度高。通常高速液压马达的输出转矩不大（仅几十牛米到几百牛米），所以又称为高速小转矩液压马达。低速液压马达的特点是排量大、体积大、转速低（可达每分钟几转甚至零点几转），因此，可直接与工作机构连接，不需要减速装置，使传动机构大为简化。通常低速液压马达输出转矩较大（可达几千牛米到几万牛米），所以又称为低速大转矩液压马达。

3.3.1 齿轮马达

齿轮马达结构上与齿轮泵非常类似，齿轮马达是由装在马达体内的一对齿轮所组成，齿轮两侧有端盖。马达内表面、端盖和齿轮的各个齿间槽组成了许多密封工作腔。由于密封性能差,容积效率较低,不能产生较大的转矩,且瞬时转速和转矩随啮合点而变化,因此仅用于高速小转矩的场合,如工程机械、农业机械及对转矩均匀性要求不高的设备。

(1) 齿轮马达的工作原理

齿轮马达的工作原理如图3-22所示。当液压系统压力油从上口进入时,两个齿轮与液压油接触的轮齿面承受着压力作用,其反面承受相对低的压力,由于二者存在压力差,此压力差作用在齿面上,该力与其作用点到旋转中心的距离形成如图3-22所示的旋转转矩,在此转矩的作用下,其他的轮齿逐渐脱离开啮合状态,进入压力差作用状态,在压力油不断输入的状态下,两个齿轮形成连续的旋转运动,齿轮马达下口的油液经系统回油口排回油箱。

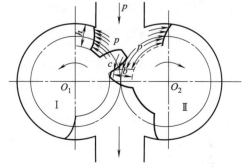

图3-22 齿轮马达工作原理

(2) 齿轮马达的结构特点

① 进出油口直径相等,壳体设有独立的泄油口。
② 为了减少摩擦扭矩,采用滚动轴承。
③ 为了减少转矩脉动,齿轮齿数相对于齿轮泵要多。

3.3.2 叶片马达

叶片马达为双作用叶片马达,其转动惯量小,反应灵敏,能适应较高频率的换向。但泄漏大,低速时不够稳定。适用于转矩小、转速高、力学性能要求不严格的场合。

(1) 叶片马达的工作原理

双作用叶片马达的工作原理如图3-23所示。Ⅰ、Ⅱ、Ⅲ和Ⅳ为配流盘上的配流窗口,Ⅱ和Ⅳ与进油口高压区连接,对应着叶片1、8、7和3、4、5;Ⅰ和Ⅲ与回油口连接经管道连接油箱,不考虑压力损失,压力为零,对应的叶片有1、2、3和5、6、7。如图,叶片1、8、7所形成的工作腔与高压区连接时,叶片1、7的单侧和叶片8的两侧都受到高压油的作用。叶片8两侧的作用力大小相等方向相反相互抵消。由于叶片1处在长半径圆弧,叶片7处在短半径圆弧,所以叶片1的受力面积大于叶片7的受力面积。作用在叶片1上的液压力的作用点到回转中心的距离大于作用在叶片7上的液压力的作用点到回转中心的距离,所以二者形成的转矩之差。同理,3、4、5叶片也形成转矩之差,而且与1、7、8旋向相同,向右旋转。当供油方向相反时,转子也向相反方向旋转。

动画

图3-23 叶片马达工作原理

(2) 叶片马达的结构特点

① 进出油口相等,有单独的泄油口。
② 叶片径向放置,叶片底部设置有燕式弹簧。

③ 在高低压油腔通入叶片底部的通路上装有梭阀。

3.3.3 轴向柱塞马达

轴向柱塞泵从形式原则上都可以作为液压马达用，即轴向柱塞泵和轴向柱塞马达是可逆的，但具体结构略有不同。轴向柱塞泵通常做成变量泵，常用在中高压环境中，有着广泛的用途，即可用在开式回路中，也可用在闭式回路中。

(1) 轴向柱塞马达的工作原理

轴向柱塞马达的工作原理图如图3-24所示。轴向柱塞马达的配油盘和斜盘固定不动，马达轴与缸体相连接一起旋转。当压力油经配油盘的窗口进入缸体的柱塞孔时，柱塞在压力油作用下外伸，紧贴斜盘，斜盘对柱塞产生一个法向反力F，此力可分解为轴向分力F_x和垂直分力F_y。F_x与柱塞上液压力相平衡，而F_y则使柱塞对缸体中心产生一个转矩，带动马达轴逆时针方向旋转。轴向柱塞马达产生的瞬时总转矩是脉动的。若改变马达压力油输入方向，则马达轴按顺时针方向旋转。斜盘倾角α的改变，即排量的变化，不仅影响马达的转矩，而且影响它的转速和转向。斜盘倾角越大，产生转矩越大，转速越低。

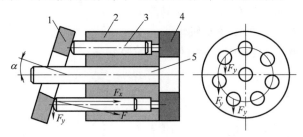

图3-24 轴向柱塞马达工作原理
1—斜盘；2—缸体；3—柱塞；4—配流盘；5—主轴

(2) 轴向柱塞马达的结构特点

① 轴向柱塞泵和轴向柱塞马达是互逆的。
② 配流盘为对称结构。
③ 有独立的泄油口。

3.3.4 径向柱塞马达

径向柱塞马达属于低速大扭矩液压马达，具有良好的反向特性，使马达操作绝对安静，适用于伺服系统。可作为马达或泵双向工作。

(1) 径向柱塞马达的工作原理

径向柱塞式液压马达工作原理如图3-25所示。柱塞按照五星布置，分别编号为1、2、3、4、5，柱塞与连杆铰接，连杆的另一端与曲轴偏心轮外圆接触，配流轴与曲轴通过键连接，一起转动。如图，当浅色阴影的压力油经配油轴的窗口进入缸体内柱塞1、2的底部时，压力作用在柱塞上通过连杆推动曲轴和配流轴旋转。此时，4、5柱塞与壳体形成的密封腔，深色阴影液压油通过配流轴沟槽与回油相通，缸体再通过端面连接的传动轴向外输出转矩和转速。

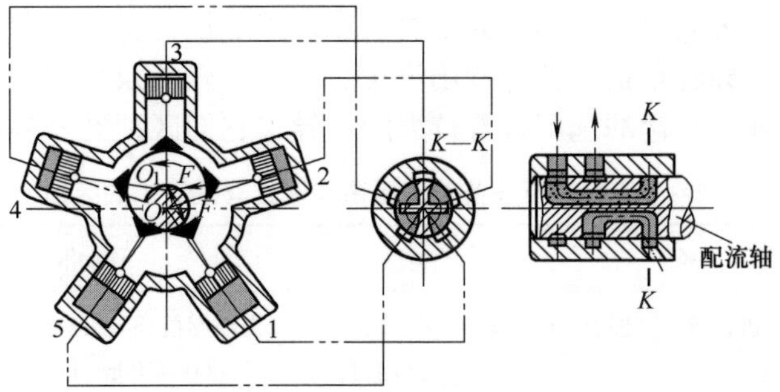

图3-25 径向柱塞马达工作原理

配流轴给各活塞通油次序见表3-2。

表3-2 旋转一周柱塞通油状态表

角度	1	2	3	4	5
图示轴角度0°	通压力油	通压力油	—	通回油	通回油
轴左转角度72°	通回油	通压力油	通压力油	—	通回油
轴左转角度144°	通回油	通回油	通压力油	通压力油	—
轴左转角度216°	—	通回油	通回油	通压力油	通压力油
轴左转角度288°	通压力油	—	通回油	通回油	通压力油

（2）径向柱塞马达的结构特点

① 柱塞呈五星状（或七星状）均匀分布在壳体内。
② 柱塞与连杆铰接，连杆的另一端与曲轴偏心轮外圆接触。
③ 曲轴为输出轴。
④ 配流轴随曲轴同步旋转，各柱塞缸依次与高压进油和低压回油相通（配流套不转），保证曲轴连续旋转。
⑤ 有独立的25泄油口。

打破"洋盾构"的隧道院士

杨华勇，浙江大学教授、国家杰出青年基金获得者、教育部长江学者特聘教授、973首席科学家，液压气动行业最年轻的院士。《土压平衡盾构电液控制技术》著作，获中国出版政府奖图书奖。二十年前，德国和日本等跨国公司垄断的"洋盾构"在我国市场赚取着高额的利润，与此同时进口的"洋盾构"，干活的时候也会出故障，"洋专家"嘴上应着迟迟不来，新配件购而不达，漫无期限的停工，浪费了大把的时间和金钱。杨院士怀揣爱国情、报国心，面向国家隧道施工建设所需的盾构设备，消化国外的技术，发现产品问题，往返于现场与实验室，一步步将关键技术做出来，充分论证讨论，并在这一过程中组建起一支盾构研究的"国家队"，经过持续12年的盾构关键技术攻关，实现了盾构的"中国设计中国制造"。他们组成的产学研项目组合作攻克了盾构设计制造面临的掘进失稳、失效和失准三大国际性难题，研发出土压、泥水和复合三大类盾构系列产品，实现了自主设计、制造和产业化，并出口海外，成为又一张"中国名片"。

3.4 职业技能

3.4.1 液压泵和液压马达选用

在国民经济的各个领域中，液压泵和液压马达的应用十分广泛，但依据是否移动可以归纳为两大类：一类统称为固定设备用，如各类机床、液压压力机、注塑机、轧钢机等；另一类统称为移动设备用，如起重机、各种专用汽车、飞机、轮船及各种工程机械等。这两大类液压设备对液压泵和液压马达的选用有着较大的差异，它们区别见表3-3。

表3-3　不同液压设备对液压泵和液压马达需求的区别

固定液压设备	移动液压设备
原动机多为普通异步电动机，驱动速度较稳定，驱动方向可调整，且转速多为1450r/min左右	原动机多为内燃机，驱动速度变化范围很大，驱动方向可固定，且转速多为600~4000r/min
多采用中压范围，压力在7~21MPa，个别可以达到25MPa	多采用中、高压范围，压力在14~35MPa，个别可达40MPa
环境温度较稳定，液压设备工作温度约在50~60℃之间	环境温度变化很大，液压设备工作温度约在-20~110℃之间
工作环境较清洁	工作环境恶劣，各类污染大
因在室内工作，要求噪声较低，应不超过80dB	因在室外工作，噪声可较大，允许90dB以上
空间布置尺寸较宽裕，利于维修和保养	维修作业空间布置尺寸紧凑，不利于维修和保养

在了解液压泵和液压马达使用的固定设备和移动设备的主要区别的基础上，具体选择液压泵和液压马达时，要满足使用性能参数要求，下面比较一下各类液压泵和液压马达的性能，有利于在实际工作中的选用。各类液压泵的主要性能比较及应用范围见表3-4，各类用于液压马达的主要性能及应用范围见表3-5。

表3-4　各类液压泵的主要性能及应用范围

性能参数	齿轮泵			叶片泵		螺杆泵	柱塞泵			
	内啮合		外啮合	单作用	双作用		轴向		径向	
	渐开线	摆线式					斜盘式	斜轴式	轴配流	阀配流
压力范围(低压型)/MPa	2.5	1.6	2.5	≤6.3	6.3	2.5	—	—	—	—
压力范围(中、高压型)/MPa	≤30	16	≤30	—	≤32	10	≤40	≤40	35	≤70
排量范围/(mL/r)	0.3~300	2.5~150	0.3~650	1~320	0.5~480	1~9200	0.2~560	0.2~3600	16~2500	<4200
转速范围/(r/min)	300~4000	1000~4500	3000~7500	500~2000	500~4000	1000~18000	600~6000		700~4000	≤1800
容积效率%	≤96	80~90	70~95	58~92	80~94	70~95	88~93		80~90	90~95
总效率%	≤90	65~80	63~87	54~81	65~82	70~85	81~88		81~83	83~86
流量脉动	小	小	大	中等	小	很小	中等		中等	
功率质量比/(kW/kg)	大	中	中	小	中	小	大	中~大	小	大

续表

性能参数	齿轮泵			叶片泵		螺杆泵	柱塞泵			
	内啮合		外啮合	单作用	双作用		轴向		径向	
	渐开线	摆线式					斜盘式	斜轴式	轴配流	阀配流
噪声	小		大	较大	小	很小	大			
对油液污染敏感性	不敏感			敏感	敏感	不敏感	敏感			
流量调节	不能			能		不能	能			
自吸能力	好			中		好	差			
价格	较低	低	最低	中		中低	高			
应用范围	机床、农业机械、工程机械、航空、船舶、一般机械			机床、注塑机、工程机械、液压压力机、飞机		精密机床及食品化工、石油和纺织机械	工程机械、运输机械、锻压机械、船舶和飞机、机床和液压压力机			

表3-5 液压马达的性能与选用

性能参数特点	齿轮式液压马达	叶片式液压马达	柱塞式液压马达
压力/MPa	<20	6.3~20	20~35
排量/(mL/r)	2.5~210	2.5~237	2.5~915
噪声	大	小	大
单位功率造价	最低	中等	高
应用范围	钻床、风扇及工程机械、农业机械的回转机构	有回转工作台的机床、轻工机械等	挖掘机、起重机、绞车、装载机、码头输送带驱动、数控机床等

在具体选择液压泵和液压马达时,应了解它们的性能参数特点,为正确选择提供参考依据,在技术选用时,还要考虑以上数据的时效性,建议在实际选择时,一定还要参考具体的厂家产品样本给定的性能参数来确定选择的最终结果。下面主要介绍在液压泵和液压马达的选用中,需要关注的问题。

(1) 齿轮泵的选用

① 根据工作压力选择。目前,我国齿轮泵的额定工作压力分低、中、高三种,低压为≤2.5MPa,中压为8~16MPa,高压为20~31.5MPa。在齿轮泵选用时可根据设备工作压力的不同进行选择。

② 齿轮泵排量和工作转速的选择。在选择齿轮泵的排量时,应根据液压系统所需要的流量与原动机的转速来确定。由于齿轮泵是定量泵,因此所选择的液压泵流量应尽可能与所要求的流量相符合,以免造成不必要的功率损失。

齿轮泵工作转速的确定应根据原动机的额定转速,并结合齿轮泵的性能参数来确定。选定的齿轮泵转速应等于原动机的额定转速,并低于齿轮泵的额定转速。也就是说,齿轮泵在原动机的驱动下，其工作转速应不高于齿轮泵的额定转速，否则齿轮泵的使用寿命将缩短。

③ 其他影响选用的因素

a. 可采用多联泵来满足多个液压源的需要，或采用多级泵来满足所需要的压力。尽量使液压系统的溢流损耗最小，从而减少系统发热，延长使用寿命（注：多联泵是两个以上的液压泵并联，可以共用一个进油口，也可独立，有各自独立的出油口，当两个并联时称为双联泵；多级泵是指两个以上的液压泵串联，流量相等，但压力是几个泵的叠加）。

b. 齿轮泵的旋向一经确定是无法改变的，所以应根据原动机的旋向来选择液压泵的旋向。

c. 外啮合齿轮泵的噪声较大，内啮合齿轮泵的流量脉动较小。当对液压泵的噪声和流量脉动有要求时，应合理选择内、外啮合齿轮泵。

(2) 叶片泵的选用

① 根据使用压力选择。若液压系统工作压力在10MPa以下，可选用普通的叶片泵；若工作压力在10MPa以上，应选用高压叶片泵。

② 排量和工作转速的选择。在选择叶片泵的排量时，应根据液压系统所需要的流量与原动机的转速来确定。叶片泵流量应尽可能与所要求的流量相符合，以免造成不必要的功率损失。

叶片泵工作转速的确定应根据原动机的额定转速，并结合液压泵的性能参数来确定。选定的液压泵转速应等于原动机的额定转速，并低于液压泵的额定转速。

③ 其他影响选用的因素

a. 一般来说，叶片泵的噪声较其他类型液压泵低，双作用叶片泵的噪声比单作用叶片泵的噪声低。如果主机要求叶片泵噪声低，则应优先选用低噪声的双作用叶片泵。

b. 根据工作寿命选用。双作用叶片泵的寿命较长，如YB_1系列叶片泵的寿命在1万小时以上，而单作用叶片泵、柱塞泵和齿轮泵的寿命较短。

c. 叶片泵抗污染能力较齿轮泵差，若液压系统过滤条件较好，油箱密封性能好，则可以选用叶片泵，否则应选用齿轮泵等抗污染能力强的液压泵。

d. 为了节省能量，减少功率消耗，应优先选用变量泵。

(3) 柱塞泵的选用

① 选择柱塞泵的结构形式。首先应考虑该泵在主机上是应用于开式系统还是闭式系统。开式系统可以选择不带辅助泵的斜盘式轴向柱塞泵，如果为了操纵变量机构或液压阀以及其他辅助机构，也可以选择带辅助泵的斜盘式轴向柱塞泵。

② 选择柱塞泵的压力、排量和转速参数等基本参数。应根据液压系统的工作压力来选择液压泵的压力。一般地说，在固定设备中，把液压泵额定压力的50%~60%作为液压系统的正常工作压力，以保证液压泵具有足够的使用寿命。对于室内使用的液压泵，要注意选用低噪声泵；对于车辆用液压泵，噪声的要求可以放宽一些。液压泵的工作转速应不高于其额定转速；排量的选择需要结合原动机转速考虑，既能够满足液压系统的流量要求，又不会造成较大的流量富裕。

③ 液压泵的使用寿命也是需要考虑的因素。所谓使用寿命，通常是指大修周期内液压泵在额定条件下运转时间的总和。通常车辆用液压泵的大修周期为2000h以上，室内用液压泵要求使用大修周期为5000h以上。

④ 价格因素。通常斜盘式轴向柱塞泵要比斜轴式轴向柱塞泵价格低；定量泵要比变量

泵价格低；柱塞泵价格要比叶片泵、齿轮泵高，但性能和寿命则优于后者。因此，在保证性能和寿命均符合主机要求的前提下，应尽可能选择价格低的液压泵。

(4) 液压马达的选用

为设计新系统选择液压马达，或者为现有系统中的液压马达寻找替代产品时，除了要考虑功率（扭矩、转速）要求之外，还要考虑其他一些因素。在许多情况下，借鉴以往经验，是选用马达的一条捷径。当没有已往使用经验可借鉴时，必须考虑以下因素：

①工作负载循环；②油液类型；③最小流量和最大流量；④压力范围；⑤系统类型：开式系统或闭式系统；⑥环境温度、系统工作温度和冷却系统；⑦供油液压泵类型：齿轮泵、柱塞泵或叶片泵；⑧过载保护：靠近液压马达的安全阀；⑨速度超越载荷保护；⑩径向载荷和轴向载荷。

工作负载循环和速度超越载荷保护是常被忽视的两个重要因素。当发生速度超越载荷条件时，马达处于油泵工况，这时马达联动轴所承受的扭矩可能达到正常工作情况下的两倍。若忽视了上述情况，会导致马达损坏。

工作负载循环时，系统匹配是需要考虑的另一个非常重要的因素。如果要求马达长时间满负荷工作，又要有令人满意的使用寿命，这时产品样本给出的扭矩和转速指标仅能达到使用要求还不够，必须选择性能指标高出一档的系列产品。同样，如果马达工作频繁程度很低，可以选择样本给出性能指标偏低的那个系列产品。用液压马达驱动绞盘就是一个例证，绞盘制造厂选用 White RS 系列马达，尽管实际工作参数超出了样本给出的性能参数，仍然能正常工作。由于马达使用频繁程度很低，而且每一次工作持续时间又很短，因此无论性能还是寿命均能令人满意。这样选出的马达明显减少购置费用。当马达排量和扭矩出于两可的情况，工作载荷循环、压力和流量成为选择最适合给定工作条件的液压马达的决定因素。

3.4.2 液压泵和液压马达型号介绍

液压泵和液压马达的型号是反映其性质、性能、品质等一系列情况的指标，一般由一组字母和数字以一定的规律编号组成。某一产品的型号一旦选定，其性能参数、结构参数均是固定的，在进行采购时，只要提供型号就可以进行采购了。液压泵和液压马达的型号各个产品生产厂家有较大的不同，特别是我国和国外的型号命名有很大的不同。其代表液压泵或液压马达的唯一性能和结构特征，液压泵和液压马达型号必须完整，不能添加或漏掉任何字母或文字，是液压泵和液压马达采购的订货号。

(1) 液压泵的型号介绍

下面以北京华德液压工业集团型号为 A8V55SR1.1R101F1 液压泵为例来说明，如图 3-26 为其外观图。

A8V 为该泵型号，为变量双泵；55 为泵的规格，代表两个旋转组件的最大排量为 55mL/r，其流量变量范围为 15.8~54.8mL/r，规格系列有 28、55、58、80、107、125、160 等；SR 代表变量控制方式，其代表全功率变量，此外，还有 LL、LLC、DM 等，分别代表分功率变量、分功率交叉变量和恒压手动变量；1.1 代表结构类型，其不带减速齿轮带辅助驱动，此外，还有 1.2、2、3、4、5 等，分别代表不带减速齿轮带辅助驱动、带减速齿轮不带辅助驱动、带减速齿轮带辅助驱动和安装 A2F23.28（带花键轴）的联轴器、带减速齿轮带辅助驱动可安装齿轮泵、带减速齿轮带辅助驱动并有盖板；R 为旋转方向（从轴端看），代表顺时针旋转,也称为右旋;1代表系列号,此外,还有0、2、3、4、5等;0代表速比为1.00;1代表吸油口1个;F代表油口连接方式,为法兰连接,此外,还有G代表螺纹连接;1代表行程限位是固定的,此外,还有2、3等,分别代表液控的和机械的。

液压泵旋向确定方法:面向泵轴,当顺时针旋转时,大孔进油,小孔出油,则该泵的旋向为顺时针旋转,一般用"R"代表,也叫右旋。否则,为逆时针旋转,用"L"代表。液压泵的旋向必须与原动机提供的旋向一致,一旦选错,液压泵将无法正常工作,并会造成液压泵损坏事故。

(2) 液压马达的型号介绍

下面以宁波镇海铭泰液压传动有限公司MT1-100B曲轴连杆式低速大扭矩液压马达为例来说明,图3-27为其外观图。

MT为铭泰曲轴连杆低速大扭矩液压马达;1为产品系列号,此外,还有2、3、6、8、11、16、31、71等系列,同一系列,其外形尺寸和体积完全相同;100为名义排量(由几何尺寸决定的),其从63~16000mL/r;B为输出轴类型,代表平键轴,此外,还有D、I、QM等。

图3-26　A8V变量泵

图3-27　MT五星液压马达

3.4.3　液压泵和液压马达安装与调试

液压泵和液压马达是液压系统中的两种重要的能量转换装置,在液压系统使用中的许多故障,或多或少都与之有一定关系,泵和马达的正确安装与调试,是减少液压系统故障的关键一环。因此,正确地安装与调试液压泵和液压马达显得格外重要。

(1) 液压泵安装与调试注意事项

① 避免传动轴受径向力。 液压泵的主轴对径向力作用是非常敏感的,因此不允许在液压泵的主轴上直接安装带轮、齿轮、链轮等。正确的做法是保证原动机输出轴与液压泵的主轴的同轴度在允许范围之内,原动机输出轴和液压泵主轴之间加装弹性联轴器,或者采用万向传动轴来连接。否则,将导致传动轴弯曲,并严重影响液压泵的使用寿命。安装好后要用手连续旋转联轴器或传动轴360°,不允许有卡滞的现象,否则,应重新调整,直至旋转顺畅为止。

② 检查液压泵的旋向应与原动机的旋向一致,否则,需要进行调换或调整。

③ 液压泵试车前,要经液压泵的泄油口向其中灌入允许的液压油,没有泄油口的液压泵,要拆卸液压泵的出油口,利用点动的办法使泵内充满油液,并排除空气。

④ 变量泵的变量拐点和输出压力的调试。对于变量拐点,要依据泵的出厂流量特性曲线,并结合液压系统的使用特点进行调试,力求泵的变量拐点与液压系统相匹配;对于输出

压力的调试,应在出厂允许的压力以下进行调试。

(2) 液压马达安装与调试注意事项

① 液压马达壳体内灌入新液压油。用液压油吸取器吸取新的液压油,从液压马达的泄油口加入,直至灌满为止。

② 液压马达的泄油口要独立泄回油箱。为了保证液压马达的良好的散热,液压马达的泄油口要独立地泄回油箱,一般不允许与液压系统回油连接。

③ 液压马达的出油口设置有溢流阀的,需要按照使用要求进行调试。

3.4.4 液压泵的旋向的调整

依据液压泵从原理,液压泵可以安装为左旋或右旋方向,但液压泵出厂后其旋转方向一旦确定,一般不便于对方向进行调整,甚至齿轮泵和某些变量柱塞泵的旋向是禁止调整的,这是由齿轮泵和某些变量柱塞泵的结构决定的。下面介绍双作用叶片泵的旋向调整方法。

双作用叶片泵的调换前后的液压原理图如图3-28所示,图3-28(a)为右旋泵,图3-28(b)为左旋泵。比较两个图可以发现吸油和排油口未改变,但仔细观察有如下变化:

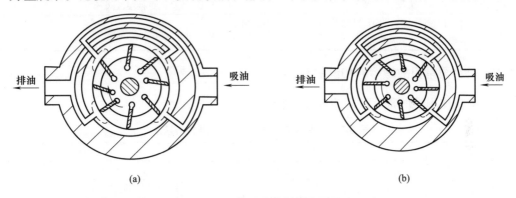

图3-28 双作用叶片泵旋向调整

① 定子旋转90°。
② 转子和叶片翻转180°。
③ 叶片顶部的倒角背对旋向。

3.4.5 液压泵故障诊断与维护

液压泵和液压马达在一定压力下,都存在泄漏量,该数值可以根据产品样本中的某一压力下的容积效率进行计算,也可以根据出厂的检测数值确定。随着液压泵和液压马达的使用,由于液压油中不同尺寸的固体污染颗粒的数量的增加,会加速磨损,致使泄漏量逐渐加剧,直至无法满足使用要求。液压泵和液压马达故障的早期诊断和维护,对它们的使用寿命和液压系统的可靠性起着十分重要的作用。下面介绍一些简单的故障诊断和维护方法。

液压泵检测与维护微视频

(1) 外啮合齿轮泵常见故障诊断和维护方法

外啮合齿轮泵的常见故障诊断与维护方法可参见表3-6。

表 3-6　外啮合齿轮泵常见故障诊断和维护方法

故障现象	故障诊断	维护方法
噪声大	吸油管接头、泵体与盖板结合面、堵头和密封等部位,涂油脂找到泄漏处	更换密封圈;使用胶黏剂涂到堵头配合面,保证泵体和盖板的结合面平面度不超过0.005mm
	齿轮齿形精度太低	配研或更换齿轮
	端面间隙过小	研磨齿轮、泵体和该盖板端面
	轮齿与端面不垂直,盖板上两孔轴线不平行,泵体两端面不平行	拆检、修磨或更换有关元件
	装配不良,如主轴转一周有时轻有时重	拆检、装配调整
	两盖板端修磨后,两个困油卸荷槽距离增大,产生困油现象	修整困油卸荷槽,保证两槽距离
	泵轴与电动机轴等零件损坏	调整联轴器,使同轴度误差小于 $\phi 0.1mm$
	检查吸油管、油箱、过滤器、油位及油液黏度等,确定出现气穴故障	依据检查部位,排除气穴故障
容积效率低,压力提不高	端面间隙过大	配磨齿轮、泵体和盖板端面,保证端面间隙
	各连接处泄漏	检查更换密封件并紧固各连接处
	油液黏度过大或过小	测定油液黏度,按说明书更换油液
	溢流阀失灵	拆检、修理或更换溢流阀
	检查吸油管、油箱、过滤器、油位及油液黏度等,确定出现气穴故障	依据部位,排除气穴故障

(2) 叶片泵常见故障诊断和维护方法

叶片泵在使用中的常见故障诊断和维护方法见表3-7。

表 3-7　叶片泵常见故障诊断和维护方法

故障现象	故障诊断	维护方法
噪声较大	压力冲击大,配流盘上三角槽有堵塞	检查三角槽堵塞,清除
	定子曲面有伤痕	修整抛光定子曲面
	空气进入泵内	泵轴密封部位泄漏,更换骨架油封
噪声较大	叶片倒角太小,运动时,其作用力有突然变化的现象	将叶片一侧的倒角适当加大,一般为C1
	叶片高度尺寸误差较大	保证叶片尺寸同高
	液压泵的主轴密封过紧,温升较大	调整密封装置,降低温升
	联轴器的同轴度误差大或安装不牢靠	调整,减小同轴度误差,并紧固牢靠
	电动机转速过高	更换电动机,降低转速
泵不吸油或无压力	电动机转向出错	重新连接,改变旋向
	油液黏度过大,叶片滑动阻力过大	更换黏度较低的油液
	叶片与槽配合过紧,影响叶片的甩出	修磨叶片和配合槽,保证叶片的运动灵活
	配流盘刚度不够或配流盘与泵体接触不良	更换或修整其接触面
排油量或压力不足(表现为油缸动作迟缓或马达旋转迟缓)	叶片或转子装反	纠正叶片和转子的方向
	密封不严,空气进入泵体	检查密封情况,紧固连接处
	定子曲面和叶片接触不良	磨修至叶片和定子曲面配合良好
	叶片移动不灵活	对移动不灵活的叶片重新配磨

笔记

(3) 柱塞泵常见故障诊断和维护方法

柱塞泵常见故障诊断和维护方法见表3-8。

表3-8 柱塞泵常见故障诊断和维护方法

故障现象	故障诊断	维护方法
排油量不足,执行机构动作迟缓	吸油管及过滤器堵塞或阻力太大	疏通管道堵塞部位,清洗过滤网
	油箱油位太低	用加油机加注新的同种牌号液压油到油箱位
	泵体内没有充满油液,有残存空气	从泵体泄油口加注新油排除泵内空气
	柱塞和缸体或缸体与配流盘配合副磨损	更换新柱塞并研磨缸体和配流盘配合副
	中心弹簧折断或发生塑性变形	更换中心弹簧
	变量机构失灵,达不到工作要求	检查变量机构,研磨卡死零件
	油温异常或有漏气	查找漏气部位,并更换密封件,选择合适的液压油
压力不足或压力脉动较大	吸油口堵塞或通径过小	疏通堵塞部位,加大通流面积
	油温较高,油液黏度下降,泄漏增加	更换油液黏度较大的油液
	缸体与配流盘配合副磨损,密封失效	更换新柱塞,研磨缸体和配流盘配合副
	变量机构偏角太小,流量过小内泄漏所占份额相对增大	增大变量机构的偏角
	变量机构不协调	检测变量机构的配合副,重新研磨
噪声较大	泵内有气	检查漏气部位,排除空气
	泵进油过滤器阻塞	清洗过滤器
	油液不干净	采样检验液压油液的污染度
	油液黏度大,油位过低或有漏气	更换油液黏度较小的液压油
	泵轴与电机轴不同心,使泵存在径向力	重新调整同心度,采用柔性连接
	管路振动	采取隔离消振措施
	系统工作压力过大	重新调定溢流阀的压力值
内泄漏大,泄油管回油压力高	缸体与配流盘配合副磨损	研磨配合面
	中心弹簧损坏,使缸体和配流盘之间密封失效	更换新弹簧(用符合标准的弹簧)
	柱塞与缸体配合副损坏,密封失效	更换新柱塞或柱塞与缸体孔配合副研磨
外部泄漏	传动轴上骨架油封损坏	更换骨架油封或密封件
	各结合面及管接头的螺栓及螺母没有拧紧,密封损坏	重新更换密封件并按照标准扭矩拧紧
温升过大	内泄漏较大	检测并维修磨损的零件,并研磨
	泵内部的相关的配合副密封损坏,如缸体与配流盘或柱塞滑靴与斜盘等	检测并维修磨损的零件,并研磨
变量机构不灵活	在控制油路上,可能出现堵塞	过滤油液,必要时冲洗
	变量头与变量体磨损	重新研磨,使配合良好
	伺服阀芯、差动油缸及弹簧芯轴卡死	研磨卡死部位,并更换新油或过滤油液
泵体有异响,且不排油	柱塞与缸体卡死	研磨柱塞和缸体内孔,并过滤油液或更换新油
	柱塞头折断	更换成套柱塞及检测缸体
	滑靴脱落	更换成套新柱塞

3.4.6 液压马达故障诊断与维护

(1) 轴向柱塞马达的常见故障诊断和维护方法

轴向柱塞马达常见故障诊断和维护方法见表3-9。

表3-9　轴向柱塞马达常见故障诊断和维护方法

故障现象	故障诊断	维护方法
马达转速低	检查输入流量	检查液压泵变量机构
	马达变量机构异常	检查液压泵变量机构
	马达内泄漏严重	拆解马达,检查马达缸体与配流盘配合副、滑靴与斜盘配合副等处密封
马达输出扭矩小	连接管路太长、通径太小	缩短连接管路并加粗管径
	油温过高、油液黏温指数低,内泄漏增大	更换黏温指数高的油液、检查异常升温点
	溢流阀调压低或损坏	重新调整溢流阀的压力,无法调节则更换溢流阀
	液压泵泄漏大,输出流量小	拆解液压泵,检查缸体与配流盘配合副、滑靴与斜盘配合副等处密封
内泄漏大	复位弹簧损坏或折断	更换标准的弹簧
	马达缸体和配流盘配合副损坏,密封失效	拆解马达,检查马达缸体与配流盘配合副密封
外泄漏	马达轴骨架油封损坏	更换新的符合标准的骨架油封
	各结合面密封损坏或紧固螺栓松动	用扭力扳手按标准扭矩重新拧固
	进出口密封损坏或松动	更换密封件并紧固接头
噪声异常	马达柱塞老化,滑靴脱落	更换成组柱塞,并检修斜盘
	马达轴承损坏	更换符合标准的轴承
	油液黏度过大	更换黏度低的液压油

(2) 低速径向液压马达的常见故障诊断和维护方法

低速径向液压马达的常见故障诊断和维护方法见表3-10。

表3-10　低速径向液压马达常见故障诊断和维护方法

故障现象	故障诊断	维护方法
液压马达不转或转动很慢	负载大,泵供油压力不够	提高泵的供油压力或调高溢流阀的调定压力
	液压马达的泄油口接头长度太长,造成与转子相互摩擦	检查泄油口接头长度,并缩短
	连接液压马达的输出轴的同轴度有严重偏差,或输出轴太长,导致与液压马达的转子后盖摩擦	拆下液压马达,检查与液压马达连接的输出轴
液压系统的压力较低时输出轴转动不均匀	液压系统内有空气	排除进入液压系统的空气
	液压泵供给的油液流量不均匀	检查液压泵是否出现柱塞滑靴脱落
液压系统的压力有很大波动,输出轴转动不均匀	配流器安装不正确	转动配流器并重新安装
	柱塞被卡紧	拆卸马达研配柱塞和缸体配合副
液压马达体中发出激烈的撞击声	柱塞被卡紧	拆卸马达研配柱塞和缸体配合副
	背压过低	重新调定回油背压
冲击声大	补油压力不够(即回油管背压不够)	提高补油压力,可在回油路上加装单向阀和节流阀提高背压
	油中有空气	检查泵吸油侧漏气部位,并排除
	液压泵供油不连续或换向阀频繁换向	检查并消除液压泵和换向阀故障

续表

故障现象	故障诊断	维护方法
冲击声大	液压马达内部零件损坏	拆检液压马达,更换或维修损坏的零件
液压马达壳体温度异常	马达柱塞上密封件严重老化	更换柱塞上的密封件
	马达配流器密封件老化	更换配流器的密封件
	系统液压油温过高,冷却器未开	检查系统各元件有无故障,若检查无故障,检查开启冷却器
	液压马达的泄油口接头长度太长,造成与转子相互摩擦	检查泄油口接头长度,并缩短
马达外泄漏	马达轴骨架油封损坏	更换符合标准的骨架油封
	马达壳体和端盖间密封件老化或紧固螺栓松动	更换马达壳体和端盖间密封件并紧固好螺栓
	配流轴端盖漏油、马达进出油口漏油	更换密封件并对应紧固好
液压马达的壳体泄油口排油量大,轴转动无力	液压马达活塞密封件损坏	拆检液压马达,更换密封件并研磨活塞孔
	液压马达配流轴与转子之间配合副损坏,主要是因为油液中的固体敏感颗粒嵌入配合副中,造成损坏	检修配油轴和套体,电镀磨配达到标准的配合副尺寸,清洗管路和油箱,清除油中敏感的固体颗粒

理论考核（30分）

一、请回答下列问题（20分）

1. 双作用叶片泵的叶片倾角是前倾安装，什么是前倾？（3分）

2. 柱塞泵回程弹簧的作用是什么？（3分）

3. 轴向柱塞泵的泄漏途径有哪些？（3分）

4. 液压泵工作的四个条件是什么？为什么油箱要与大气相通？（3分）

5. 液压泵的旋向是怎么确定的？（3分）

6. 某液压系统中，齿轮泵的排量 V=32mL/r，电动机转速 n=1450r/min，液压泵的输出压力为 p=10MPa，液压泵容积效率 η_V=0.92，总效率 η=0.85，请问
   （1）液压泵的理论流量是多少？

（2）液压泵的实际流量是多少？
（3）液压泵的输出功率是多少？
（4）需要配多大功率的驱动电动机？
（5分）

二、判断下列说法的对错（正确画√，错误画×，每题1分，共10分）
1．理论上，叶片泵的转子能够正、反方向旋转。（　　）
2．双作用叶片泵也可以做成变量泵。（　　）
3．双作用叶片泵的转子每回转一周，每个密封容积完成两次吸油和压油。（　　）
4．由于定子与转子偏心安装，改变偏心量可改变单作用叶片泵的排量。（　　）
5．轴向柱塞泵是通过改变斜盘的倾角实现输出流量的变化的。（　　）
6．柱塞泵的壳体回油口可以直接回油箱也可以与液压泵的吸油口连接。（　　）
7．柱塞泵的吸油口和出油口通径不一样大，进口大，出口小。（　　）
8．叶片马达为了起动时形成初始密封，在叶片底部加装燕尾弹簧。（　　）
9．液压泵或液压马达型号只要前几个字母和数字一致就可以使用。（　　）
10．齿轮泵和齿轮马达结构特点一致，可以通用。（　　）

技能考核（40分）

一、填空（28分，每空2分）

1．齿轮泵的选用应该考虑_____、_____和其他影响选用因素。

2．液压马达安装与调试注意事项：_____；_____；_____。

3．外啮合齿轮泵容积效率低，压力提不高可能的故障部位有_____；_____；_____，对应的维护方法为有_____；_____；_____。

4．液压马达内泄漏大的故障部位可能有_____；_____；_____。

二、简答题（每题4分，共计12分）

1．简单叙述柱塞泵怎么选用。

2．简单叙述液压泵安装和调试注意事项。

3．简单叙述采用液压有源测试技术对液压泵和液压马达的故障检测方法（参照拓展知识）。

素质考核（30分）

1. 试谈谈你如何在课程学习中体现诚实守信。（10分）

_____

_____。

2. 简述在课程学习和实践中如何落实认真负责。（10分）

_____

_____。

3. 简单叙述你对遵守承诺、履行诺言、担当责任的认识。（10分）

_____

_____。

自我体会：

_____

学生签名：_____ 日期：_____

拓展空间

1. 液压泵和液压马达故障检测方法与维护注意事项

（1）液压泵和液压马达的故障检测方法

离线的液压泵（叶片泵除外）和液压马达可以利用液压有源测试技术来进行检测，检测的项目包括：一是，液压泵或液压马达空载下的运行转速；二是，在泵出油口或液压马达的任一进油口加注额定压力油，检测液压泵或液压马达的容积效率情况，从而确定液压泵或液压马达的性能优劣，以及维护前后的性能检测比较。液压泵和液压马达故障检测示意图如图3-29所示。图3-29（a）为液压有源测试仪示意图，由定量泵、2个流量传感器、溢流阀、快速接头和油箱等组成，定量泵由伺服电机驱动，液压泵输出的油液由第一个流量传感器检测，检测泵的流量的大小；溢流阀按照被检测的液压泵或液压马达的额定压力进行调定，溢流阀的回油量的大小由第二个流量传感器检测；测试仪向被测试的泵或马达的输出流量由式(3-15)决定：

$$Q_2 = Q - Q_1 \tag{3-15}$$

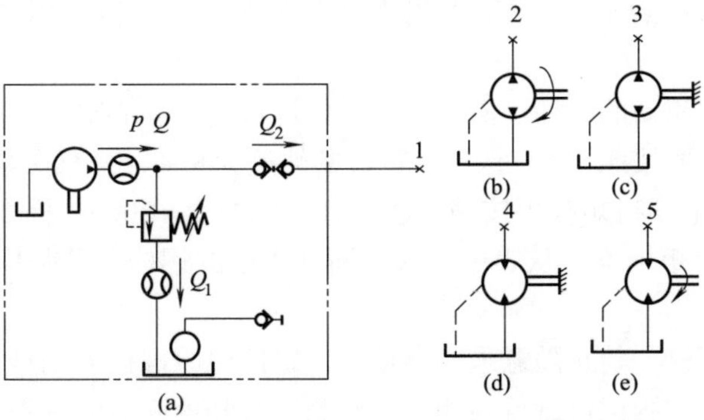

图3-29 液压泵和液压马达故障检测示意图

当测试仪与被测试的液压泵或液压马达不连接时：$Q_2 = 0$，$Q = Q_1$。如图3-29所示中1为测试仪输出口，2、3为液压泵输入口，4、5为液压马达输入口，可以根据需要用高压软管连接（图中未画出）。图3-29（b）为液压泵轴未固定时，可以检测液压泵空载下的运行转速，图3-29（c）为液压马达轴固定时，可以检测在额定工作压力下的泄漏量和该泵的容积效率；图3-29（d）为液压马达轴固定时，可以检测在额定工作压力下的泄漏量和该液压马达的容积效率，图3-29（e）为液压泵未轴固定时，可以检测液压马达空载下的运行转速。检测的数据可以用测试仪对同型号的新泵或马达的检测数据对比，就可以诊断出被检测的液压泵和液压马达的健康状态。如图3-30为二代液压有源测试仪检测美国Parker变量泵现场，图3-31为一代有源液压测试仪检测美国Parker五星液压马达的现场。注：检测实例可以观看课程资源。

图3-30　美国Parker变量泵检测

图3-31　美国Parker五星液压马达检测

（2）液压泵和液压马达的维护注意事项

液压泵和液压马达的维护必须坚持一定的固定程序，才能保证维护质量。在维护中要遵循检测、维护、再检测中的步骤，并严格按照操作规程操作，维护需要注意以下内容：

① 按照5S职业习惯清理维护现场，把无关的物品进行清理，使作业空间最大化。

② 有条件的要用测试仪进行数据采集，并进行登记。

③ 拆卸前，首先要拍照片，或者在结合部位打上标记。

④ 先拆的零件放在远处，后拆的放在近处，并编写号码。

⑤ 拆卸的螺栓要单独放在一个容器内，并做好标签。

⑥ 零件要逐一进行观察、检测，将损坏无法修复的、可以再用的、可以修复的分开摆放，并进行详细的登统。

⑦ 组装前，要用流动的柴油、液压油对零件进行清洗和润滑。

⑧ 组装时，螺栓要按照8字三次法（走过的轨迹为8字，分三次紧固）进行紧固，有条件的最后采用手动或电动扭矩扳手按照（Q/STB 12.521.5—2000）标准扭矩大小安装，具体参见表8-5螺栓拧紧力矩标准，从表中得知，同种规格的螺栓，其强度等级的不同，预紧力和扭矩有很大的不同。

⑨ 如有折断的螺栓，禁止随意采购螺栓，一定按照原螺栓的钢号采购。

⑩ 安装好后，采用测试仪进行检测，将检测结果和拆卸前的结果进行对比。

2. 专业英语

Axial Piston Pump A10VSO Technical Data

size NG		18	28	45	71	100	140
Displacement Variable pump	V_{gmax}/cm³	18	28	45	71	100	140
Speed: n_{max} at V_{gmax}	n_{max}/(r/min)	3300	3000	2600	2200	2000	1800
Speed: n_{max} at $V_g < V_{gmax}$	n_{max}/(r/min)	3900	3600	3100	2600	2400	2100
Flow: n_{max} & V_{gmax}	q_{Vmax}/(L/min)	59	84	117	156	200	252
Flow: n=1500r/min	q_V/(L/min)	27	42	68	107	150	210
Power: at n_{max} Δp=280bar	P_{max}/kW	30	39	55	73	93	118
Power: at n=1500r/min	P/kW	12.6	20	32	50	70	98
Torque: V_{gmax} & Δp=280bar	T_{max}/N·m	80	125	200	316	445	623
Torque: V_{gmax} & Δp=100bar	T/N·m	30	45	72	113	159	223
Rotray stiffness: drive shaft S	c/(N·m/rad)	11087	22317	37499	71884	121142	169537
Rotray stiffness: drive shaft R	c/(N·m/rad)	14850	26360	41025	76545	—	—
Rotray stiffness: drive shaft P	c/(N·m/rad)	13158	25656	41232	80627	132335	188406
Moment of intertia for rotary group	J_{rw}/(kg·m²)	0.00093	0.0017	0.0033	0.0083	0.0167	0.0242
Filling capacity	V/L	0.4	0.7	1.0	1.6	2.2	3.0
Mass (approx)	m/kg	12	15	21	33	45	60

第 4 章 液压缸

知识目标

1. 了解液压缸的功能与分类及性能参数。
2. 熟悉单杆双作用活塞式液压缸的工作原理与结构。
3. 理解立新牌的单杆双作用活塞式液压缸的型号含义。
4. 了解柱塞缸、伸缩缸、齿条缸等其他类型液压缸的结构原理。
5. 了解液压缸的缓冲和排气结构。

技能目标

1. 会选用液压缸。
2. 会进行液压缸常见故障诊断。
3. 会进行液压缸维护与维修。
4. 了解液压缸的装卸注意事项。

素质目标

1. 学会尊重他人。
2. 学会宽容待人。

学习导入

液压缸是液压系统的执行元件,它是将液体的压力能转换成直线运动的机械能输出,完成机械装备的某一工艺动作。液压缸输入的是压力和流量,输出的是力和运动速度。液压缸也是液压系统重要的组成部分。液压缸合理的选用、使用和维护可以提高液压系统的运行可靠性和寿命。

4.1 液压缸的类型和特点

4.1.1 双作用液压缸

在液压系统中,液压执行元件是将液体的压力能转换为机械能的元件。它分为使运动部件实现直线运动或摆动的液压缸,以及使运动部件实现旋转运动的液压马达(在第三章进行了详细讲解)两种。在工业生产中,液压缸使用最为普遍。

(1) 液压缸工作原理和工作条件

液压缸结构原理。液压缸是液压执行元件的一种类型,是一种将压力能转换为机械能的能量转换装置,其输出直线运动及推力或者输出摆动运动及转矩。液压缸结构简单、工作可靠,加工和维修方便,因此被广泛应用于各种液压机械设备中。

液压缸结构原理如图4-1所示,它主要由缸筒、活塞、活塞杆组成。缸筒被活塞分成两个封闭的容腔,有活塞杆一侧称为有杆腔,无活塞杆一侧称为无杆腔,在有杆腔和无杆腔分别设置油缸的进出油口。当左侧的无杆腔的进出油口与液压泵的出油口连接时,液压泵输出的液压油连续地进入液压缸的无杆腔,有杆腔的一侧的进出油口与油箱连接,液压缸无杆腔的液压油的压力作用在活塞上,当此液压力大于右侧作用在活塞杆上的外力、活塞的摩擦力、惯性阻力以及有杆腔的回油阻力等总负载阻力时,活塞、活塞杆以及被推动的外负载一起向右运动,从而实现了液压能向机械能的转换。

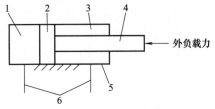

图4-1 液压缸结构原理图
1—无杆腔;2—活塞;3—有杆腔;4—活塞杆;
5—缸筒;6—进出油口

(2) 液压缸工作的四个条件

要实现液压缸将压力能转换为设备所需的机械能,必须满足以下四个条件:
① 推力必须大于总的负载阻力。
② 液压缸内设置密封件,以保证无杆腔和有杆腔在规定的工作压力下始终保证密封,不得内漏和外漏。
③ 液压缸中未与液压泵连接的一腔与油箱连接,保证回油通畅。
④ 液压缸的缸筒和活塞杆二者之中必须有一个固定。

(3) 液压缸性能参数

① 额定工作压力。液压缸的额定工作压力是液压缸制造厂家为了满足用户的不同工作压力需求,并考虑成本因素而确定的。在使用液压缸时,必须在其额定压力以内使用,否则会发生缸筒变形,泄漏量增加或者出现液压缸薄弱部位破裂等严重事故。

目前国产液压缸的额定压力系列为:7MPa、14MPa、16MPa、21MPa、25MPa、35MPa等。

② 液压缸往复运动速度比。液压缸往复运动的速度比用 φ 表示,它是液压缸活塞杆缩回速度与液压缸活塞杆伸出速度之比,其表达式为

$$\varphi = \frac{v_2}{v_1} = \frac{D^2}{D^2 - d^2} \tag{4-1}$$

式中, v_2 为活塞杆缩回速度,m/s; v_1 为活塞杆伸出速度,m/s; D 为液压缸直径,m; d 为活塞杆直径,m。

不同的速度比可以满足不同机械设备的工艺要求,也反映了液压缸内径与活塞杆之间的关系,因此要合理地选用。液压缸常用的速度比见表4-1。

表 4-1 液压缸常用速度比

φ	1.15	1.25	1.33	1.46	2
d	$0.36D$	$0.45D$	$0.5D$	$0.56D$	$0.71D$

(4) 液压缸的分类及特点

液压缸按结构形式可分为活塞缸和柱塞缸两类。按作用方式可分为单作用液压缸和双作用液压缸。单作用液压缸只能使活塞（或柱塞）做单向运动，即液压油只是通向油缸的一腔，而反方向的运动则必须依靠外力（如弹簧或重力）来实现。按活塞杆形式分为单活塞杆缸和双活塞杆缸液压缸。液压缸除单个使用外，还可以几个组合起来或和其他机构组合起来，以实现特殊的功用。

液压缸的种类很多，其详细分类参见表 4-2。

表 4-2 液压缸的种类特点

分类	名称	符号	说明
单作用液压缸	柱塞式液压缸		柱塞靠液压力伸出，回程靠外力
	单杆活塞式液压缸		活塞靠液压力伸出，回程靠外力
	双杆活塞式液压缸		活塞两侧均有活塞杆，活塞向右运动靠液压力，活塞向左运动靠外力
	伸缩式液压缸		液压力使缸筒由小到大逐渐伸出，回程靠外力也由小到大缩回
双作用液压缸	单杆活塞式液压缸		活塞的伸出和缩回都靠液压力
	双杆活塞式液压缸		活塞两侧均有活塞杆，活塞向右和向左运动都靠液压力完成，可实现双向等速运动
	伸缩式液压缸		双向液压力推动，伸出由大到小，缩回由小到大
组合液压缸	弹簧复位液压缸		伸出液压力推出，回程靠弹簧
	串联液压缸		用于液压缸直径受限制，长度不受限制的场合或需要大的推力的场合
	增压器		由左侧液压缸驱动，右侧液压缸输出高压力液压油
	齿条传动液压缸		活塞往复直线运动经装在一起的齿条驱动齿轮往复回转运动

活塞式液压缸分为双杆式和单杆式两种，下面主要讲解双作用活塞式液压缸。

① 双杆式双作用活塞缸。双杆式双作用活塞缸的活塞两端都有一根直径相等的活塞杆伸出，它根据安装方式不同又可以分为缸筒固定式和活塞杆固定式两种。如图 4-2（a）所示为缸筒固定式的双杆活塞缸。它的进、出油口布置在缸筒两端，活塞通过活塞杆带动工作台

移动，工作台的移动范围约为液压缸有效行程的三倍，所以机床占地面积大，一般适用于小型机床。当工作台行程要求较长时，可采用图4-2（b）所示的活塞杆固定形式，这时，缸体与工作台相连，活塞杆通过支架固定在机床上，动力由缸体传出。这种安装形式中，工作台的移动范围约为液压缸有效行程的二倍，因此占地面积小。进出油口可以设置在固定不动的空心活塞杆的两端，油液从活塞杆中进出，也可设置在缸体的两端，但此时必须使用软管连接。

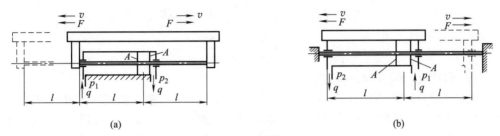

图4-2 双杆液压缸

由于双杆式双作用活塞缸两端的活塞杆直径通常是相等的，因此它左、右两腔的有效面积也相等。当分别向左、右腔输入相同压力和相同流量的油液时，液压缸左、右两个方向的推力和速度相等，当活塞的直径为 D，活塞杆的直径为 d，液压缸进、出油腔的压力为 p_1 和 p_2，输入流量为 q 时，双杆活塞缸的推力 F 和速度 v 为

$$F = A(p_1 - p_2) = \frac{\pi}{4}(D^2 - d^2)(p_1 - p_2) \tag{4-2}$$

$$v = \frac{q}{A} = \frac{4q}{\pi(D^2 - d^2)} \tag{4-3}$$

式中，A 为活塞的有效工作面积，m^2。

双杆式双作用活塞缸在工作时，一个活塞杆受拉，而另一个活塞杆不受力，因此这种液压缸的活塞杆可以做得较细。

② 单杆式双作用活塞缸。单杆式双作用活塞缸根据进出油液的方向不同，分为无杆腔进油，有杆腔回油；有杆腔进油，无杆腔出油；无杆腔和有杆腔同时通压力油三种连接方式，如图4-3所示。

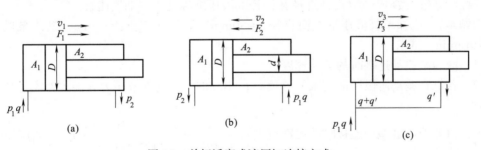

图4-3 单杆活塞式液压缸连接方式

① 无杆腔进油，有杆腔回油。如图4-3（a）所示，当输入液压缸的油液流量为 q，液压缸进、出油口压力分别为 p_1 和 p_2，活塞杆的推力 F_1 和速度 v_1，可用式（4-4）和式（4-5）计算大小

$$F_1 = A_1 p_1 - A_2 p_2 = \frac{\pi}{4}\left[(p_1 - p_2)D^2 + p_2 d^2\right] \tag{4-4}$$

$$v_1 = \frac{q}{A} = \frac{4q}{\pi D^2} \tag{4-5}$$

推力 F_1 和速度 v_1 同方向，向右。

② 有杆腔进油，无杆腔回油。如图 4-3（b）所示，进入有杆腔的油液的流量为 q，液压缸进、出油口压力分别为 p_1 和 p_2，活塞杆的推力 F_2 和速度 v_2，可用式（4-6）和式（4-7）计算大小

$$F_2 = A_2 p_1 - A_1 p_2 = \frac{\pi}{4}\left[(p_1 - p_2)D^2 - p_1 d^2\right] \tag{4-6}$$

$$v_2 = \frac{q}{A} = \frac{4q}{\pi(D^2 - d^2)} \tag{4-7}$$

推力 F_2 和速度 v_2 同方向，向左。

③ 无杆腔和有杆腔同时通压力油。如图 4-3（c）所示，液压缸的无杆腔和有杆腔同时接通压力油的连接方式称为差动连接。差动连接液压缸左、右两腔的油液压力相同，但是由于左腔的有效面积大于右腔的有效面积，故活塞向右运动，同时使右腔中排出的油液也进入左腔，加大了流入左腔的流量，从而加快了活塞移动的速度，活塞杆的推力 F_3 和速度 v_3，可用式（4-8）和式（4-9）计算大小

$$F_3 = p_1(A_1 - A_2) = p_1 \frac{\pi d^2}{4} \tag{4-8}$$

进入无杆腔的流量：$q_1 = v_3 \dfrac{\pi D^2}{4} = q + v_3 \dfrac{\pi(D^2 - d^2)}{4}$

$$v_3 = \frac{4q}{\pi d^2} \tag{4-9}$$

推力 F_3 和速度 v_3 同方向，向右。与无杆腔进油、有杆腔回油连接方式比较发现：二者同方向运动，推力和速度大小不同。差动连接时，液压缸的推力比非差动连接时小，速度比非差动连接时大。利用这一点，可以在不加大液压泵流量的情况下，得到液压缸较快的运动速度。差动连接方式被广泛应用于组合机床的液压动力系统和其他机械设备的快速运动中。如果要求机床往返快速相等时，则由式（4-7）和式（4-9）得：

$$\frac{4q}{\pi(D^2 - d^2)} = \frac{4q}{\pi d^2} \quad \text{即}: D = \sqrt{2}d \tag{4-10}$$

笔记

单杆活塞缸按 $D = \sqrt{2}d$ 设计缸径和杆径的液压缸称之为差动液压缸。

例题 4-1 已知单杆液压缸缸筒直径 $D=50\text{mm}$，活塞杆直径 $d=35\text{mm}$，液压泵供油流量为 $q=10\text{L/min}$，试求

（1）液压缸差动连接时的运动速度；

（2）若缸在差动阶段所能克服的外负载 $F=1000\text{N}$，缸内油液压力有多大？不计压力和效率损失。

解：（1）液压缸差动连接时的运动速度 $v_3 = \dfrac{4q}{\pi d^2} = \dfrac{4 \times 10 \times 10^{-3}/60}{\pi \times (35 \times 10^{-3})^2}\text{m/s} = 0.173\text{m/s}$。

（2）缸内油液压力 $p_1 = \dfrac{4F}{\pi d^2} = \dfrac{4 \times 1000}{\pi(35 \times 10^{-3})^2}\text{Pa} = 1.04\text{MPa}$。

★学习体会：

★学习体会：	

4.1.2 其他液压缸

（1）柱塞缸

如图4-4（a）所示为单柱塞缸，它只能靠液压力推动伸出，反向运动需要靠外力。若需要实现双向运动，则必须成对使用，如图4-4（b）所示。这种液压缸中的柱塞和缸筒不接触，运动时，由缸盖上的导向套来导向，因此缸筒的内壁不需精加工，它特别适用于行程较长的场合。

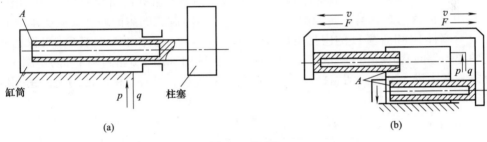

图4-4 柱塞缸

（2）伸缩缸

伸缩缸也称多级缸，它是由两级或多级活塞缸套装而成，前一级活塞缸的活塞是后一级活塞缸的缸体，如图4-5所示。活塞伸出顺序是先大后小，相应的推力也是由大到小，伸出时速度是由慢到快。活塞缩回顺序是先小后大，缩回速度是由快到慢。这种缸的特点是活塞伸出行程大，收缩后结构尺寸小，适用于自卸汽车、起重机等设备。

（3）齿条缸

齿条缸又称为无杆式液压缸，是由带有齿条杆的双活塞缸和齿轮组成，如图4-6所示。活塞的往复移动经齿条机构转换成齿轮轴的周期性往复转动。它多用于自动生产线、组合机床等的转位或分度机构中。

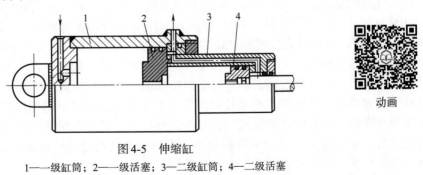

图4-5 伸缩缸
1——级缸筒；2——级活塞；3—二级缸筒；4—二级活塞

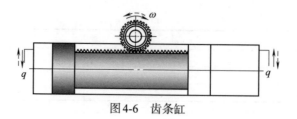

图 4-6 齿条缸

4.1.3 液压缸的结构

(1) 液压缸的典型结构

如图 4-7 所示为一个常用的双作用单活塞杆液压缸。它由缸底 20、缸筒 10、缸盖兼导向套 9、活塞 11 和活塞杆 18 组成。缸筒一端与缸底焊接,另一端缸盖(导向套)与缸筒用卡键 6、套 5 和轴圈挡圈 4 固定,以方便拆装检修,两端各设有油口 A 和 B。活塞 11 与活塞杆 18 利用卡键 15、卡键帽 16 和轴圈挡圈 17 连在一起。活塞与缸孔的密封采用一对孔用 Y_xD 密封圈 12,由于活塞与缸孔有一定间隙,采用由尼龙 1010 制成的耐磨环(又叫支承环)13 定心导向。活塞杆 18 和活塞 11 的内孔由 O 形密封圈 14 密封。较长的导向套 9 则可保证活塞杆不偏离中心,导向套外径由 O 形圈 7 密封,而其内孔则由轴用 Y_xd 密封圈 8 和防尘圈 3 分别防止油外漏和灰尘进入缸内。活塞杆通过耳环 1 与外界连接,耳环 1 和缸底 20 上的销孔内都装有耐磨衬套。

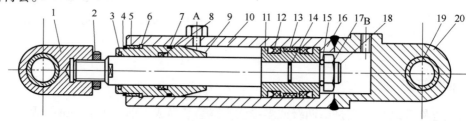

图 4-7 双作用单活塞杆液压缸

1—耳环;2—锁紧螺母;3—防尘圈;4,17—轴用挡圈;5—套;6,15—卡键;7,14—O 形密封圈;8—轴用 Y_xd 密封圈;9—导向套;10—缸筒;11—活塞;12—孔用 Y_xD 密封圈;13—耐磨环;16—卡键帽;18—活塞杆;19—衬套;20—缸底

笔记

(2) 液压缸的结构与组成

从上面所述的液压缸典型结构中可以看出,液压缸的结构基本上可以分为缸筒和缸盖、活塞和活塞杆、密封装置、缓冲装置和排气装置等五个部分。

① 缸筒和缸盖。一般来说,缸筒和缸盖的结构形式和其使用的材料有关。当工作压力 $p \leq 10\text{MPa}$ 时,一般使用铸铁;$10\text{MPa} < p < 20\text{MPa}$ 时,使用无缝钢管;$p \geq 20\text{MPa}$ 时,使用铸钢或锻钢。如图 4-8 所示为缸筒和缸盖的常见结构形式。如图 4-8(a)所示为法兰连接式,它结构简单,容易加工,也容易装拆,但外形尺寸和重量都较大,常用于铸铁制的缸筒上。如图 4-8(b)所示为半环连接式,它的缸筒壁部因开了环形槽而削弱了强度,为此有时要加厚缸壁,它容易加工和装拆,重量较轻,常用于无缝钢管或锻钢制的缸筒上。如图 4-8(c)所示为螺纹连接式,它的缸筒端部结构复杂,外径加工时要求保证内外径同心,装拆需要使用专用工具,它的外形尺寸和重量都较小,常用于无缝钢管或铸钢制的缸筒上。如图 4-8(d)所示为拉杆连接式,它的通用性广,容易加工和装拆,但外形尺寸较大。如图 4-8(e)所示

为焊接连接式,它结构简单,尺寸小,但缸底处内径不易加工,且可能引起变形。

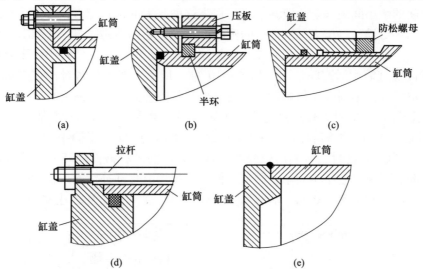

图4-8 缸筒和缸盖

② 活塞与活塞杆。在短行程的液压缸中,可以把活塞杆与活塞做成一体,这是最简单的形式。但当油缸行程较长时,这种整体式活塞组件的加工较困难,所以常把活塞与活塞杆分开制造,然后再连接成一体。如图4-9所示为几种常见的活塞与活塞杆的连接形式。

如图4-9(a)所示为活塞与活塞杆之间采用螺母连接,它适用于负载较小、受力无冲击的液压缸中。螺纹连接虽然结构简单,安装方便可靠,但在活塞杆上车螺纹将削弱其强度。

图4-9(b)和图4-9(c)所示为卡环式连接方式。图4-9(b)中活塞杆5上开有一个环形槽,槽内装有两个半圆环3以夹紧活塞4,半环3由轴套2套住,而轴套2的轴向位置用弹簧卡圈1来固定。

图4-9(c)中的活塞杆,使用了两个半圆环4,它们分别由两个密封圈座2套住,半圆形的活塞3安放在密封圈座的中间。图4-9(d)所示是一种径向销式连接结构,用锥销1把活塞2固连在活塞杆3上。这种连接方式特别适用于双杆式活塞缸。

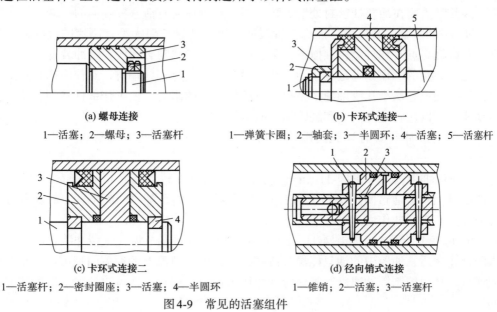

图4-9 常见的活塞组件

③ 密封装置。液压缸中常见的密封装置如图 4-10 所示。图 4-10（a）所示为间隙密封，它依靠运动间的微小间隙来防止泄漏。为了提高这种装置的密封能力，常在活塞的表面上制出几条细小的环形槽，以增大油液通过间隙时的阻力。它的结构简单，摩擦阻力小，可耐高温，但泄漏大，加工要求高，磨损后无法恢复原有能力，只有在尺寸较小、压力较低、相对运动速度较高的缸筒和活塞间使用。如图 4-10（b）所示为摩擦环密封，它依靠套在活塞上的摩擦环（尼龙或其他高分子材料制成）在 O 形密封圈弹力作用下贴紧缸壁而防止泄漏。这种材料效果较好，摩擦阻力较小且稳定，可耐高温，磨损后有自动补偿能力，但加工要求高，装拆不便，适用于缸筒和活塞之间的密封。如图 4-10（c）、图 4-10（d）所示为密封圈（O 形圈、V 形圈等）密封，它利用橡胶或塑料的弹性使各种截面的环形圈贴紧在静、动配合面之间来防止泄漏。它结构简单，制造方便，磨损后有自动补偿能力，性能可靠，在缸筒和活塞之间、缸盖和活塞杆之间、活塞和活塞杆之间、缸筒和缸盖之间都能使用。

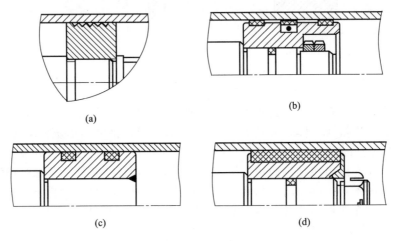

图 4-10 密封装置

对于活塞杆外伸部分，由于它很容易把脏物带入液压缸，使油液受到污染，使密封件磨损，因此常需要在活塞杆密封处增添防尘圈，并放在向着活塞杆外伸的一端。

④ 缓冲装置。液压缸一般都设置缓冲装置，特别是对大型、高速的液压缸，为了防止活塞在行程终点时和缸盖相互撞击，引起噪声、冲击，则必须设置缓冲装置。

缓冲装置的工作原理是利用活塞或缸筒在其走向行程终端时，封住活塞和缸盖之间的部分油液，强迫它从小孔或细缝中挤出，以产生很大的阻力，使工作部件受到制动，逐渐减慢运动速度，以达到避免活塞和缸盖相互撞击的目的。

常用的缓冲装置有环状间隙式、可变节流孔式、可变节流槽式三种形式，如图 4-11 所示。

a. 环状间隙。如图 4-11（a）所示，当缓冲柱塞进入与其相配的缸盖上的内孔时，孔中的液压油只能通过间隙 δ 排出，使活塞速度降低。由于配合间隙不变，故随着活塞运动速度的降低，起缓冲作用。

b. 可变节流孔式。如图 4-11（b）所示，是一种可调节流孔式缓冲装置。当缓冲柱塞进入配合孔之后，油腔中的油只能经节流阀排出，由于节流阀的通流面积可以调整，可以控制回油量，从而控制缓冲速度。虽然缓冲作用可调节，但仍不能解决速度减低后缓冲作用减弱的缺点。

c. 可变节流槽式。如图4-11（c）所示，在缓冲柱塞上开有三角槽，随着柱塞逐渐进入配合孔中，节流面积随着缓冲行程的增大而逐渐减小，其缓冲压力变化较为平缓，解决了在行程最后阶段缓冲作用过弱的问题。

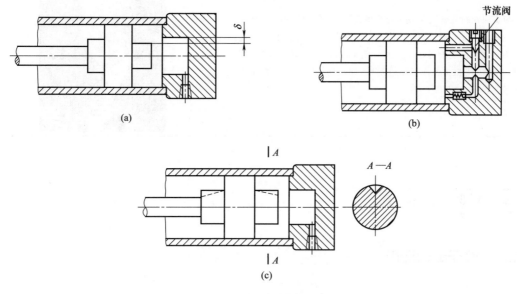

图4-11 液压缸缓冲装置

⑤ 排气装置。液压缸在安装过程中或长时间停放后重新工作时，液压缸内和管道系统中会渗入空气，为了防止执行元件出现爬行、噪声和发热等不正常现象，需要把液压缸和管道系统中的空气排出。对于要求不高的液压缸，往往不设专门的排气装置，而是在液压缸的最高处设置进出油口把空气带走。对于速度稳定性要求较高的液压缸和大型液压缸，常在液压缸的最高处设置专门的排气装置，如图4-12（a）所示的放气孔，或如图4-12（b）、图4-12（c）所示专门的放气阀。

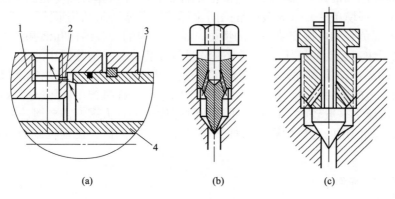

图4-12 排气装置
1—缸盖；2—放气小孔；3—缸体；4—活塞杆

胡佛善待他人——原谅维修工重大失误

美国著名的试飞驾驶员胡佛，有一次飞回洛杉矶，在距地面九十多米高的空中，刚好有两个引擎同时失灵，幸亏他技术高超，飞机才奇迹般地着陆。胡佛立即检查飞机用油，正如他所预料的，他驾驶的那架飞机装的却是喷气机用油。当他召见

续表

胡佛善待他人——原谅维修工重大失误
那个负责保养的机械工时,对方已吓得直哭。这时,胡佛并没有像大家预想的那样大发雷霆,而是伸出手臂,抱住维修工的肩膀,信心十足地说:"为了证明你能干得好,我想请你明天帮我的飞机做维修工作。"从此,胡佛的飞机再也没有出过差错,那位马马虎虎的维修工也变得兢兢业业、一丝不苟了。 

4.2 职业技能

4.2.1 液压缸的选用

(1) 液压缸的选用原则

液压缸的种类很多,使用场合各不相同,因此,在选用液压缸时应注意的原则有:

① 根据机械装置的作用和动作要求,按照空间的大小,选用合适的液压缸类型和外形尺寸。
② 根据最大外部负载,选取液压缸的工作压力、活塞直径或摆动缸叶片的面积和数量。
③ 根据机械装置的要求,选取液压缸的行程或摆动角度。
④ 根据液压缸速度或时间要求,选取液压缸的流量。
⑤ 根据速度比和最大外部负载,选取活塞杆直径,并核算其强度和稳定性。
⑥ 根据工作环境条件,选择液压缸的防尘形式和活塞密封结构形式。
⑦ 根据外部负载和机械安装部位的情况,选择相应的安装结构和活塞杆头部结构形式。

笔记

同时,对于快速运动的液压缸,应考虑设置缓冲装置,以消除液压冲击;或者在液压回路中设置相应的单向节流阀等元件,对液压缸速度进行控制。尽量选用标准尺寸的液压缸,避免采购不到合适的密封圈等,给今后维护带来困难。工程机械用液压缸要求重量小,安装空间受限,冲击压力一般较大,因此要求液压缸强度较大且大多不需要缓冲装置,相对于精度和性能而言,其使用的可靠性和耐久性显得更加重要。因此,工程机械上不宜选用普通结构的液压缸。

(2) 液压缸的选用方法

在学习液压缸的结构和基本参数后,需要根据工作需要进行液压缸的选型。液压缸优先选用标准系列液压缸。在选用液压缸时,第一,了解液压缸的使用环境,不同的工作环境,需要考虑材质、密封和安装形式。同时考虑液压缸的工作空间和安装位置的限制。第二,了解液压缸使用的工作介质,不同介质需要缸体密封有不同耐受性。系统工作压力大小依据负载的大小选择。在负载一定的情况下,工作压力低,液压缸的结构尺寸加大;反之压力高,系统稳定性要求有更高的更好的密封、材质等。第三,了解液压缸的行程,充足的行程是满足设备功能的必须条件。第四，液压缸选用的其他条件，如油口的连接方式、内置传感器等特殊要求。在了解了选型的这些条件后，开始液压缸的选型。主要的选用步骤如下：

① 确定系统压力 p。压力的选择要根据载荷大小（即 F）和设备类型而定，还要考虑执行元件的装配空间、经济条件及元件供应情况等的限制。

在载荷一定的情况下，工作压力低，势必要加大执行元件的结构尺寸，对某些设备来说，尺寸要受到限制，从材料消耗角度看也不经济；反之，压力选择得太高，对泵、缸、阀等元件的材质、密封、制造精度也要求很高，必然要提高设备成本。

一般来说，对于固定的尺寸不太受限的设备，压力可以选低一些，行走机械重则设备压力要选高一些。

具体选择见表4-3、表4-4。

表4-3　根据负载选择液压缸的设计压力

负载/t	0.5	0.5~1	1~2	2~3	3~5	5
工作压力/MPa	0.1~1	1.5~2	2.5~3	3~4	4~5	>5

表4-4　根据主机类型选择液压缸的设计压力

主机类型		设计压力/MPa
机床	精加工机床,例如磨床	0.8~2
	半精加工机床	3~5
	龙门刨床	2~8
	拉床	8~10
农机机械、小型工程机械		10~16
液压机、大中型挖掘机、中型机械、起重运输机械		20~32
地质机械、冶金机械、铁路维护机械		25~100

② 缸径和杆径的初步计算

a. 首先确定缸径 D。在已知负载的大小和系统压力后可以计算出受力面积，再由受力面积计算出液压缸的缸径，依据公式 $F = pS$ 和 $S = \pi D^2/4$ 计算出缸径 D。

b. 再选杆径 d。根据液压缸工作压力 p 的范围，确定缸径 D 和杆径 d 之间的关系。

（a）当工作压力 $p<12.5$，杆径与缸径之间的关系 $d=0.5D$。

（b）当工作压力 $12.5 \leqslant p < 20$，杆径与缸径之间的关系 $d=0.56D$。

（c）当工作压力 $p>20$，杆径与缸径之间的关系 $d=0.71D$。

③ 选定行程 S。根据设备或装置系统总体设计的要求，确定安装方式和行程 S，具体确定原则如下：

a. 行程 S=实际最大工作行程 S_{max}+行程富裕量 ΔS；
行程富裕 ΔS=行程余量 ΔS_1+行程余量 ΔS_2+行程余量 ΔS_3。

b. 行程富裕量 ΔS 的确定原则。一般条件下应综合考虑：结构安装尺寸的制造误差需要的行程余量 ΔS_1、液压缸实际工作时在行程始点可能需要的行程余量 ΔS_2 和终点可能需要的行程余量 ΔS_3（注意液压缸有缓冲功能要求时：行程富裕量 ΔS 的大小对缓冲功能将会产生直接的影响，建议尽可能减小行程富裕量 ΔS）。

c. 对长行程（超出本产品样本各系列允许的最长行程）或特定工况的液压缸需针对其具体工况（负载特性、安装方式等）进行液压缸稳定性的校核。

④ 安装方式的选定。液压缸的安装形式即液压缸与设备或机构的连接方式，主要有法兰安装、铰支安装、脚架安装等。确定了安装方式后，再确定安装尺寸。

a. 法兰安装。适合于液压缸工作过程中固定式安装,其作用力与支承中心处于同一轴线的工况;其安装方式选择位置有端部、中部和尾部三种,如何选择取决于作用于负载的主要作用力对活塞杆造成压缩(推)应力、还是拉伸(拉)应力,一般压缩(推)应力采用尾部、中部法兰安装,拉伸(拉)应力采用端部、中部法兰安装,确定采用端部、中部或尾部法兰安装需同时结合系统总体结构设计要求和长行程压缩(推)力工况的液压缸弯曲稳定性确定,如图4-13所示。

b. 铰支安装。分为尾部单(双)耳环安装和端部、中部或尾部耳轴安装,适合于液压缸工作过程中其作用力使在其中被移动的机器构件沿同一运动平面呈曲线运动路径的工况;当带动机器构件进行角度作业时,其实现转动力矩的作用力和机器连杆机构的杠杆臂与铰支安装所产生的力的角度成比例。

(a) 尾部单(双)耳环安装。尾部耳环安装包括尾部单耳环安装和尾部双耳环安装,是铰支安装工况中最常用的一种安装方式,适合于活塞杆端工作过程中沿同一运动平面呈曲线运动的情况。当活塞杆沿一个实际运动平面两侧不超过3°的路径工况时选用尾部单耳环安装,如图4-14(a)所示,此时可以采用尾部和杆端球面轴承安装,但应注意球面轴承安装允许承受的压力载荷;当活塞杆在同一运动平面任意角度的路径工况时则选用尾部双耳环安装,如图4-14(b)所示,在长行程推力工况中必须充分考虑活塞杆由于缸的"折力"作用而引起的侧向载荷导致的纵弯。

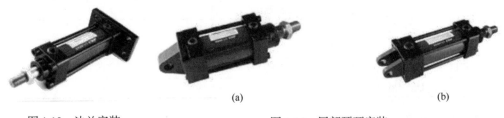

图4-13 法兰安装　　　　图4-14 尾部耳环安装

(b) 端部、中部或尾部耳轴安装。中部固定耳轴安装是耳轴安装最常用的安装方式,如图4-15(a)所示。耳轴的位置可以布置成使缸体的重量平衡或在端部与尾部之间的任意位置以适应多种用途的需要。耳轴销仅针对剪切载荷设计而不应承受弯曲应力,应采用同耳轴一样长、带有支承轴承的刚性安装支承座进行安装,安装时支承轴承应尽可能靠近耳轴轴肩端面,以便将弯曲应力降至最小。

(c) 尾部耳轴安装与尾部双耳环安装工况相近,选择方法同上。

(d) 端部耳轴安装适合于比尾端或中部位置采用铰支点的缸更小杆径的液压缸,对长行程端部耳轴安装的缸必须考虑液压缸悬垂重量的影响,如图4-15(b)所示。为保证支承轴承的有效承载,建议该种安装的液压缸行程控制在缸径的5倍以内。

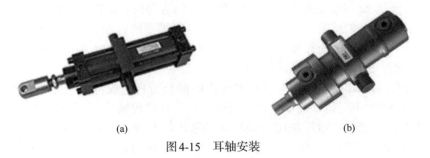

图4-15 耳轴安装

c. 脚架安装。适合于液压缸工作过程中固定式安装,其安装平面与缸的中心轴线不处于同一平面的工况,因此当液压缸对负载施加作用力时,脚架安装的缸将产生一个翻转力矩,如液压缸没有很好地与它所安装的构件固定或负载没有进行合适的导向,则翻转力矩将对活塞杆产生较大的侧向载荷,选择该类安装时必须对所安装的构件进行很好的定位、

图4-16 脚架安装

紧固和对负载进行合适的导向,其安装方式选择位置有端部和侧面脚架安装两种,具体如图4-16所示。

⑤ 端位缓冲的选择。下列工况应考虑选择两端缓冲或一端缓冲:

a. 液压缸活塞全行程运行,其往返速度大于100mm/s的工况,应选择两端缓冲。

b. 液压缸活塞单向往(返)速度大于100mm/s且运行至行程端位的工况,应选择一端或两端缓冲。

c. 其他特定工况。

⑥ 油口类型与通径选择

a. 油口类型:内螺纹式、法兰式及其他特殊形式,其选择由系统中连接管路的接管方式确定。

b. 油口通径选择原则:在系统与液压缸的连接管路中介质流量已知的条件下,通过油口的介质流速一般不大于5mm/s,同时注意速比的因素,确定油口通径。

⑦ 特定工况对条件选择

a. 工作介质。常用介质为矿物油,其他介质必须注意其对密封系统、各部件材料特性等条件的影响。

推荐采用32#和46#抗磨液压油。最适宜的油温为20~55℃,当油温低于15℃或大于70℃时禁止运行,为调节油温可事先加热或冷却。液压油一般使用1~6个月应更换一次,并清洗油箱,去除污垢尘埃。液压传动最忌讳油液变脏变质,否则尘埃糊在吸油过滤器上,产生噪声加剧,使油泵寿命降低,所以要经常保持油液洁净。

b. 环境或介质温度。正常工作介质温度为-20~+80℃,超出该工作温度必须注意其对密封系统、各部件材料特性及冷却系统设置等条件的影响。

c. 高运行精度。对伺服或其他如中高压以上具有低起动压力要求的液压缸,必须注意其对密封系统、各部件材料特性及细节设计等条件的影响。

d. 零泄漏。对具有特定保压要求的液压缸,必须注意其对密封系统、各部件材料特性等条件的影响。

e. 工作的压力、速度、工况

(a) 中低压系统,活塞往返速度≥70~80mm/s。

(b) 中高压、高压系统,活塞往返速度≥100~120mm/s。

必须注意其对密封系统、各部件材料特性、连接结构及配合精度等条件的影响。

f. 高频振动的工作环境:必须注意其对各部件材料特性、连接结构及细节设计等因素的影响。

g. 低温结冰或受污染的工作环境,工况为高粉尘、水淋、酸雾或盐雾等环境,必须注意其对密封系统、各部件材料特性、活塞杆的表面处理及产品的防护等条件的影响。

⑧ 其他特性的选择

a. 排气阀。根据液压缸的工作位置状态,其正常设置在两腔端部腔内空气最终淤积的最高点位置,空气排尽后可防止爬行、保护密封,同时可减缓油液的变质。

b. 泄漏油口。在严禁油液外泄的工作环境中，由于液压缸行程长或某些工况，致使其往返工作过程中油液在防尘圈背后淤积，为防止长时间工作后外泄，必须在油液淤积的位置设置泄漏口。

4.2.2 液压缸型号介绍

下面以上海立新液压有限公司型号为HSGL0125/10AE-ECZ$_1$液压缸为例来说明，如图4-17为其外观图。

图4-17 HSG型液压缸外观图

HSG为双作用单活塞杆液压缸；L为缸盖连接方式代号，代表外螺纹连接，此外K代表内卡键连接，F为法兰连接；01为系列号；25/10代表结构尺寸代号，液压缸直径25mm，活塞杆直径10mm；A为活塞杆型式代号，代表螺纹连接式，此外B为整体式；前面的E为压力分级代号，代表16MPa，此外H代表32MPa；后面的E为安装方式代号，代表耳环型，此外ZE代表中间销轴耳环型，脚标*为耳环说明号；C为带衬套，此外G为带关节轴承；Z_1为缓冲装置代号，代表间隙缓冲，此外Z_2为阀缓冲。

4.2.3 液压缸安装与调试

(1) 液压缸拆卸的注意事项

在完成基本准备工作后才可以实施拆卸工作，拆卸过程中需要注意：
① 吊装可靠后，可以拆卸液压缸底座或耳轴，拆卸连接管路及其他附件。
② 做好液压缸防护，严禁锤击缸筒，并注意防止缸筒和活塞杆磕碰。
③ 为了防止造成环境污染，用合适的油桶盛接废油，严禁污染周围施工环境。
④ 拆卸的油管要用小塑料袋封住，防止灰尘进入。
⑤ 拆卸的轴、螺栓等附件仔细进行检查，发现有问题的，做好记录，并储存在合适位置，以便后期使用。
⑥ 拆卸时注意保护各处螺纹如活塞杆顶端螺纹、油口螺纹等，严防损伤活塞杆顶端的螺纹、缸口螺纹和活塞杆表面。更应注意，不能硬性将活塞从缸筒中打出。
⑦ 拆卸液压缸时一定要使用手拉葫芦，防止松解螺栓时液压缸倾斜或者坠落。
⑧ 拆卸后的液压缸尽量水平存放。

(2) 液压缸安装的注意事项

① 在将液压缸安装到系统之前，应将液压缸标牌上的参数与订货时的参数进行比较，

仔细检查确保正确。

② 对于存放期限超过一年的液压缸，在使用前进行全面检查，包括打压测试，检查是否有损伤或锈蚀情况，液压缸往复运动是否有爬行和窜动等异常现象。

③ 液压缸的基座必须有足够的刚度，否则加压时缸筒成弓形向上翘，使活塞杆弯曲。

④ 缸筒轴向两端不能同时固定死。由于缸内受液压力和热膨胀等因素的作用，有轴向伸缩。若缸筒两端同时固定死，将导致缸各部分变形。安装液压缸时，严禁用锤敲打缸筒和活塞杆表面。

⑤ 液压缸及周围环境应清洁。施工环境注意保护，严禁污染地面，给安全施工造成隐患。液压缸在拧开排气螺母排气时，要用废油桶盛接。

⑥ 安装过程中，对于有裂纹的螺栓严禁使用，并必须选用同等强度等级及以上的螺栓，严禁使用强度等级低的螺栓，并用扭力扳手按照标准扭矩进行紧固。

（3）液压缸的安装调试工作流程

液压缸在定期检修或发生故障时，需要对液压缸进行安装调试，主要的工作流程如下。

① 安装前准备。各种液压缸的安装方式和尺寸不一，首先熟悉需要装卸液压缸的安装图纸和基本参数。由于活塞杆伸出时装卸易磕碰损坏活塞杆表面，一般情况下在液压缸缩回活塞杆位置时装拆。拆卸液压缸前的准备工作主要包括：

a. 安全锁定时，先将液压缸连接的可动机械结构或设备固定，防止拆卸液压缸时结构和设备出现意外移动，造成意外事故或者安全事故。

b. 进行能源隔离，将液压缸和连接管路泄压，关闭液压缸两腔管路中高压球阀，之后将管路与液压缸断开，排空液压缸中工作油品，做好废油的回收工作。油路打开前需要清理周围灰尘和污染物，油路口被打开后要进行可靠封闭，防止污染物进入液压系统。

c. 吊装根据液压缸的尺寸和重量，确定吊点，使用安全可靠的吊装工具，并适当考虑缸内油品重量。

② 拆卸

a. 按照图样及工艺（作业指导书）拆卸液压缸，杜绝野蛮拆卸。由于液压缸大小和结构各不相同，拆装顺序也稍有不同。一般应放掉液压缸两腔的油液，然后拆卸端盖，最后拆卸活塞与活塞杆。在拆卸液压缸的端盖时，对于卡键或卡环要使用专用工具，禁止使用扁铲；对于法兰式端盖必须用螺钉顶出，不允许锤击或硬撬。在活塞和活塞杆难以抽出时，不可强行打出，应先查明原因再进行拆卸。

b. 拆卸前，没有安装工作介质污染度在线监测装置的，应对液压缸容腔内工作介质采样后，再对液压缸表面进行清污处理。工作介质的离线分析应与液压缸维修同步进行。

c. 清污处理后，应首先对液压缸安装和连接部位进行检查，并做好记录。

d. 活塞密封和活塞杆密封上的密封件必须检查、记录后再拆卸，拆卸时应尽量保证其完整性，并不损坏其他零件。拆卸下的密封件（含挡圈、支承环）必须作废，但应按规定保存一段时间备查。

③ 维修

a. 需要维修的零部件应运离拆装工作间。

b. 维修不得破坏原液压缸及缸零件的基准，尤其不得破坏活塞杆两中心孔。

c. 维修后的液压缸应尽量符合相关标准，如缸内径、活塞杆外径、活塞杆螺纹、油口、密封件沟槽等。

d. 因强度、刚度问题而变形、断裂的缸零件一般不可维修再用，即有"无可修复性"。

④ 装配

a. 液压缸装配安装要按照液压缸装配工艺进行。

b. 装配前必须对各零件仔细清洗，并保证液压缸清洁度要求。

c. 用于液压缸装配的所有件必须是合格件，包括外协件和外购件。如需使用已经磨损超差的再用件进行装配，必须经过批准。

d. 所有原装密封件必须全部更换，包括挡圈、支承环等，并且要正确安装各处的密封装置。

（a）安装O形圈时，不要将其拉到永久变形的程度，也不要边滚动边套装，否则可能因形成扭曲状而漏油。

（b）安装Y形和V形密封圈时，要注意其安装方向，避免因装反而漏油。对Y形密封圈而言，其唇边应对着有压力的油腔；此外，Yx形密封圈还要注意区分是轴用还是孔用，不要装错。V形密封圈由形状不同的支承环、密封环和压环组成，当压环压紧密封环时，支承环可使密封环产生V形而起密封作用，安装时应将密封环的开口面向压力油腔；调整压环时，应以不漏油为限，不可压得过紧，以防密封阻力过大。

（c）密封装置如与滑动表面配合，装配时应涂以适量的液压油。

（d）拆卸后的O形密封圈和防尘圈应全部换新。

⑤ 试验

a. 安装完成后的液压缸应在实验台上检验合格后，再用于主机安装。

b. 利用主机液压系统检验液压缸时，存在一定危险。

4.2.4 液压缸故障诊断与维护

(1) 液压缸的日常检查与维护

液压缸是液压系统核心的元件之一，液压缸的维护和保养是非常重要的工作内容。液压缸在使用一段时间后会有磨损情况，所以要定时对液压缸进行泄漏检查，分为整体检查和局部检查，通常按照先整体后局部的原则进行。

① 整体检查。整体检查阶段通常采用快速有效的检查方法，检查液压缸到是否出现泄漏，更早地解决问题，防止问题恶化。

a. 保压法。该方法是液压缸出厂或维修后常用的检测方法。具体为：将液压缸固定好后，对液压缸的一端进行打压，保压10分钟后，看压力表前后是否有明显差值。保压法是直接通过压降，来间接检测液压缸内泄漏状况的一种定性检测内泄漏的方法，操作简便，时间较短。

b. 气密性法。在液压缸一端注入压缩空气，查看是否有漏气的方法。

c. 液压有源测试法。该方法是目前最新的一种液压缸内泄漏和外泄漏检测方法。具体参看本章拓展空间部分。

② 局部检查

a. 密封件的检查与维护。活塞密封是防止液压缸内泄漏的主要元件。对于唇形密封件，应重点检查唇边有无伤痕和磨损情况，对于组合密封应重点检查密封面的磨损量，然后判定密封件是否可使用。另外，还需检查活塞与活塞杆间O形密封圈有无挤伤情况。活塞杆密封应重点检查密封件和支承环的磨损情况。一旦发现密封件和导向支承环存在缺陷，应根据被修液压缸密封件的结构形式，选用相同结构形式和适宜材质的密封件进行更换，这样能最大限度地降低密封件与密封表面之间的油膜厚度，减少密封件的泄漏量。

b. 缸筒的检查与维护。液压缸缸筒内表面与活塞密封是引起液压缸内泄漏的主要因素，如果缸筒内产生纵向拉痕，即使更换新的活塞密封，也不能有效地排除故障，缸筒内表面主要检查尺寸公差和形位公差是否满足技术要求，有无纵向拉痕，并测量纵向拉痕的深度，以便采取相应的解决方法。

缸筒存在微量变形和浅状拉痕时，采用强力珩磨工艺修复缸筒。强力珩磨工艺可修复比原公差超差 2.5 倍以内的缸筒。它通过强力珩磨机对尺寸或形位误差超差的部位进行珩磨，使缸筒整体尺寸、形位公差和粗糙度满足技术要求。

缸筒内表面磨损严重，存在较深纵向拉痕时按照实物进行测绘，由专业生产厂按缸筒制造工艺重新生产进行更换，也可运用 TS311 减摩修补剂修复缸筒。TS311 减摩修补剂主要用于对磨损、滑伤金属零件的修复。修复过程中，用合金刮刀在滑伤表面剃出 1mm 以上深度的沟槽，然后用丙酮清洗沟槽表面，用缸筒内径仿形板将调好的 TS311 减摩修补剂敷涂于打磨好的表面上，用力刮平，确保压实，并高于缸筒内表面，待固化后进行打磨，留出精加工余量，最后通过研磨使缸筒整体尺寸、形位公差和粗糙度达到要求。但这种修复缸的寿命及可靠性都不高。

c. 活塞杆、导向套的检查与维护。活塞杆与导向套间相对运动副是引起外泄漏的主要因素，如果活塞杆表面镀铬层因磨损而剥落或产生纵向拉痕时，将直接导致密封件的失效。因此，应重点检查活塞杆表面粗糙度和形位公差是否满足技术要求，如果活塞杆弯曲，应校直达到要求或按实物进行测绘。如果活塞杆表面镀层磨损、滑伤、局部剥落可磨去镀层，重新镀铬 0.1mm 左右，经无心磨和外圆磨重新加工即可，此时，也要关注导向套内径与之匹配。

缸杆伸出部分的防护，要避免磕碰和划伤，经常清理液压缸密封防尘圈部位和缸杆上的灰尘和杂物，防止黏附在缸杆表面上的污染物进入液压缸内部损伤活塞、缸筒或密封件。液压缸如果在恶劣的使用环境下，一定要使用防尘罩。液压缸防尘罩可以在活塞杆伸出部分形成一个密封空间，保持缸杆的清洁。液压缸防尘罩的分类：液压缸防尘罩一般可分为钢丝圈支撑式或缝合拉链式防尘罩两类。防尘罩材质主要有橡胶复合布、防水布、尼龙布、阻燃布、耐高温布、耐酸碱布等多种材质，要根据现场环境确定材质。

d. 缓冲阀的检查与维护。对于阀缓冲液压缸，应重点检查缓冲阀阀芯与阀座的磨损情况。一旦发现磨损量加大、密封失效，应进行更换，也可运用磨料进行阀芯与阀座配磨方法来修复。

e. 连接部位需要足够润滑，防止非正常磨损或锈蚀。

f. 液压油的使用和理化指标的控制。在液压缸使用、日常维修和检查过程中一定要防止污染物直接或间接进入缸体，并定期更换过滤器滤芯。污染物可能来自系统内部，如泵体磨损金属颗粒、密封材料的颗粒及锈蚀脱落的颗粒等；也可能来自外部环境，如灰尘、水分、空气及防护清洁用品等。

(2) 液压缸常见故障诊断与维护

在使用过程中，常会因为泄漏、动作不畅、振动等原因，造成液压缸不能正常工作，严重影响了液压缸的可靠性、稳定性和使用寿命。液压缸故障主要原因有两个方面：一是液压缸加工、装配及元件选型不当，这类问题往往在调试或投入使用初期阶段就能发现；二是使用不当、维护不及时，这类问题是最主要的故障原因，如油品脏、超负荷使用和工作环境恶劣等，只有采用综合防治手段，才能预防故障的发生，延长液压缸的使用寿命。下面介绍一些简单的故障诊断和维护方法，见表 4-5。

液压缸故障诊断及排除微视频

表 4-5　液压缸常见故障和维护方法

故障现象		故障诊断	维护方法
泄漏	外泄漏	缸体本身各处连接部位泄漏，主要是密封失效造成渗漏	检查并更换失效密封；使连接螺栓达到额定扭矩，并均匀对称
		活塞杆和端盖间配合处动密封失效或者缸杆损伤	更换密封，做好缸杆防护；注意轻微渗油有利于延长密封寿命
	内泄漏	泄漏主要是在活塞和缸筒内壁间：结构设计尺寸或者密封选型问题；内壁损伤、异物进入、活塞密封失效及表面磨损等	新液压缸由于设计、加工和装配问题造成需要重新核实或重新装配或更换新缸；拆解液压缸，清理异物，检查磨损情况视情况修补或者更换；更换活塞新密封
在液压油闭锁的状态下活塞杆的位置不能锁住		活塞上的密封圈老化	更换同种规格和材料的密封圈，注意在更换过程中不要损坏密封圈，在使用Y形密封圈时唇口向着液压油方向，耐磨环不要漏装
液压缸无动作		活塞与活塞杆连接部分损坏或松脱	将松脱或损坏的连接部分紧固或维修
		执行部件阻力大	检查是否有卡死情况，检查润滑情况
		油压低	调节压力到合理数值
		缸内泄或者其他液压元件内泄	检查内泄部位并处理
活塞杆运动出现爬行		液压油中混入空气	检查液压泵的进油侧是否漏气、管道变形；泵轴油封损坏；液压泵进油过滤网阻塞等
		活塞杆被压得太紧或活塞杆弯曲	检查密封是否符合标准，密封摩擦力调整是否合适
		液压缸安装精度不够	保证液压缸轴线位置与运动方向一致，避免出现承受过大横向载荷
		导向套活塞杆、活塞与缸筒等运动副间出现异物	清除异物，修复受损配合表面
冲击		未设置缓冲或者缓冲不起作用	增加缓冲装置或更换缓冲
活塞回缩不到位		活塞杆弯曲	更换活塞杆

注意，当维修成本高于新购置液压缸价格的50%时，建议更换新的液压缸。同时还需要考虑维修液压缸与购买新液压缸所导致设备停机时造成的损失程度。

★学习体会：

理论考核（30分）
一、请回答下面问题（共计23分）
1. 液压执行元件有哪些种类？分别应用在什么场合（7分）
_____
_____
_____。

2. 单活塞杆双作用液压缸有哪三种连接方式？（6分）
_____
_____
_____。

3. 已知单杆活塞式油缸的缸筒直径 D=90mm，活塞杆直径 d=60mm，液压泵供油流量 q=10L/min，进油压力 p_1=50×10^{5}Pa，在油缸差动连接时，油缸的运动速度是多少？活塞杆受力是多少？（10分）
_____
_____
_____。

二、判断下列说法对错（正确画√，错误画×，每题1分，共计7分）
1. 液压缸负载的大小决定进入液压缸油液压力的大小。（   ）
2. 改变活塞的运动速度，可以采用改变油液压力的方法来实现。（   ）
3. 油缸运动速度决定于进入液压缸油液容积的多少和液压缸推力的大小。（   ）
4. 一般情况下，进入油缸的油压力要低于液压泵的输出压力。（   ）
5. 如果不考虑液压缸的泄漏，液压缸的运动速度只决定于进入液压缸的流量。（   ）
6. 双作用单活塞杆液压缸做慢速运动时，活塞获得的推力小；做快速运动时，活塞获得的推力大。（   ）
7. 为实现工作台的往复运动，可成对使用柱塞缸。（   ）

技能考核（40分）
一、请回答下面问题（每题5分，共计20分）
1. 液压缸的选用原则是什么？
_____
_____
_____。

2. 液压缸的选用方法及步骤是什么？
_____
_____
_____。

3. 液压缸的安装调试工作流程是什么？
_____
_____。

4. 在液压缸日常检查与维护中，局部检查需要检查哪些部位？

二、判断下列说法对错（正确画√，错误画×，每题2分，共计20分）

1. 在液压缸安装时，缸筒轴向两端不能同时固定死。（　）
2. 活塞上的密封圈老化会导致在液压油闭锁的状态下活塞杆的位置不能锁住。（　）
3. 液压油中混入空气会导致液压缸出现爬行状态。（　）
4. 液压缸内泄或者其他液压元件内泄会导致液压缸无动作。（　）
5. 新液压缸在使用前，至少空载全行程伸缩三次，排尽液压缸中空气，预热各系统，测试泄漏等。（　）
6. 对于存放期限超过一年的液压缸，在使用前应进行全面检查。（　）
7. 将液压缸固定好后，对液压缸的一端进行打压，保持5分钟后看压力表前后是否有明显差值。（　）
8. 对Y形密封圈而言，其唇边应对着有压力的油腔。（　）
9. 液压缸日常维护与检查通常按照先整体后局部的原则进行。（　）
10. 当维修成本高于新购置液压缸价格的50%时，建议更换新的液压缸。（　）

素质考核（30分）

1. 飞行员胡佛的案例启示我们践行社会主义核心价值观公民层面的要求是什么？（5分）

2. 根据所学知识回答：人与人之间怎样才能保持这种友善的关系？（10分）

3. 列举一个发生在身边的一件有关"友善"的案例与大家分享。（15分）

学生自我体会：

学生签名：＿＿＿＿＿＿＿＿＿＿＿＿　日期：＿＿＿＿＿＿＿＿＿＿＿＿

拓展空间

1. 液压缸的泄漏检测与维修

液压缸的泄漏是最常见的故障类型。液压缸泄漏分为外泄漏和内泄漏两种，外泄漏是最常见的，是由活塞杆密封件损坏造成，从导向套部位沿着活塞杆泄漏出来；内泄漏是活塞上和活塞与活塞杆间的密封件老化造成，从高压部位向低压部位泄漏。准确地诊断液压缸的泄漏状态，对快速诊断和排除液压系统故障十分需要。液压有源测试方法，可以实现准确地离线和在线检测液压缸的泄漏。液压缸的泄漏检测原理图如图4-18所示，离线液压缸的维修步骤是检测→维修→检测，第一次检测符合标准的，就不用维护。

(1) 检测原理

图 4-18 中,左侧双点划线部分为测试仪,其输出的压力和流量,可以依据测试液压缸的需求而设定,图中液压缸缸体固定,活塞杆也固定,当测试过程中 1YA 通电时,液压缸无杆腔与测试仪检测口连接,当内部密封件老化而产生泄漏时,油液进入液压缸有杆腔,而这些油液经换向阀流回测试仪(在线测试时,进入液压系统)。此时,不考虑换向阀工作位泄漏的情况下,液压缸的泄漏量 $Q_2 = Q - Q_1$。液压缸泄漏故障状态和正常状态的检测对比图,如图 4-19 所示,通过比较发现,故障液压缸的内泄漏很大。同理,当检测有杆腔与测试仪测试口连接,无杆腔经换向阀回油时,1YA 断电,2YA 通电,即可完成测试。检测液压缸时,测试仪参数设置为:泵流量设置 1500mL/min,压力设置 50bar(5MPa,1bar=0.1MPa),测试时间设置 60s。

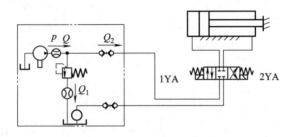

图 4-18 液压缸检测原理图

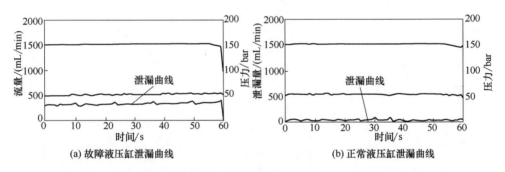

(a) 故障液压缸泄漏曲线　　　　　　(b) 正常液压缸泄漏曲线

图 4-19 检测结果对比图

(2) 液压缸维护

液压缸维护注意事项基本和液压泵、液压马达的维护类似。补充一点:在拆卸或组装液压缸时,注意保护活塞杆,要制作工装进行拆卸,严禁野蛮拆装。不具备条件的不允许进行维修。具体案例视频可以观看本章微视频。

2. 专业英语

The Technical Data of the Cylinders Type CDH2

Piston	Piston rod	Area ratio	Areas			Force at 250 bar			Flow at 0.1 m/s		
			Piston	Rod	Annulus	Pressure	Diff	Pulling	Out	Diff.	In
AL	MM	φ	A_1	A_2	A_3	F_1	F_2	F_3	q_{V1}	q_{V2}	q_{V3}
ϕmm	ϕmm	A_1/A_3	/cm²	/cm²	/cm²	/kN	/kN	/kN	/(L/min)	/(L/min)	/(L/min)
40	25	1.64	12.56	4.9	7.65	31.4	12.25	19.12	7.5	2.9	4.6
	28	1.96		6.16	6.4		15.4	16		3.7	3.8

续表

Piston AL ϕmm	Piston rod MM ϕmm	Area ratio φ A_1/A_3	Areas			Force at 250 bar			Flow at 0.1 m/s		
			Piston A_1 /cm²	Rod A_2 /cm²	Annulus A_3 /cm²	Pressure F_1 /kN	Diff F_2 /kN	Pulling F_3 /kN	Out q_{V1} /(L/min)	Diff. q_{V2} /(L/min)	In q_{V3} /(L/min)
50	32	1.69	19.63	8.04	11.59	49.1	20.12	28.98	11.8	4.8	7
	36	2.08		10.18	9.45		25.45	23.65		6.1	5.7
63	40	1.67	31.17	12.56	18.61	77.9	31.38	46.52	18.7	7.5	11.2
	45	2.04		15.9	15.27		39.75	38.15		9.5	9.2
80	50	1.66	50.26	19.63	30.63	125.65	49.07	76.58	30.2	11.8	18.4
	56	1.96		24.63	25.63		61.55	64.1		14.8	15.4
100	63	1.66	78.54	31.16	47.38	196.35	77.93	118.42	47.1	18.7	28.4
	70	1.96		38.48	40.06		96.2	100.15		23.1	24
125	80	1.69	122.72	50.24	72.48	306.75	125.62	181.13	73.6	30.14	43.46
	90	2.08		63.62	59.1		159.05	147.7		38.2	35.4
140	90	1.7	153.94	63.62	90.32	384.75	159.05	225.7	92.4	38.2	54.2
	100	2.04		78.54	75.4		196.35	188.4		47.1	45.3
160	100	1.64	201.06	78.54	122.5	502.5	196.35	306.15	120.6	47.1	73.5
	110	1.9		95.06	106		237.65	264.85		57	63.6

第 5 章 液压控制阀

知识目标

1. 掌握液压控制阀的功用和分类。
2. 理解液压控制阀型号含义。
3. 了解液压控制阀的工作原理及结构组成。
4. 掌握换向阀的滑阀机能。
5. 了解换向阀不同的操作方式。

技能目标

1. 了解液压控制阀的种类和使用场合。
2. 会进行溢流阀的故障诊断。
3. 会进行溢流阀、减压阀、顺序阀、流量阀的调试。

素质目标

1. 树立追求卓越的理想信念。
2. 为达成目标不懈努力。

学习导入

液压控制阀（简称液压阀），在液压系统中的功用是，通过控制调节液压系统中油液的流向、压力和流量，使执行元件及其驱动的工作机构获得所需的运动方向、推力（转矩）及运动速度（转速）等。任何一个液压系统，不论其如何简单，都不能缺少液压阀；同一工艺目的的液压机械设备，通过液压阀的不同组合使用，可以组成油路结构截然不同的多种液压系统方案。因此，液压阀是液压技术中品种与规格最多、应用最广泛、最活跃的元件；一个新设计或正在运转的液压系统，能否按照既定要求正常可靠地运行，在很大程度上取决于其中所采用的各种液压阀的性能优劣及参数匹配是否合理。

液压阀的分类多种多样，按照用途分，可以分为压力控制阀、流量控制阀、方向控制阀和压力继电器等；按照结构分，可以分成滑阀、锥阀和球阀等；按照控制方式分，可分为定值或开关控制阀、比例控制阀、伺服阀、数字阀等；按照连接方式分，可分成管式连接、板式链接、叠加式连接、法兰连接、插装式连接等。

5.1 方向控制阀

方向控制阀在液压回路中，用来转换液流方向或限定液流向某一方向流动，以控制液压缸或液压马达的动作方向。方向控制阀按使用功能分类其种类繁多，但应用最广泛的是单向阀和换向阀两大类，如图5-1所示。

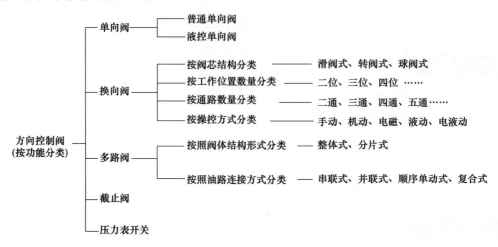

图5-1　方向控制阀的分类

5.1.1　单　向　阀

单向阀在液压系统中的作用是只允许液流沿一个方向流动，另一个方向的流动被截止。按控制方式不同，单向阀可以分为普通单向阀和液控单向阀两种。

（1）普通单向阀

① 普通单向阀结构和工作原理。普通单向阀又称止回阀，如图5-2所示。单向阀按阀芯的结构形式不同，可分为球芯阀、柱芯阀和锥芯阀；按液体的流向与进出口的位置关系，又分为直通式阀和直角式阀两类。

普通单向阀由阀体、阀芯、弹簧等主要零件组成，其外形如图5-2（a）所示。普通螺纹连接单向阀结构图，如图5-2（b）所示，板式连接普通直通式单向阀结构图，如图5-2（c）所示，两种结构形式的单向阀只是连接方式不同，功能一样。单向阀的图形符号如图5-2（d）所示。

当液压油从孔 p_1 流入时，液压力作用于锥形阀芯上，当能够克服弹簧的弹力时，将使阀芯向右移动，打开阀口，液压油通过阀芯径向孔 a、轴向孔 b 从阀体上孔 p_2 流出；当液压油从孔 p_2 流入时，阀芯受到向左的弹簧力和液压力两个力的作用，锥面紧压在阀体内孔的结合面上，油液无法通过。当单向阀导通时，使阀芯开启的压力称为开启压力。单向阀的开启压力一般为0.03~0.05MPa，当通过额定流量时的压力损失不应超过0.1~0.3MPa，若用作背压阀时可更换弹簧，开启压力可达0.2~0.6MPa。

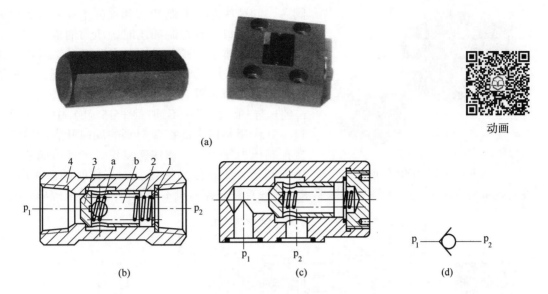

图 5-2 普通单向阀
1—挡圈；2—弹簧；3—阀芯；4—阀体

② 普通单向阀的应用

a. 单向阀安装在液压泵的出口处，当液压泵卸荷时，其可以防止系统压力油倒流，造成系统泄压，如图 5-3（a）所示。

b. 单向阀还可以与节流阀或调速阀、顺序阀、减压阀等组合使用，为油液的返回提供快速通路。如图 5-3（b）所示，单向阀为液压缸快速退回提供进油通路。

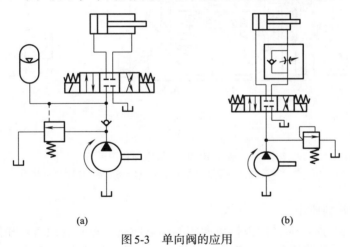

图 5-3 单向阀的应用

(2) 液控单向阀

① 液控单向阀结构和工作原理。液控单向阀又称为单向闭锁阀，其作用是使液流有控制的双向流动，其外形如图 5-4 所示。液控单向阀按泄油方式不同分为内泄式和外泄式；按其阀芯是否带卸荷阀，分为普通型和卸荷型两类。

图 5-5（a）为外控内泄 SV 型液控单向阀结构原理图和图形符号，它由阀芯、卸荷阀芯和控制活塞组成；图 5-5（b）为外控外泄 SL 型液控单向阀结构原理图和图形符号，它是由

阀芯、卸荷阀芯、控制活塞和顶杆组成。其工作原理为：当液控口 X 有控制油压时，压力油推动控制活塞和顶杆，先推动卸荷阀芯 2 开启泄压，然后再顶开阀芯 1，使油口从 p_1 到 p_2 或从 p_2 到 p_1 完全接通；当液控油口 X 控制压力为零时，与普通单向阀功能一样，油口 p_1 到 p_2 导通，p_2 到 p_1 不通。图 5-5（b）中 Y 孔为泄油口，其作用是提高液控单向阀的反向开启的精度和外接控制压力使控制活塞快速复位。带卸荷阀芯的液控单向阀适合于 p_2 很高的场合，工作时卸荷噪声较小。

图 5-4 液控单向阀外观图

在选择液控单向阀时，若没有特殊要求，一般首选外控内泄不带卸荷阀芯的液控单向阀。

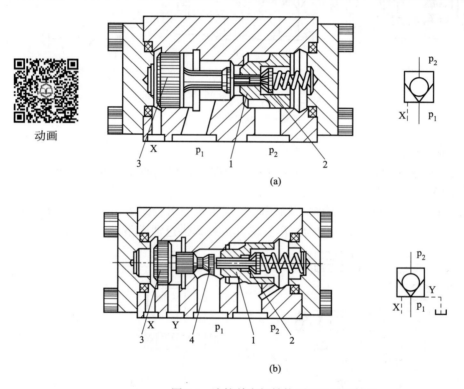

图 5-5 液控单向阀结构原理和图形符号
1—阀芯；2—卸载阀芯；3—控制活塞；4—顶杆

② 液控单向阀的应用

a. 如图 5-6（a）所示为采用液控单向阀的锁紧回路。在垂直放置液压缸的下腔管路上，安置液控单向阀，就可将液压缸（负载）较长时间保持（锁定）在任意位置上，并可防止由于换向阀的滑阀间隙的泄漏而引起带有负载的活塞杆下落。

b. 如图 5-6（b）是采用 2 个液控单向阀（也称双向液压锁）的锁紧回路。当三位换向阀处于左位机能时，液压泵输出的压力油正向通过液控单向阀 A 进入液压缸左腔，同时由控制油路将液控单向阀 B 打开，使液压缸右腔原来封闭的油液流回油箱，活塞向右运动。反之，当三位换向阀处于右位机能时，正向打开液控单向阀 B，同时打开液控单向阀 A，使液压缸右腔进油，左腔回油，活塞向左运动。当三位换向阀处中位时，由于 A 和 B 两个液控单向阀的进油口都和油箱相通，它们的控制口也都通回油，使得液控单向阀都处于关闭状态，液压缸两腔的油液均不能流出，液压缸的活塞便锁紧在停止的位置上。这种回路锁紧的可靠性及锁定位置精度仅受液压缸本身泄漏的影响。

c. 作为充液阀和快速回油阀使用。如图 5-6（c）所示，在电磁换向阀的左侧电磁铁通电，液压泵来油进入快速液压缸的内部小腔，液压缸的大腔产生真空，液控单向阀在外界大气压的作用下将打开，油箱中的液压油被迅速吸入液压缸的大腔，实现液压缸的快速充液，实现液压缸的快速运动即为快进；当右侧的电磁铁通电时，液压泵来油，通过电磁换向阀的右位，一路到达液压缸的右腔，一路经控制油管道，到达液控单向阀的控制口，使液控单向阀打开，使大腔的液压油快速流回油箱，实现了液压缸的快速退回。

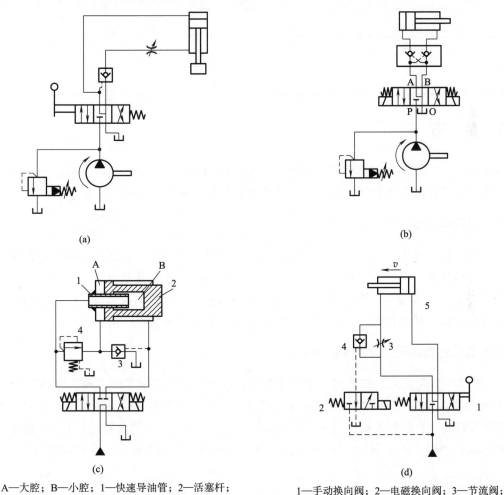

(a)　　　　　　　　　　　　　　　(b)

(c)　　　　　　　　　　　　　　　(d)

A—大腔；B—小腔；1—快速导油管；2—活塞杆；
3—液控单向阀；4—溢流阀

1—手动换向阀；2—电磁换向阀；3—节流阀；
4—液控单向阀；5—液压缸

图 5-6　液控单向阀的应用

d. 双速回路。如图 5-6（d）所示，为采用液控单向阀实现快进和工进的双速回路。当手动换向阀 1 右位接入液压系统，同时电磁换向阀 2 的电磁铁通电，使其右位也接入系统，液压泵的来油，经阀 1 的右位，进入液压缸 5 的无杆腔，同时控制油，经阀 2 的右位，接通液控单向阀 4 的控制口 K，将液控单向阀 4 打开，使液压缸的有杆腔的油液，经阀 4、阀 1 右位直接流回油箱，从而使液压缸 5 的活塞快速向左运动；快速运动到一定位置，阀 2 的电磁铁断电，其左位接入系统，致使液控单向阀的控制油路接通油箱，液控单向阀关闭，这时液压缸的回油,只有经过节流阀3再经阀1流回油箱,液压缸的运动速度由阀3调节,实现快进和工进的转换。

★学习体会:

5.1.2 换 向 阀

换向阀是利用阀芯与阀体间的相对运动,来切换油路中液压油的流动方向的液压控制元件,其主要用于使液压执行元件起动、停止或变换运动方向。

(1) 换向阀分类

液压换向阀按操纵方式,可分为手动、机动、电动、液动和电液动等;按阀芯在阀体内占据的工作位置数,可分为二位、三位和多位等;按阀体上主油路的数量,可分为二通、三通、四通、五通、多通等;按阀的安装方式,可分为管式、板式和法兰式;按阀芯运动的方式,可分为滑阀与转阀两类,在液压系统中应用最广的是滑阀式换向阀。

(2) 滑阀式换向阀工作原理和结构

① 滑阀式换向阀的工作原理。如图5-7所示为滑阀式换向阀工作原理。阀体内孔加工有五个沉割槽,其中P为进油口与液压泵的出油口连接,T为回油口与液压油箱连接,A和B分别与油缸的左右两腔连接。当阀芯处于图5-7(a)位置时,P与B相通,A与T相通,活塞向左运动;当阀芯处于图5-7(b)位置时,P与A相通,B与T相通,活塞向右运动。

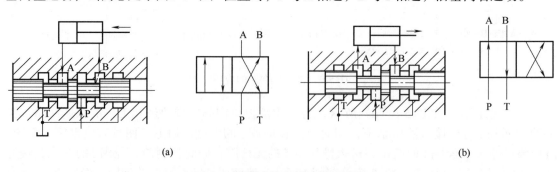

图5-7 滑阀式换向阀工作原理图

② 滑阀式换向阀的结构和图形符号。滑阀式换向阀的结构和图形符号见表5-1。

表 5-1　滑阀式换向阀结构图形符号与使用场合

名称	结构原理	图形符号	使用场合	
二位二通			控制油路接通和断开相当于一个液压开关	
二位三通			控制液流方向（从一个方向到另一个方向）	
二位四通			执行元件不能在任意位置停留，同一个回油路	控制执行元件换向
三位四通			执行元件能在任意位置停留，同一个回油路	
二位五通			执行元件不能在任意位置停留，不是同一个回油路	
三位五通			执行元件能在任意位置停留，不是同一个回油路	

阀芯在阀体内的工作位置称为"位"，在表 5-1 中，方框表示阀的工作位置，换向阀有几个方框就表示它有几"位"。方框内的箭头表示油路处于接通状态，箭头方向不代表液流的实际方向；方框内的符号"⊥"或"⊤"表示该通路不通。阀与外部连接的接口称为通，方框外部连接的接口数有几个，就表示几"通"。一般情况，阀与系统供油路连接的进油口用字母 P 表示，阀与系统回油路连接的回路口用 T（有时用 O）表示，阀与执行元件连接的油口分别用 A 和 B 等表示，图形符号上用 L 表示泄油口。

换向阀都有两个或两个以上的工作位置，其中一个为常态位，即阀芯未受到操纵力作用时所处的位置。图形符号中的中位是三位阀的常态位。利用弹簧复位的二位阀，则以靠近弹簧的方框内的通路状态为其常态位。绘制液压系统图时，油路应连接在换向阀的常态位上。

③ 操纵控制方式。滑阀式换向阀可用不同的操作控制方式进行换向，常用的操纵控制方式有手动、机动、液动、电磁、电液动等，其符号表示参见表 5-2。

表 5-2　常用操纵控制方式的图形符号（摘自 GB/T 786.1—2009）

操纵方式	符号	操纵方式	符号
手动		液动	

续表

操纵方式	符号	操纵方式	符号
机动(滚轮式)	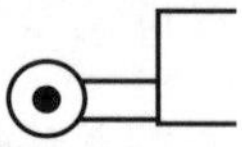	电液动	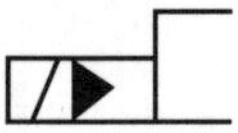
电磁	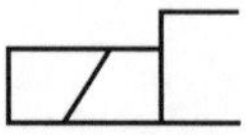		

具体绘制图形符号时,以弹簧复位的二位四通电磁阀为例,一般将控制源画在阀的工作位,复位弹簧或定位机构等画在阀的常态位,"" 两个方框代表"二位"——即阀芯在阀体内有两个位置,"A、B、P、T"代表此阀有四个油口,"" 代表电磁铁控制,如图5-8所示。

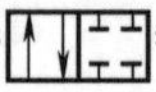

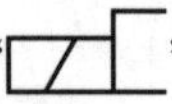

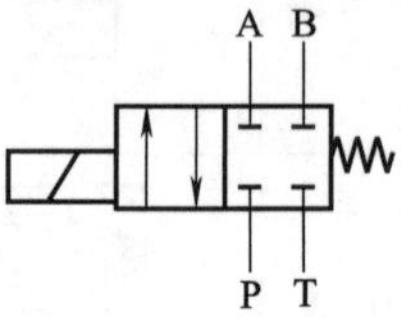

④ 换向阀的滑阀机能

a. 二位换向阀的滑阀机能。二位换向阀的常态位是靠近弹簧一侧的方框,在电磁铁不通电时常态位的各油口之间的连接方式,即为二位换向阀的滑阀机能。

图 5-8 二位四通电磁换向阀

b. 三位四通换向阀的滑阀机能。三位四通换向阀的滑阀机能(又称中位机能)是指阀芯处在阀体中间位置时,各油口之间的连接方式,常用的有 O、M、H、Y、P 五种,它们的结构特点和应用见表5-3。不同的中位机能可通过改变阀芯的形状和尺寸得到,也就是说,不同机能的换向阀的阀体,厂家和规格是一样的,在特殊的情况下,可以通过更换阀芯而得到需要的中位功能。三位五通换向阀的情况与此相类似。

表 5-3 常见三位四通换向阀的中位机能

类型	结构原理	图形符号	中位油口状态、特点及应用
O形	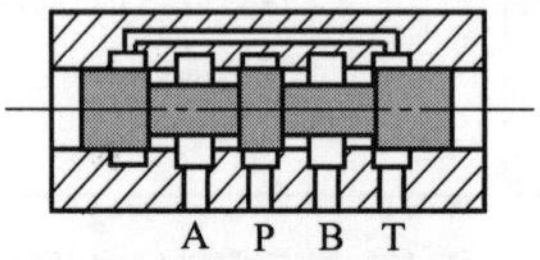	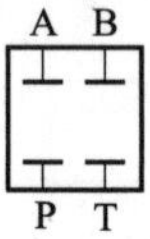	各油口全封闭,缸活塞被锁紧,换向精度高,但有冲击;泵不卸荷,和该阀并联的回路可工作
H形	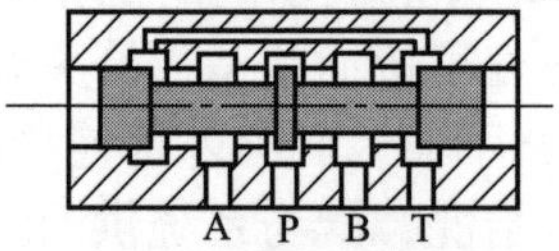	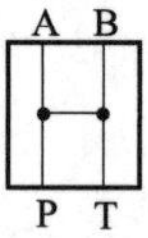	各油口全通,缸浮动,但换向平稳;泵卸荷,和该阀并联的回路无法工作
Y形	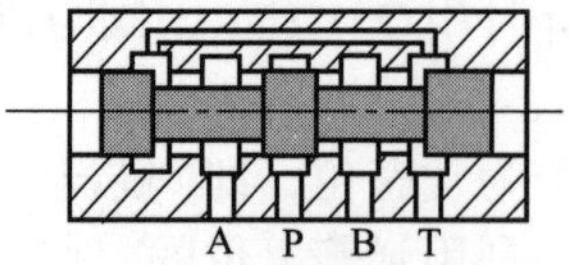	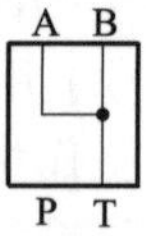	P口封闭,A、B、T口相通,换向平稳,缸活塞浮动;泵不卸荷(保压),和该阀并联的回路可工作
M形	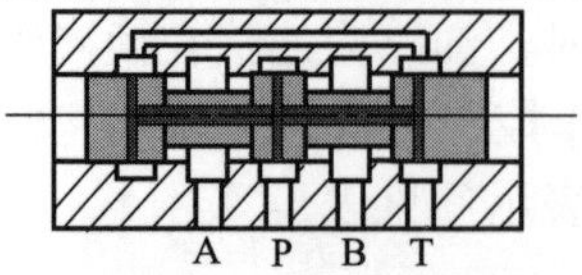	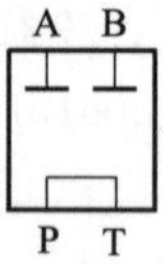	P、T相通,A、B口封闭,缸活塞被锁紧;泵卸荷,和该阀并联的回路可工作
P形	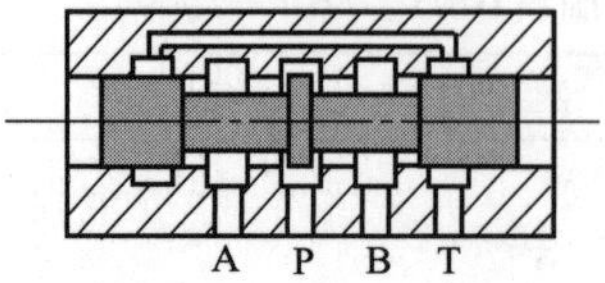	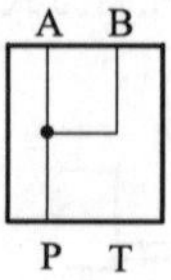	P、A、B相通,T口封闭,换向最平稳双杆缸活塞浮动,单杆缸差动,泵不卸荷,和该阀并联的回路可工作

笔记

★学习体会：

（3）换向阀的结构组成及工作原理

滑阀式换向阀，不管阀芯采用哪种方式控制，都是通过阀芯的位置变换，实现对执行元件运动方向或旋向的控制。

① 手动换向阀。手动换向阀是依靠手动杠杆操纵驱动阀芯运动而实现换向的阀类。按照操纵阀芯换向后的定位方式，有钢球定位式和弹簧复位式两种，图5-9（a）、图5-10（a）分别为结构图，图5-9（b）、图5-10（b）分别为图形符号。手动换向阀适用于动作频繁、工作持续时间短的场合，其操作比较安全，常用在工程机械的液压传动系统中。

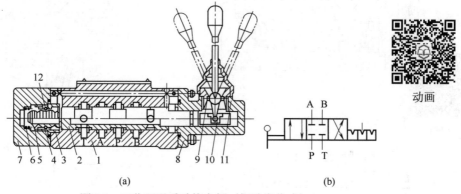

图5-9 三位四通手动换向阀（钢珠定位式）

1—阀体；2—阀芯；3—球座；4—护球圈；5—定位套；6—弹簧；7—后盖；8—前盖；9—螺套；10—手柄；11—防尘套；12—钢球

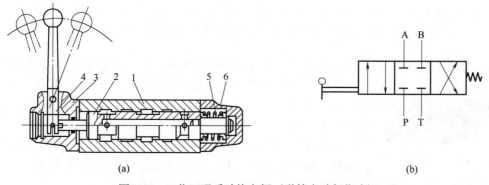

图5-10 三位四通手动换向阀（弹簧自动复位式）

1—阀体；2—阀芯；3—前盖；4—手柄；5—弹簧；6—后盖

② 机动换向阀。机动换向阀是借助主机运动部件上可以调整的凸轮或活动挡块的驱动力，自动周期地压下或（依靠弹簧）抬起装在滑阀阀芯端部的滚轮，从而改变阀芯在阀体中的相对位置，实现换向，图5-11（a）为结构图，图5-11（b）为图形符号。机动换向阀常用于控制机械设备的行程。

动画

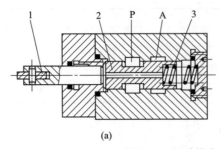

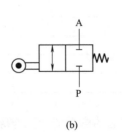

(a)   (b)

图 5-11 机动换向阀

1—滚轮；2—阀芯；3—复位弹簧

③ 液动换向阀。液动换向阀改变阀芯的驱动力，来自于阀芯两端部控制口的压力油，如图 5-12 所示，分为不可调式 [图 5-12（a）] 和可调式 [图 5-12（b）] 两种。液动换向阀常用于流量较大的场合。

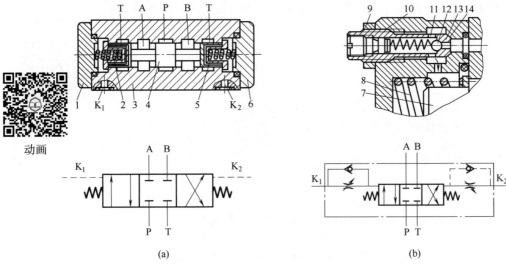

动画

(a)   (b)

图 5-12 三位四通液动换向阀

1，6—端盖；2，5—弹簧；3—阀体；4—阀芯；7—换向阀芯；8—控制腔；9—锁定螺母；10—螺纹；
11—径向孔；12—钢球式单向阀；13—锥阀式节流器；14—节流缝隙

笔记

④ 电磁换向阀。电磁换向阀是利用电磁铁通电产生电磁推力，使阀芯发生极限位置运动，其外形如图 5-13 所示。电磁换向阀控制方便，应用广泛，但由于液压油通过阀芯时所产生的液动力使阀芯移动受到阻碍，受到电磁吸合力限制，电磁换向阀只能用于控制较小流量的回路中。

图 5-13 电磁换向阀实物图

a. 电磁铁种类。电磁换向阀中的电磁铁是驱动阀芯运动的动力元件。按使用电源不同，可分为直流电磁铁和交流电磁铁；按活动衔铁是否在液压油充润状态下运动，可分为干式电磁铁和湿式电磁铁。

（a）交流电磁铁。可直接使用 380V、220V、110V 交流电源，具有电路简单，无需特殊电源，吸合力较大等优点；由于其铁芯材料由矽钢片叠压而成，体积大，电涡流造成的热损耗和噪声无法消除，因而具有发热大、噪声大，且工作可靠性差、寿命短等缺点，一般用在设备换向精度要求不高的场合。

（b）直流电磁铁。需要一套变压与整流设备，所使用的直流电流为 12V、24V、36V 或 110V，由于其铁芯材料一般为整体工业纯铁制成，具有电涡流损耗小、无噪声、体积小、工作可靠性好、寿命长等优点。但直流电磁铁需特殊电源，造价较高，加工精度也较高，一般用在换向精度要求较高的场合。

（c）干式电磁铁。结构图如图 5-14 所示。干式电磁铁结构简单、造价低、品种多、应用广泛。但是为了保证电磁铁不进油，在阀芯推动杆 4 处设置了密封圈 3，此密封圈所产生的摩擦力，消耗了部分电磁推力，同时也限制了电磁铁的使用寿命。

（d）湿式电磁铁。结构图如图 5-15 所示。由图可知，电磁铁推杆 1 上的密封圈被取消了，换向阀端的压力油直接进入衔铁 4 与导磁导套缸 3 之间的空隙处，使衔铁在充分润滑的条件下工作，工作条件得到改善。油槽 a 的作用是使衔铁两端油室互相连通，又存在一定的阻尼，使衔铁运动更加平稳。线圈 2 安放在导磁导套缸 3 的外面不与液压油接触，其寿命大大提高。当然，湿式电磁铁存在造价高、换向频率受限等缺点。

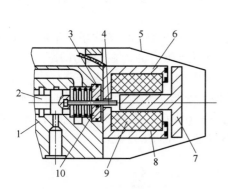

图 5-14　干式电磁铁结构

1—阀体；2—阀芯；3—密封圈；4—推动杆；5—外壳；
6—分磁环；7—衔铁；8—定铁芯；9—线圈；10—密封圈板

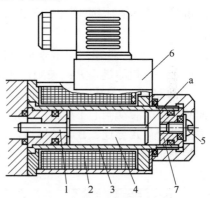

图 5-15　湿式电磁铁结构图

1—推杆；2—线圈；3—导磁导套缸；4—衔铁；
5—放气螺钉；6—插头组件；7—挡板

b. 电磁换向阀的结构和工作原理。如图 5-16（a）所示为三位四通直流电磁换向阀的结构图，其主要由阀体、电磁铁、阀芯、复位弹簧等组成。该阀采用直流湿式电磁铁，控制电压为 DC24V，阀芯在两侧电磁铁断电情况下，在两侧弹簧作用下处在中位。阀芯有两个台肩，一个缩径，五个沉割槽，最外面的两个沉割槽内部相通，沉割槽分别对应 P、T、A、B 油口。阀芯的两个台肩与 A 和 B 存在密封带，因此 P、T、A、B 互不相通。当左侧电磁铁通电，阀芯在左侧推杆的作用下右移，此时，A 口与 T 口的密封带减小到负值，而 A 口与 P 口的密封带增加，则 A 口与 T 口相通；B 口与 P 口的密封带也减小到负值，同时 B 口与 T 口的密封带增加，因此 B 口与 P 口相通。同理，右侧电磁铁通电，实现 A 与 P 通，B 与 T 通。电磁换向阀的图形符号如图 5-16（b）所示。

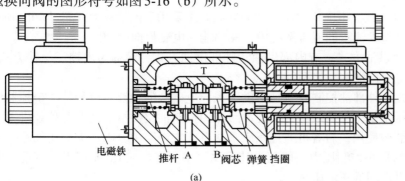

图 5-16　三位四通电磁换向阀

⑤ 电液换向阀

a. 电液换向阀结构和工作原理。电液动换向阀简称电液换向阀，它由电磁换向阀和液动换向阀组合而成，如图5-17所示为其外观图。电磁换向阀用作先导阀，用来控制液动换向阀阀芯位置的切换，液动换向阀用于控制液压系统主油路的换向。

图5-17 电液换向阀外观图

电液换向阀集中了电磁换向阀和液动换向阀的优点，既可方便地实现液流换向，也可以控制较大的液流流量。因为推动液动阀阀芯换向的油液流量很小，可以采用普通小规格的电磁换向阀作为先导控制阀，实现以小流量的电磁换向阀来控制大流量的液动换向阀的换向。如图5-18（a）所示为三位四通电液换向阀结构原理图，图5-18（b）为该阀的图形符号，图5-18（c）为该阀的简化图形符号。

由图5-18（a）可知，电液换向阀的工作原理为：当电磁铁4、6均不通电时，电磁阀芯5处于中位，控制油进口P被关闭，主阀芯1两端均不通压力油，在弹簧作用下主阀芯处于中位，主油路P、A、B、T互不导通。当电磁铁4通电时，电磁阀芯5处于右位，控制油通过单向阀2到达液动阀芯1左腔；回油经节流阀7和电磁阀芯5流回油箱，此时主阀芯向右移动，主油路P与A导通，B与T导通。同理，当电磁铁6通电、电磁铁4断电时，先导阀芯向左移，控制油压使主阀芯向左移动，主油路P与B导通，A与T导通。

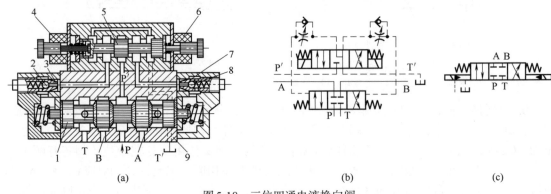

图5-18 三位四通电液换向阀

1—液动阀阀芯；2，8—单向阀；3，7—节流阀；4，6—电磁铁；5—电磁阀芯；9—阀体

电液换向阀内的节流阀可以调节主阀芯的移动速度，从而使主油路的换向平稳性得到控制。

b. 电液换向阀的控制方式。电液换向阀与液动换向阀主要用于流量较大（超过60L/min）的场合，一般用于中、高压大流量的液压系统中，其功能与电磁换向阀相同。

电液换向阀的先导油供油方式，有内部供油和外部供油方式，简称为内控、外控方式；对应的先导油回油方式也有内泄和外泄两种。

（a）外部油控制方式。外部油控制方式是指供给先导电磁阀的油源是由另外一个控制油路供给，或在同一个液压系统中，通过一个分支油路作为控制油路供给。前者可单独设置一台辅助液压泵作为控制油源使用；后者可通过减压阀从系统主油路中分出一支减压油路。由于电液换向阀阀芯换向的最小控制压力一般都设计得比较小，多数在1MPa以下，因此控制油压力不必太高，一般可选用低压液压泵。

（b）内部油控制方式。主油路系统的压力油进入电液换向阀进油路后，再分出一部分作为控制油，并通过阀体内部的孔道，直接与上部电磁换向阀的进油腔相通。内控方式不需要辅助控制系统，简化了整个液压系统。

（c）控制油内部回油方式。控制油内部回油是指先导控制油通过内部通道与液动阀的主油路回油腔相通，并与主油路回油一起返回油箱。这种回油形式省略了控制油回油管路，简化了液压系统。但是内部回油受主油路回油背压的影响，先导电磁换向阀的回油背压受到了一定的限制。因此，当采用内部回油形式时，主油路回油背压必须小于先导电磁换向阀允许的背压值，否则电磁换向阀的正常工作将受到影响。

（d）控制油外部回油方式。控制油外部回油是指从电液换向阀两端控制腔排出的油，经过先导电磁换向阀的回油腔单独流回油箱，也可以通过下部液动阀上专门加工的回油孔接回油箱。控制油外部回油方式既可以使控制油直接接回油箱，也可以与背压不大于电磁换向阀允许背压的主油管路相连接，一起接回油箱，因此使用较为灵活。

（e）三位电磁换向阀作为先导阀，必须选择Y形中位机能。采用中位机能为Y形机能，可以使液动换向阀主阀的左右两腔，在电磁换向阀导阀断电后，经两个单向节流阀的节流阀和电磁换向阀的中位流回油箱，实现液动换向阀主阀的阀芯复位，其控制的执行元件可靠地停止运动。

★学习体会：

5.2 压力控制阀

在液压传动系统中，控制油液压力高低或利用压力，实现某些动作的液压阀统称压力控制阀，简称压力阀。

压力阀按其功能可分为溢流阀、减压阀、顺序阀和压力继电器等。这类阀的共同点都是利用作用在阀芯上的液压力和弹簧力相平衡的原理工作的。

5.2.1 溢流阀

溢流阀是通过阀口的溢流，使被控制系统或回路的压力维持恒定，实现稳压、调压或限压作用。溢流阀按其结构原理分为直动型和先导型，如图5-19所示。

(a) 直动型溢流阀

(b) 插装型直动溢流阀

(c) 先导型溢流阀

图5-19　溢流阀

液压系统对溢流阀的性能有以下要求：

① 定压精度高。当流过溢流阀的流量发生变化时，液压系统中压力变化要小，即静态压力超调要小。

② 灵敏度高。在如图 5-20 所示的溢流阀定压回路中，当液压缸 4 突然停止运动时，溢流阀 2 要迅速增大阀口开度。否则，定量泵 1 输出的液压油将因不能及时排出，而使液压系统压力突然升高，并超过溢流阀的调定压力，使液压系统中各元件及辅助元件受冲击力过大，影响其使用寿命。溢流阀灵敏度越高，则动态压力超调越小。

③ 工作要平稳且无振动和噪声。

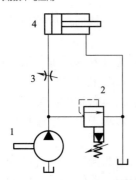

图 5-20　溢流阀定压回路
1—定量泵；2—溢流阀；3—节流阀；4—液压缸

④ 当阀芯关闭时，密封性要好，泄漏要小。

(1) 直动型溢流阀

① 直动型溢流阀工作原理和结构。直动型溢流阀有锥阀、滑阀式和球阀式，如图 5-21（a）所示为锥阀式直动型溢流阀的结构原理图。当进油口 P 从液压系统接入的油液压力不高时，锥阀芯 2 被弹簧 3 紧压在阀体 1 的孔口上，阀口关闭。当进油口油压升高到能克服弹簧力时，便推开阀芯使阀口打开，油液由进油口 P 流入，再从回油口 T 流回油箱，称为溢流，此时进油压力也就不会继续升高。当通过溢流阀的流量变化时，阀口开度即弹簧压缩量也随之改变。但在弹簧压缩量变化甚小的情况下，可以认为阀芯在液压力和弹簧力作用下保持平衡，溢流阀进口处的压力基本保持为定值。拧动调压螺钉 4，改变弹簧预压缩量，可以调整溢流阀的溢流压力。这种溢流阀因压力油直接作用于阀芯，故称为直动型溢流阀。

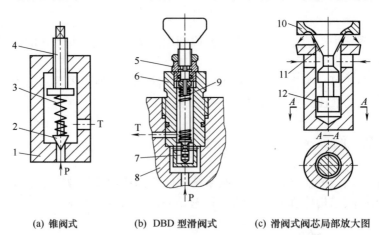

(a) 锥阀式　　(b) DBD 型滑阀式　　(c) 滑阀式阀芯局部放大图

图 5-21　直动型溢流阀
1—阀体；2—锥阀芯；3，9—弹簧；4—调节螺钉；5—上盖；6—阀套；7—阀芯；
8—阀体；10—偏流盘；11—阀锥；12—阻尼活塞

下面，我们对直动型溢流阀调压原理进行简单分析。若阀芯 2 与阀体 1 的孔接触面积为 A，则此时阀芯下端受到的液压力为 p，调压弹簧的预紧力为 F_s，当液压系统的压力上升到 $F_s=pA$ 时，阀芯即将开启，此时的压力称之直动溢流阀的开启压力，用 p_k 表示。即 $p_k A = F_s = K X_0$

$$p_k = \frac{KX_0}{A} \tag{5-1}$$

式中，K 为弹簧的刚度，N/m；X_0 为弹簧预压缩量，m。

当液压力大于 F_s 时，阀芯上移，弹簧进一步受到压缩，溢流阀开始溢流。直到阀芯达到某一新的平衡位置时才停止移动，此时进油口的压力为 p。

$$p = \frac{K(\Delta x + X_0)}{A} \tag{5-2}$$

式中，Δx 为由于阀芯的移动使弹簧产生的附加压缩量，m。

由于阀芯移动量不大，即 Δx 变动很小，所以当阀芯处于平衡状态时，可认为溢流阀进口压力 p 基本保持不变。

图 5-21（b）所示为德国力士乐公司的 DBD 型直动型溢流阀结构图。阀芯 7 由阻尼活塞 12、阀锥 11 和偏流盘 10 三部分组成，如图 5-21（c）所示。在阻尼活塞的一侧铣削有小平面，以便压力油进入并作用于底端。阻尼活塞既提供一定阻尼，又保证了阀芯在开启和关闭时不偏摆，提高了阀的稳定性。此外，为了减小阀芯开启时液压力的影响，在阻尼活塞与阀锥之间设有一个锥面，以平衡稳态液动力。同时，在偏流盘下表面开有环形槽，用以改变阀口开启后回油射流的方向。回油射流对偏流盘轴向冲击力的方向与弹簧力相反，当溢流量及阀口开度增大时，弹簧力虽增大，但与之反向的冲击力亦增大，因此，该阀能自行消除阀口开度变化对压力的影响。这种阀的溢流特性好，通流能力较强，既可作为安全阀又可作为稳压阀使用。

② 溢流阀的性能。溢流阀的性能主要有静态性能和动态性能两种。

a. 静态特性。溢流阀的静态性能是指溢流阀在系统压力没有突变的稳态情况下，其所控制流体的压力、流量的变化情况。溢流阀的静态特性主要指压力-流量特性、启闭特性、压力调节范围、流量许用范围和卸荷压力等。

(a) 溢流阀的压力-流量特性。溢流阀的压力-流量特性是指溢流阀入口压力与流量之间的变化关系。图 5-22 所示为溢流阀的静态特性曲线。其中 p_{k1} 为直动型溢流阀的开启压力，当阀进口压力小于 p_{k1} 时，溢流阀处于关闭状态，通过阀的流量为零；当阀进口压力大于 p_{k1} 时，溢流阀开始溢流。p_{k2} 为先导阀的开启压力，当阀进口压力小于 p_{k2} 时，先导阀关闭，溢流量为零；当压力大于 p_{k2} 时，先导阀开启，然后主阀芯打开，溢流阀开始溢流。当溢流阀进口压力达到额定调定压力 p_n 时，通过阀的流量达到额定溢流量 q_n。

当溢流阀的溢流量发生变化时，阀进口压力波动越小，阀的性能越好。由图 5-22 所示溢流阀的静态特性曲线可知，先导式溢流阀性能优于直动式溢流阀。

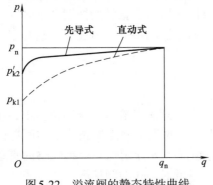

图 5-22 溢流阀的静态特性曲线

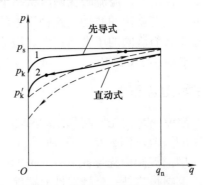

图 5-23 溢流阀的启闭特性曲线

(b) 溢流阀的启闭特性。启闭特性是表征溢流阀性能好坏的重要指标，一般用开启压力比率和闭合压力比率表示。当溢流阀从关闭状态逐渐开启，其溢流量达到额定流量的1%时，所对应的压力定义为开启压力p_k。开启压力p_k与额定调定压力p_n之比称之为开启压力比率。当溢流阀从全开启状态逐渐关闭，其溢流量为其额定流量的1%时，所对应的压力定义为闭合压力p_k，p_k与调定压力p_n之比称之为闭合压力比率。开启压力比率与闭合压力比率越高，阀的性能越好。一般开启压力比率应≥90%，闭合压力比率应≥85%。如图5-23所示为溢流阀的启闭特性曲线，曲线1为先导型溢流阀的开启特性，曲线2为闭合特性。

（c）溢流阀动态性能的压力稳定性。液压系统在工作时，由于液压泵的流量脉动及负载变化的影响，导致溢流阀的主阀芯一直处于振动状态，溢流阀所控制的油压也因此产生波动。衡量溢流阀的压力稳定性用两个指标度量：一是在整个调压范围内，溢流阀在额定流量状态下的压力波动值；二是在额定压力和额定流量状态下，3分钟内的压力偏移值。上述两个指标越小，溢流阀的压力稳定性就越好。

（d）溢流阀的卸荷压力。当溢流阀的遥控口与油箱连通后，液压泵处于卸荷状态时，溢流阀进出油口压力之差称之为溢流阀的卸荷压力。溢流阀的卸荷压力越小，系统发热越少，一般溢流阀的卸荷压力不大于0.2MPa，最大不应超过0.45MPa。

（e）压力调节范围。溢流阀的压力调节范围是指溢流阀能够保证性能的压力使用范围。溢流阀在此范围内调节压力时，进口压力能保持平稳变化，无突跳、迟滞等现象。在实际情况下，当需要溢流阀扩大调压范围时，可通过更换不同刚度的弹簧来实现。

（f）许用流量范围。溢流阀的许用流量范围是指阀额定流量的15%~100%。溢流阀在此流量范围内工作，其压力应当平稳，噪声小。

b. 动态特性。溢流阀的动态特性，是指在系统压力突变时，阀的响应过程中所表现出的性能指标。如图5-24所示为溢流阀的动态特性曲线。此曲线的测定过程是：将处于卸荷状态下的溢流阀突然转换到调定压力时，阀的进口压力迅速提升至最大峰值，然后振荡衰减至调定压力，再使溢流阀在稳态溢流时开始溢流。经此压力变化过程后，可以得出以下动态特性指标：

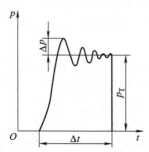

图5-24 溢流阀的动态特性曲线

（a）压力超调量。最大峰值压力与调定压力之差，称之为压力超调量，用Δp表示。压力超调量越小，阀的稳定性越好。

（b）过渡时间。过渡时间指溢流阀从压力开始升高到稳定在调定压力时所需的时间，用符号t表示。过渡时间越小，阀的灵敏性越高。

（c）压力稳定性。溢流阀在调压状态下工作时，由于泵的压力脉动而引起系统压力在调定压力附近产生有规律的波动，这种压力的波动可以从压力表指针的振摆观察到，此压力振摆的大小标志着溢流阀的压力稳定性。溢流阀的压力振摆越小，压力稳定性越好。一般溢流阀的压力振摆应小于0.2MPa。

(2) 先导型溢流阀

先导型溢流阀是由先导阀和主阀两部分组成。先导阀用于液压系统调定压力，主阀用于控制主油路的溢流。图5-25（a）所示为一种板式连接的先导型溢流阀的结构原理图。由图可见，先导型溢流阀由先导阀1和主阀2两个部分组成。先导阀是一个小规格的直动型锥阀式溢流阀，主阀阀芯是一个具有锥形端部，上面开有阻尼小孔的圆柱筒。

在图5-25（a）中，油液从进油口P进入，经阻尼孔R到达主阀弹簧腔，并作用在先导阀锥阀芯上。当进油压力不高时，液压力不能克服先导阀的弹簧力，先导阀口关闭，阻尼孔

R内无油液流动。此时主阀芯因上下端面油压相同,被主阀弹簧压在阀座上,主阀口关闭。当进油压力升高到先导阀弹簧的预调压力时,先导阀口打开,主阀弹簧腔的油液流过先导阀口并经阀体上的通道和回油口T流回油箱。此时,油液流过阻尼小孔R,产生压力损失,使主阀芯两端形成了压力差,主阀芯在此压差作用下克服弹簧力向上移动,使溢流阀的进、回油口连通,实现溢流稳压。调节先导阀的调压螺钉,便能调整溢流压力。更换不同刚度的调压弹簧,便能得到不同的调压范围。

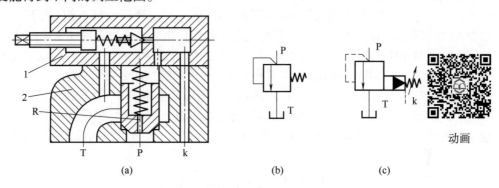

图5-25 先导型溢流阀结构原理
1—先导阀;2—主阀

先导型溢流阀的阀体上有一个远程控制口k,当将此油口接通油箱时,主阀芯上端的弹簧腔压力接近于零,主阀芯在很小的压力下便可移动到上端,阀口开至最大,这时系统的油液在很低的压力下通过阀口流回油箱,实现卸荷。如果将此油口接到另一个远程调压阀上,并使远程调压阀的调定压力小于先导阀的调定压力,则主阀芯上端的压力就由远程调压阀来决定。使用远程调压阀后便可对系统的溢流压力实行远程调节。

溢流阀的图形符号如图5-25(b)、(c)所示。其中,图5-25(b)所示为溢流阀的一般符号或直动型溢流阀的符号,图5-25(c)为先导型溢流阀的符号。图5-26所示为先导型溢流阀的一种典型结构。先导型溢流阀的稳压性能优于直动型溢流阀,但先导型溢流阀是二级阀,其灵敏度低于直动型阀。

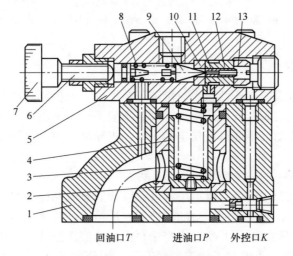

图5-26 先导型溢流阀结构
1—阀体;2—主阀套;3—弹簧;4—主阀芯;5—先导阀阀体;6—调节螺钉;7—调节手枪;8—弹簧;9—先导阀阀芯;10—先导阀阀座;11—柱塞;12—导套;13—消振垫

(3) 先导卸荷溢流阀

某型号的先导卸荷溢流阀的结构原理图如图5-27（a）所示，其图形符号如图5-27（b）所示。该阀由先导阀、主阀和单向阀等组成。

液压泵输出的压力油进入P腔，经单向阀1流到A腔，实现泵向系统供油。这时A腔压力油又经通道2作用到活塞5上；P腔油经阻尼器9流到主阀10上腔，又经阻尼器4作用在锥阀7上。一旦系统压力达到先导阀6调定的卸荷压力时，液压力把锥阀7打开，控制油经阻尼器4、9和锥阀7排到T腔。由于在阻尼器4和9上的压力损失，使主阀10上腔压力小于P腔压力，主阀10在上下腔压力差的作用下打开，压力油从P腔流到T腔。这时由于A腔的压力油作用在活塞5和单向阀1上，使锥阀7打开和单向阀关闭，P与T通，实现液压泵卸荷。

由于活塞5的面积比锥阀7的有效面积大，所以活塞上的作用力也比锥阀上的作用力大。若A腔的油液压力低于它相对应的切换压力差时，调压弹簧8将使锥阀7关闭，主阀10上腔建立起的压力将使主阀10关闭，液压泵输出的液流重新经过单向阀进入到液压系统。

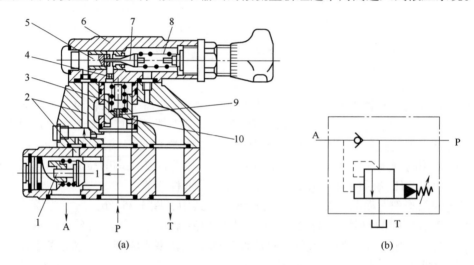

图5-27 先导卸荷溢流阀结构原理

1—单向阀；2—通道；3—主阀弹簧；4，9—阻尼器；5—活塞；6—先导阀；7—锥阀；8—调压弹簧；10—主阀

(4) 溢流阀的应用

直动型溢流阀一般只能用于低压小流量液压系统中，当控制较高压力或较大流量时，需要选装刚度较大的弹簧或阀芯开启的距离较大，不但手动调节困难，而且阀口开度略有变化便会引起较大的压力波动，不能保证稳定的压力。先导型溢流阀适用于中、高压力，流量较大的液压系统。

溢流阀在液压系统中的主要应用有以下几种：

① 作溢流阀。在图5-28（a）所示用定量泵供油的节流调速回路中，当泵的流量大于节流阀允许通过的流量时，溢流阀使多余的油液流回油箱，此时泵的出口压力保持恒定。

② 作安全阀。在图5-28（b）所示由变量泵组成的液压系统中，用溢流阀限制系统的最高压力，防止系统过载。系统在正常工作状态下，溢流阀关闭；当系统过载时，溢流阀打开，使压力油经溢流阀流回油箱。此时，溢流阀为安全阀。

③ 作背压阀。在图5-28（c）所示的液压回路中，溢流阀串联在回油路上，溢流产生背

压，使运动部件运动平稳性增加。

④ 作卸荷阀。在图 5-28（d）所示的液压回路中，在溢流阀的遥控口串接一小流量的电磁阀，当电磁铁通电时，溢流阀的遥控口通油箱，此时液压泵输出的油液从溢流阀的主阀直接流回油箱，实现液压泵无负载运转，即液压泵处于卸荷状态，溢流阀此时作为卸荷阀使用。

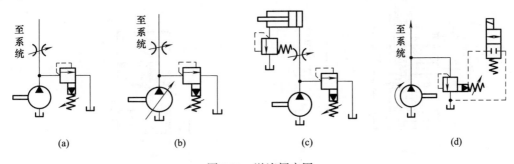

图 5-28　溢流阀应用

★学习体会：

5.2.2　减　压　阀

减压阀是使其出口压力低于进口压力，并使出口压力可以调节的压力控制阀。在液压系统中减压阀用于降低或调节系统中某一支路的压力，使用一个液压泵能同时得到两个或几个不同的压力。减压阀在各种液压设备的夹紧系统、润滑系统和控制系统中应用较多，此外，当油液压力不稳定时，在回路中串入一个减压阀可以得到一个稳定的较低的压力。

减压阀按其工作原理也有直动型和先导型之分。按其调节性能又分为保证出口压力为定值的定值减压阀；保证进出口压力差不变的定差减压阀；保证进出口压力成比例的定比减压阀。其中，定值减压阀应用最广，简称减压阀。

（1）直动型减压阀

① 直动型减压阀结构原理。图 5-29（a）所示为直动型减压阀的工作原理，图 5-29（b）所示为直动型或一般减压阀图形符号。当阀芯处在原始位置上时，它的阀口是打开的，阀的进、出油口相通。这个阀的阀芯由出口处 p_2 的压力控制，出口压力 p_1 未达到调定压力时阀口全开，阀芯不工作。当出口压力达到调定压力时，阀芯上移，阀口关小，减压阀处于工作状态。如果忽略其他阻力，仅考虑阀芯上的液压力和弹簧力相平衡的话，则可以认为出口压力基本上维持在某一固定值上。此时，如果出口压力减小，阀芯将下移，阀口开大，阀口处阻力减小，压力降也减小，则出口压力回升到调定值上。反之，如出口压力增大，则阀芯将上移，阀口关小，阀口处阻力加大，压力降增大，则出口压力下降到调定值上。

图 5-29 中的 L 为泄油口，其必须单独流回油箱，不允许接到液压系统回油管中，否则，

减压阀的阀芯上腔除了有弹簧力外还附加了液压力。

② 直动型减压阀的性能。减压阀工作原理如图 5-30 所示。理想的减压阀在进口压力、流量发生变化或出口负载变化时，其出口压力 p_2 应始终稳定不变。但实际上 p_2 是随 p_1 和 q 的变化或负载的变化而动态变化的。所以，减压阀的静态特性主要有 p_1-p_2 特性和 p_2-q 特性。

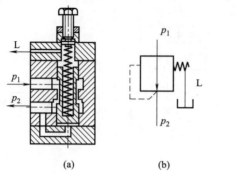
图 5-29 直动型减压阀

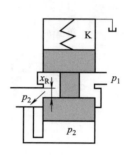
图 5-30 减压阀工作原理

若忽略减压阀阀芯的自重、摩擦力和稳态液动力，则阀芯上的力的平衡方程为：

$$p_2 A = K(X_c - X_R) \tag{5-3}$$

式中，X_c 为阀口开度 $X_R=0$ 时的弹簧的预压缩量，A 为阀芯的工作面积。

由此得

$$p_2 = \frac{K(X_c - X_R)}{A}$$

当 $X_R \ll X_c$ 时，则式（5-3）可写为：

$$p_2 = \frac{KX_c}{A} = \text{const}$$

如图 5-31 所示为减压阀静态特性曲线。其中图 5-31（a）、（b）分别为 p_1-p_2 特性曲线和 p_2-q 特性曲线。在图 5-31（a）的 p_1-p_2 特性曲线中，各曲线的拐点（转折点）是阀芯开始动作的点，拐点所对应的压力 p_2 即该曲线的调定压力。当出口压力 p_2 小于其调定压力时，$p_2=p_1$；当出口压力 p_2 大于其调定压力时，$p_2=$const。在图 5-31（b）的 p_2-q 特性曲线中，当 $p_1=$const 时，随着 q 的增加，p_2 略有下降，且 p_1 大则 p_2 下降得少，但总的来说下降得不多，且 p_2 是可调的。

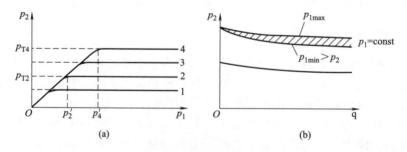
图 5-31 减压阀静态特性

当减压阀的出油口处不输出油液时，它的出口压力基本上仍能保持恒定，此时有少量的油液通过减压阀开口经先导阀和泄油口流回油箱，保持该阀处于工作状态。

(2) 先导型减压阀

如图 5-32（a）所示为先导型减压阀结构图，图 5-32（b）为先导型减压阀的图形符号。与先导型溢流阀类似，它也是由先导阀和主阀两部分组成。图中 p_1 为进油口，p_2 为出油口，压力油通过主阀芯 4 下端经油槽 a、主阀芯内阻尼孔 b，进入主阀芯上腔 c 后，经孔 d 进入先导阀前腔。当减压阀出口压力 p_2 小于调定压力时，先导阀芯 2 在弹簧作用下关闭，主阀芯 4 上下腔压力相等，在弹簧的作用下，主阀芯处于下端位置。此时，主阀芯 4 进出油口之间的通道间隙 e 最大，主阀芯全开，减压阀进出口压力相等。当减压阀出口压力达到调定值时，先导阀芯 2 打开，压力油经阻尼孔 b 产生压差，主阀芯上下腔压力不等，下腔压力大于上腔压力，其差值克服主阀弹簧 3 的作用使阀芯抬起。此时通道间隙 e 减小，节流作用增强，使得出口压力 p_2 低于进口压力 p_1，并保持在调定值上。

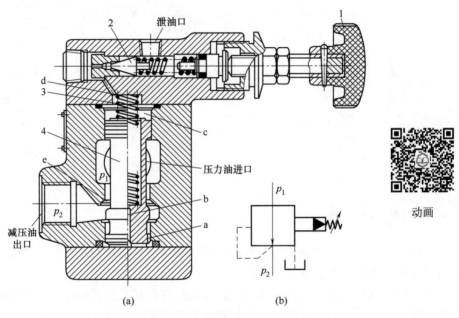

图 5-32 先导型减压阀
1—手轮；2—先导阀芯；3—主阀弹簧；4—主阀芯

通过调节手轮 1，可以调节先导阀弹簧的预压缩量，从而使先导阀控制主阀芯前腔的压力，进而调节主阀芯的开口位置，调节出口压力。由于减压阀出口为系统内的支油路，所以先导阀上腔的泄漏油必须单独接油箱。

★学习体会：

(3) 减压阀的应用

从减压阀的结构原理可知，减压阀在液压系统中可以起到减压和稳压的作用。因此，减压阀常用于以下回路：

① 减压回路。图 5-33（a）所示为减压回路，在主系统的支路上串联一个减压阀，用以降低和调节支路液压缸的最大推力。

② 稳压回路。如图 5-33（b）所示，当系统压力波动较大，液压缸需要有较稳定的输入压力时，可以在液压缸进油路上串联一减压阀，在减压阀处于工作状态时，可使液压缸的压力不受溢流阀压力波动的影响。

③ 单向减压回路。当执行元件需要正、反向压力不同时，可采用图 5-33（c）所示的单向减压回路。图中用双点画线框起的单向减压阀是具有单向阀功能的组合阀。

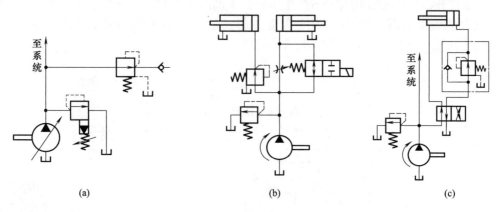

图 5-33　减压阀的应用

5.2.3　顺　序　阀

顺序阀是以压力为控制信号，自动接通或断开某一支路的液压阀。由于顺序阀可以控制执行元件顺序动作，由此称之为顺序阀。

顺序阀按其控制方式不同，可分为内控式顺序阀和外控式顺序阀。内控式顺序阀直接利用阀的进口压力油控制阀的启闭，一般称之为顺序阀。外控式顺序阀则利用外来的压力油控制阀的启闭，称之为液控顺序阀。按顺序阀的结构不同，又可分为直动型顺序阀和先导型顺序阀。

（1）直动型顺序阀

图 5-34（a）所示为一种直动型内控顺序阀的原理图，图 5-34（b）是直动型内控顺序阀的图形符号，图 5-34（c）是直动型外控顺序阀的图形符号。压力油由进油口经阀体 4 和下盖 7 的小孔流到控制活塞 6 的下方，使阀芯 5 受到一个向上的推力。当进口油压较低时，阀芯 5 在弹簧 2 的作用下处于下部位置，这时进、出油口不通。当进口油压力增大到预调的数值以后，阀芯底部受到的推力大于弹簧力，阀芯上移并形成开口，进出油口连通，压力油经过阀口从顺序阀通过。顺序阀的开启压力可以用调压螺钉 1 来调节。由于控制活塞的直径很小，因而阀芯受到向上的推力不大，所用的平衡弹簧就不需太硬，这样可以使顺序阀在较高的压力下工作。

尽管顺序阀在结构上与溢流阀十分相似，但在性能和功能上却有很大区别：溢流阀出口接入油箱，顺序阀出口接入液压回路中；溢流阀采取内部泄漏，顺序阀一般采用外泄漏；溢流阀主阀芯台肩与阀体的密封带小，顺序阀主阀芯台肩与阀体的密封带大；溢流阀工作时阀口处于半开启状态，主阀芯开口处节流作用强，顺序阀打开时阀芯处于全开启状态，主通道节流作用弱。

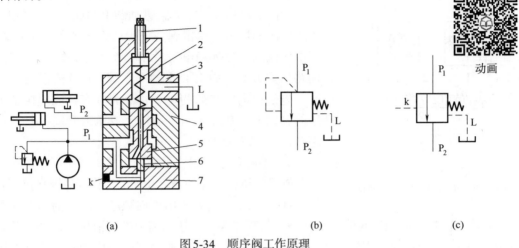

图 5-34　顺序阀工作原理

1—调压螺钉；2—弹簧；3—阀盖；4—阀体；5—阀芯；6—控制活塞；7—下盖

(2) 先导型顺序阀

图 5-35（a）所示为先导型顺序阀结构图，图 5-35（b）为先导型顺序阀图形符号。该顺序阀由主阀与先导阀组成。压力油从进油口 P_1 进入，经通道进入主阀下端，经阻尼孔和先导阀后由泄漏口 L 流回油箱。当系统压力不高时，先导阀关闭，主阀芯两端压力相等，复位弹簧将主阀芯推向下端，顺序阀进出油口关闭；当压力达到调定值时，先导阀打开，压力油经阻尼孔时形成节流，在主阀芯两端形成压差，此压力差克服弹簧力，使主阀芯抬起，进出油口打开。

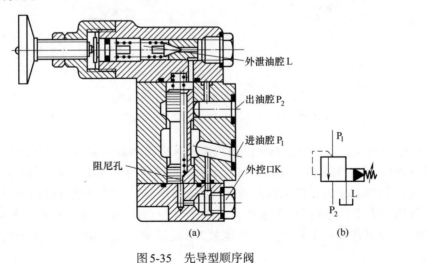

图 5-35　先导型顺序阀

(3) 顺序阀的应用

在液压系统中，顺序阀主要有以下几种使用场合：

① 实现执行元件的顺序动作。如图 5-36 所示为使用顺序阀实现顺序动作的液压回路。该回路的动作顺序为 ①→②→③→④。电磁换向阀 1YA 得电，油缸 A 缸先动作，油缸 B 缸后动作。B 缸进油路上串联一个单向顺序阀，将顺序阀的压力值调定到高于 A 缸活塞移动时的最高压力。当电磁阀的电磁铁通电时，A 缸活塞先动作，动作完成后，油路压力升高，打开 D 中的顺序阀，B 缸活塞动作。回程时，电磁换向阀 2YA 得电，由于 A 缸有杆腔串接了单向顺序阀，因此，B 缸先回，动作完成压力升高，打开 C 中顺序阀，A 缸完成回程。

② 单向顺序阀用作平衡阀。平衡回路可以防止垂直或倾斜放置的执行元件和与之相连的工作部件因自重而自行下落。如图 5-36 所示为采用单向顺序阀的平衡回路。图 5-37 (a) 为采用内控单向顺序阀的平衡回路，其顺序阀调定压力需要按照液压缸活塞的负载进行调节；图 5-37 (b) 为采用外控单向顺序阀的平衡回路，顺序阀的开启受外界油路的压力控制，与液压缸活塞承受的负载无关。外控单向顺序阀平衡回路运动平稳，平衡重力的效果良好，广泛应用在吊车、混凝土泵车的臂架支撑液压系统中。

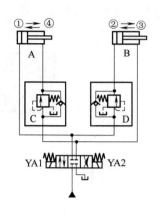

图 5-36 单向顺序阀的平衡回路

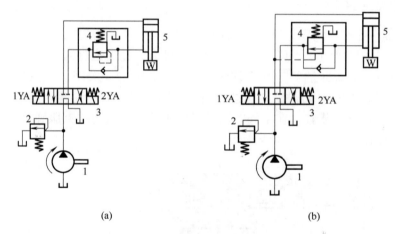

图 5-37 单向顺序阀用作平衡阀
1—液压泵；2—溢流阀；3—电磁换向阀；4—平衡阀；5—单杆杠

③ 用作卸荷阀。顺序阀在双泵供油快速回路中作为卸荷阀应用，如图 5-38 所示。液压缸快速运动时，低压大流量液压泵 1 和高压小流量液压泵 2 同时向系统供油，此时供油压力小于顺序阀 3 的控制压力；当二位四通换向阀 6 通电时，在液压缸的回油路串接了可调节流阀 7，系统压力大于顺序阀 3 的控制压力，顺序阀 3 打开，单向阀 4 关闭，液压泵 1 输出的油液，经顺序阀 3 卸荷流回油箱，只有液压泵 2 继续供油，先导溢流阀 5 用于调定高压小流量泵的压力。

④ 用作背压阀。在液压缸回油路上，串联一个单向顺序阀以增大油缸回油背压，如图 5-39 所示，使液压系统能够承受一定的负载，保证油缸运动速度的稳定。

溢流阀、减压阀、顺序阀的功能、结构比较见表 5-4。

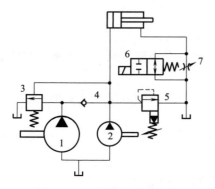

图5-38 双泵供油快速回路

1—低压大流量液压泵；2—高压小流量液压泵；3—顺序阀；
4—单向泵；5—溢流阀；6—换向阀；7—节流阀

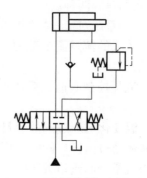

图5-39 顺序阀用作为背压阀

表5-4 溢流阀、减压阀、顺序阀的功能、结构

项目	溢流阀	减压阀	顺序阀
控制方式	控制进油路压力,保证进口压力 p_1 恒定	控制进油路压力,保证出口压力 p_2 恒定	直控型顺序阀是控制进油路的压力 p_1,液控式顺序阀由单独油路控制压力
出油口情况	通油箱	通减压回路	通工作油路
泄漏形式	内泄式	外泄式	外泄式
进出油口状态	常闭	常开	常闭
功能	限压、保压、稳定	减压、稳压	利用压力变化控制油路的通断
结构	结构大体相同,只是泄油回路不同		

★学习体会：

5.3 流量控制阀

5.3.1 流量控制阀概述

（1）流量控制阀的分类

液压系统中执行元件运动速度的大小，由输入执行元件的油液流量的大小来确定。流量控制阀就是依靠改变阀口通流面积的大小或通道的长短来控制流量的。常用的流量控制阀分

为节流阀和调速阀两种。

液压传动系统对流量控制阀的主要要求有：

① 有较大的流量调节范围，且流量调节均匀，在小流量时不易堵塞，这样能得到较小的稳定流量。

② 当流量控制阀前、后压力差发生变化时，通过阀的流量变化要小，以保证负载运动的稳定。

③ 油温变化对通过阀的流量影响要小。

④ 液流通过全开口阀时，压力损失要小。

⑤ 当流量控制阀口关闭时，阀的泄漏量要小。

(2) 节流口结构形式与流量特性

① 节流口结构形式。任何一个流量控制阀都有一个节流部分，称为节流口。改变节流口的通流面积就可以改变通过节流阀的流量。如图5-40所示为节流口的几种结构形式。

a. 针阀式节流口。如图5-40（a）所示为针阀式节流口，针阀作轴向移动时，调节了环形通道的大小，改变了液体流经节流口时所产生的阻力，改变了流量。这种结构形式加工简单，但是节流口通道较长，容易堵塞，受温度影响也较大，一般用于节流特性要求较低的场合。

b. 偏心式节流口。如图5-40（b）为偏心式节流口，在阀芯上开一个截面为三角形或矩形的偏心槽，当转动阀芯时，可以改变通道的大小。这种节流口的结构比较简单，节流口通道较长，容易堵塞。但由于通流截面是三角形，所以能够获得较小的稳定流量。

c. 轴向三角槽式节流口。如图5-40（c）所示为轴向三角槽式节流口，在阀芯端部开有一个或两个斜的三角槽，轴向移动阀芯可以改变通流截面的大小。这种节流口具有结构简单，工艺性好，小流量时的稳定性好，调节范围大。但是节流通道也较长，温度的变化会影响流动稳定性。这种结构形式的节流口应用非常广泛。

d. 周向缝隙式节流口。如图5-40（d）所示为周向缝隙式节流口，阀芯的圆周上开有狭缝，油液可以通过狭缝流出。旋转阀芯可以改变缝隙的通流面积的大小。这种节流口可以做成薄刃结构，油温变化对流量影响较小，不易堵塞，因此也可以获得较小的稳定流量。但阀芯所受径向力不平衡，结构复杂，工艺性差，故只适用于低压节流阀。

笔记

e. 轴向缝隙式节流口。如图5-40（e）所示为轴向缝隙式节流口，在套筒上开有轴向缝隙，轴向移动阀芯可以改变通流面积大小。这种节流口可以做成单薄刃或双薄刃结构，流量对温度变化不敏感。在小流量时，流量稳定性较好，不易堵塞，故适用于性能要求较高的场合。但是节流口在高压作用下容易产生变形，使用时应注意结构的刚度。

② 节流口的流量特性。根据伯努利方程的理论进行推导和实验研究可知，不论节流口的形式如何，通过节流口的流量 q 都和节流口前后的压力差有关，其流量特性方程可以表示为：

$$q = KA_\mathrm{T} \Delta p^m \tag{5-4}$$

式中，q 为通过节流口的流量，mL/min；A_T 为节流口的通流面积，m²；Δp 为节流口前后的压差，Pa；K 为流量系数，它随节流口的形式和油液的黏度而变化；m 为节流口形状决定的指数，一般为 0.5~1 之间，近似薄壁孔时 $m=0.5$，近似细长孔时，$m=1$。

③ 影响节流小孔流量稳定性的因素。液压系统工作时，当节流口的通流面积调好后，要求通过节流口的流量稳定不变，以保证执行元件的速度稳定。但是实际上，有诸多因素影响

着节流口的流量稳定性。

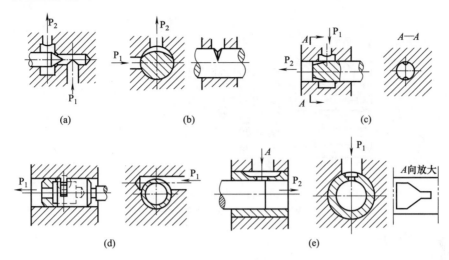

图 5-40 节流口形式

a. 负载变化。随负载的变化，节流口前后的压力差 Δp 也随之变化，同时通过它的流量 q 也要发生变化。从式（5-4）可知，m 值越大，Δp 变化对流量的影响也越大，而薄壁小孔 m 值最小，因此节流口常采用薄壁小孔。

b. 温度变化。油液温度的变化会引起油液黏度的变化，导致流量系数 K 的变化，从而使流量发生改变。节流口越长，则产生的影响越大。由于薄壁小孔的长度短，所以油液温度的变化对其流量影响很小。

c. 节流口堵塞。为了得到小流量的液流，节流阀很多时候都需要在小开口条件下工作。然而实验表明，当节流口小到一定程度时，节流口会被附着层全部堵塞而造成断流，这种情况就是所说的节流口堵塞。实验证明，通流面积越大，节流通道越短和水力半径越大，越不容易堵塞，流量稳定性也就越好。流量控制阀有一个保证正常工作的最小流量限制值，称为最小稳定流量。

5.3.2 节流阀

节流阀是通过改变通流截面或节流长度以控制液流流量的阀。节流阀可以在较大范围内以通过改变液流阻力来调节流量，进而改变进入液压缸的流量，实现对液压缸运动速度的调节。

按照节流阀功用的不同，可分为普通节流阀、单向节流阀、溢流节流阀、节流截止阀等多种。普通节流阀和单向节流阀最为常用。

（1）普通节流阀

如图 5-41 所示为普通节流阀的结构原理和图形符号，这种阀的节流口为轴向三角槽式。

当打开节流阀时，压力油从进油口 P_1 流入，经孔 a、阀芯左端的轴向三角槽、孔 b 后，由出油口 P_2 流出。阀芯 1 在弹簧力的作用下始终紧贴在推杆 2 的端部。旋转手轮 3，可使推杆沿轴向移动，改变节流口的通流截面积，从而调节通过阀的流量。

这种节流阀结构简单、制造容易、体积小、使用方便，但负载和温度的变化对流量稳定性的影响较大，故只适用于负载和温度变化不大或速度稳定性要求不高的场合。

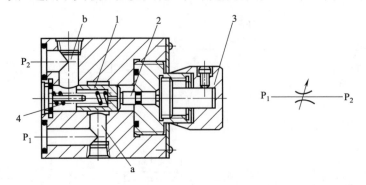

图 5-41　普通节流阀
1—阀芯；2—推杆；3—手轮；4—弹簧

（2）单向节流阀

如图 5-42 所示为 MK 型单向节流阀的结构原理和图形符号，该阀是管式连接的单向节流阀，其节流口采用轴向三角槽式结构。

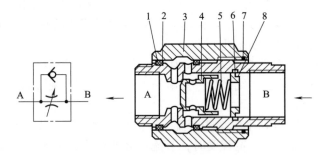

图 5-42　单向节流阀
1—密封圈；2—阀体；3—调节套；4—单向阀；5—弹簧；6，7—卡环；8—弹簧座

旋转调节螺母 3，可改变节流口通流面积的大小，以调节流量。正向流动时起节流阀作用；反向流动时起单向阀作用，这时由于有部分油液可在环形缝隙中流动，可以清除节流口上的沉积物。在阀体 2 左端有刻度槽，调节螺母 3 上有刻度，用以标志调节流量的大小。

5.3.3　调速阀

调速阀是由定差减压阀与节流阀串联而成。由于定差减压阀的自动调节作用，可使节流阀前后压差保持恒定，从而在节流阀开口一定的情况下使其流量基本不变。因此，调速阀具有调速和稳速的功能。调速阀常用于执行元件负载变化较大、速度稳定性要求较高的液压系统。其缺点是结构复杂，压力损失较大。

（1）调速阀工作原理

如图 5-43 所示为调速阀的工作原理及图形符号。其由定差减压阀 1 与节流阀 2 串联。压力为 p_1 的油液经减压阀口后，压力降为 p_2，并分成两路，一路经节流口流向调速阀的出口，另一路作用于减压阀阀芯的右端面。压力为 p_2 的油液经节流口降低为 p_3，将 p_3 引入到减压阀芯有弹簧端的左侧。这样节流阀口前后的压力油分别作用到定差减压阀阀芯的右端和左端。

定差减压阀芯两端的作用面积A相等,设弹簧力为F_s,则当减压阀芯处于稳态工作时,阀芯的力平衡方程为(忽略摩擦力等):

$$p_3 A + F_s = p_2 A$$
$$p_2 - p_3 = \Delta p = \frac{F_s}{A} \tag{5-5}$$

式(5-5)表明,节流口前后的压力差Δp始终与减压阀芯的弹簧力相平衡而保持不变,即通过调速阀的流量不变。

定差减压阀在负载变化时,进行压力补偿的过程为:负载增加,使调速阀的出口压力增大的瞬间,减压阀芯失去力平衡而右移;于是减压阀口增大,通过减压阀口的压力损失减少,使p_2也增大;结果使p_2与p_3的差值Δp基本不变,从而流量保持不变。同理,若负载不变,而p_1发生变化,也可以使p_2与p_3的差值Δp基本保持不变。当然,从一个平衡状态转变到新的平衡状态时,会经过一个动态过程。

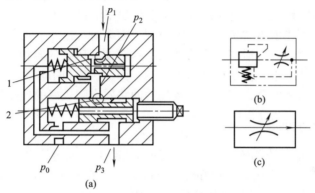

图5-43 调速阀工作原理图和图形符号
1—减压阀阀芯;2—节流阀阀芯

由于调速阀具有压力补偿的功能,当负载发生变化时,能使其流量基本保持不变,所以它适合于负载变化较大或对调速稳定性要求较高的场合,如各类组合机床、车床、铣床等设备的液压系统。

当调速阀的出口堵住时,其节流阀两端压力相等,减压阀芯在弹簧力的作用下移至最左端,减压阀开口最大。当调速阀出口突然打开时,因减压阀口来不及关小,不起减压作用,将导致瞬时流量增加,使液压缸产生前冲现象。因此,有些调速阀装有能调节减压阀阀芯行程的限位器,以限制和减小这种起动时的冲击。

(2)流量特性和最小压差

如图5-44所示为调速阀与节流阀的特性曲线,它表示了两种阀的流量q随阀进、出油口两端压力差Δp的变化规律。从图中看出,节流阀的流量随着压力差Δp的变化而近似按平方根曲线规律变化,而调速阀在压力差Δp大于一定值(如图中Δp大于a点数值)后,其流量基本是恒定的。当调速阀压力差很小时,如图5-44中小于a点前的数值,减压阀芯被弹簧压向右端,阀口全开,减压阀不起作用,这时调速阀的特性就和节流阀相同。所以调速阀正常工作时,至少应保证有0.4~0.5MPa的压力差。

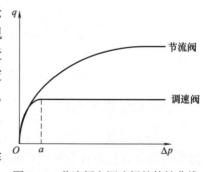

图5-44 节流阀和调速阀的特性曲线

5.3.4 流量控制阀的应用

节流阀是简易的流量控制阀，它们在定量泵液压系统中的主要作用是与溢流阀配合，组成三种节流调速回路：即进口节流调速回路、出口节流调速回路和旁路节流调速回路。

(1) 进口节流调速回路

如图 5-45 所示，将节流阀连接在定量泵和液压缸的进油口之间，通过调节节流阀开口的大小来达到调速的目的，即调节液压缸的运动速度。在这个回路中，定量泵输出的多余油液通过溢流阀流回油箱。由于溢流阀有溢流，泵的出口压力 p 为溢流阀的调定压力并保持定值，这也是进口节流调速回路能够正常工作的条件。进口节流调速回路的机械特性（速度-负载特性）较软，运动稳定性较差，能够承受的最大负载由溢流阀调定的压力决定，属于恒牵引力调节，调速范围较大，可达 100 以上。系统功率消耗与负载、速度无关，低速、轻载时效率低、发热大，不能承受"负方向"的负载，起动时冲击小。由于经节流阀后发热的油液直接进入液压缸，对液压缸泄漏的影响较大，这会使液压缸的容积效率变低、速度的稳定性变差。停车后起动冲击小，便于实现压力控制。因此，进口节流调速回路适用于负载不变或变化很小的低速小功率场合，容易获得较高的回路效率和较好的速度稳定性。

(2) 出口节流调速回路

如图 5-46 所示，将节流阀连接在液压缸的回油路上，通过调节节流阀开口的大小来达到调速的目的。节流阀安装在液压缸和油箱之间，可以在液压缸的回油腔形成一定的背压，能承受一定的负值负载。节流阀在回油路上产生阻尼，使回油路上产生一定背压，因此提高了执行元件的运动稳定性。经节流阀后发热的油液直接回油箱，工作油液得到了冷却。在出口节流调速回路中，若系统停止时间较长，液压缸回油腔中会泄漏掉少部分油液，形成空隙。重新起动时，液压泵全部流量进入液压缸，使活塞以较快速度前冲一段距离，直到消除回油腔中的空隙并重新形成背压为止，这种现象叫作起动冲击，压力控制不方便，很可能造成零部件的损坏。

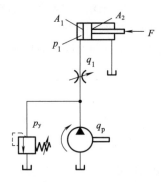

图 5-45 进口节流调速回路

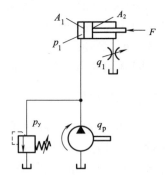

图 5-46 出口节流调速回路

(3) 旁路节流调速回路

如图 5-47 所示，将节流阀与液压缸并联安装，使油泵输出的油液一部分进入液压缸，另外一部分直接通过节流阀流回油箱，通过调节节流口的大小来调节流量的分配，从而实现对液压缸速度的调节。由于在这种回路中溢流阀只有在系统负载过大时才开启溢流，所以液压泵的出口压力是随工作压力变化的,其最大值由溢流阀调定。这种调速回路的机械特性比进口节流调速的机械特性更软,其运动平稳性也不如进口节流和出口节流回路。从承载特性看,最大负载随节流阀开口增大而减小,低速时承载能力差;从调速范围看,由于这种调速回路在低速时稳定性差,承载能力小,所以调速范围小;从功率特性看,其功率消耗与负载成正比,相对于进、出口节流调速来说,旁路节流调速回路效率要高得多;另外,旁路节流调速回路不能承载负方向负载,系统停止运行后,重新起动时冲击大。所以这种调速回路适用于功率较大而对速度稳定性要求不高的场合。

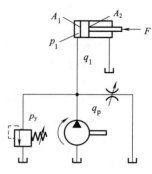

图5-47 旁路节流调速回路

(4) 进口节流调速和出口节流调速回路的比较

进口节流调速回路和出口节流调速回路在速度负载特性、承载能力和效率等方面性能是相同的,但在以下几个方面也存在差异:

① 承受负值负载能力。进油路节流调速回路不能承受负值负载。如果要使其承受负值负载,就必须在回油路上增加背压阀,使执行元件在承受负值负载时其进油腔内的压力不致下降到零,甚至形成真空。

② 运动平稳性。在出口节流调速回路中,液压缸回油腔的背压与运动速度的平方成正比。背压形成的阻尼力不但有限速作用,且对运动部件的振动有抑制作用,有利于提高执行元件的运动平稳性。因此,就低速平稳性而言,出口节流调速优于进口节流调速,出口节流调速的最低稳定速度较进口节流调速低。

③ 回油腔压力。出口节流调速回路中回油腔压力较高,这样就会使油缸密封件摩擦力增加,从而降低密封件寿命。

④ 油液发热对泄漏的影响。出口节流调速回路中,油液流经节流阀时产生能量损失并且发热,然后流回油箱,通过油箱散热冷却后再重新进入油泵和液压缸。在进口节流调速回路中,经节流阀后发热的油液直接进入液压缸,对液压缸泄漏影响较大,从而影响速度的稳定性。

⑤ 起动时前冲。出口节流调速回路中,起动冲击较大,而这种起动时产生的前冲现象可能损坏零部件。进口节流调速起动冲击较小,优于出口节流调速回路。

知识重点ppt

★学习体会:

李万君坚定信念,追求焊接技术最高端

"技能报国"是他终生凤愿,"大国工匠"是他至尊荣光。他从一名普通焊工成长为中国高铁焊接专家,是"中国第一代高铁工人"中的杰出代表,是高铁战线的"杰出工匠",被誉为"工人院士""高铁焊接大师"。为了在外国对中国高铁技术封锁

续表

面前实现"技术突围",他凭着一股不服输的钻劲儿、韧劲儿,积极参与填补国内空白的几十种高速车、铁路客车、城铁车转向架焊接规范及操作方法,先后进行技术攻关100余项,其中21项获国家专利,《氩弧半自动管管焊操作法》填补了中国氩弧焊焊接转向架环口的空白。专家组以他的试验数据为重要参考编制了《超高速转向架焊接规范》。他研究探索出的"环口焊接七步操作法"成为公司技术标准。

5.4 职业技能

5.4.1 液压控制阀选用

液压控制阀,国内外生产厂家众多,种类和规格繁多,如何合理、科学地选用液压控制阀,既要考虑液压控制阀的成本因素,更要综合考虑其性能、参数、结构、效率等多方面因素。通常要认真阅读比较各厂家的方向控制阀、压力控制阀和流量控制阀的产品样本,按照设备的工艺要求,考虑参数的调整范围和极限使用条件,同时考虑留出一定的余量,来调定液压控制阀性能参数和结构参数,否则使用的数值超出范围,必然缩短液压控制阀的使用寿命和可靠性,造成设备过早出现故障现象,对安全、高效生产和人身设备安全构成巨大隐患。在选用液压控制元件时,要充分考虑现场实际条件下,进行择优选取。下面介绍常用的液压控制阀的选用应用技巧。

(1) 方向控制阀选用

① 需考虑的因素

a. 额定压力。必须使所选方向阀的额定压力与液压系统工作压力相匹配,液压系统的最大压力应低于方向阀的额定压力。

笔记

b. 额定流量。流经方向控制阀的最大流量,一般不应大于阀的额定流量。有的公司将方向阀的通流能力用流量与压差的关系曲线表示,因此在选用时需要根据这些性能曲线来确定是否满足液压系统的需要。

c. 滑阀机能。不同滑阀机能的换向阀常态时,各油口的通断状态是不一样的,对滑阀的机能特点要十分了解,根据液压系统的需求合理选用常态位,保证液压系统卸荷、液压执行元件的锁紧、液压控制油液的卸荷等要求,同时,还要考虑方向控制阀的过渡滑阀机能,最后确定合理的滑阀机能。

d. 操作方式。操作方式应根据设备功能需要,选择合适的操纵方式,如:手动、机动(如凸轮、杠杆等)、电磁、液动、电液动等。

e. 整体式与分片式。一些方向阀特别是多路阀,其阀体有整体式与分片式之分,叠加阀也是分片式。

f. 其他因素。除以上的因素外,还应考虑介质相容性、方向阀响应时间、安装和连接方式、进出油口形式等。另外,产品的质量与价格、使用寿命、厂家的服务与信誉等也是在方向阀选用时需要综合考虑的。

② 单向阀选用。单向阀可分为普通单向阀和液控单向阀。普通单向阀只允许油液往一

个方向流动，反向截止。液控单向阀在外控液压油作用下，反方向也可流动。充液阀的功能是从油箱（或充液油箱）向液压缸或系统补充油液，以免出现吸空现象。带控制的充液阀还能起快速排油的作用。

a. 选用液控单向阀时，不要忽略液控单向阀所需要的控制压力，此外，还应考虑系统压力变化对控制油路压力变化的影响，以免出现误开启。

b. 在油流反向出口无背压的油路中可选用内泄式，以降低控制油的压力，而外泄式的泄油口必须无压回油，否则会抵消一部分控制压力。如图5-48所示为液控单向阀装在单向节流阀的后部，反向出油腔油流直接接回油箱，背压很小，可采用内泄式结构。图5-49中的液控单向阀安装在单向节流阀前部，反向出油腔通过单向节流阀接回油箱，背压很高，采用外泄式结构为宜。

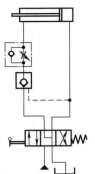
图5-48 内泄式液控单向阀使用回路

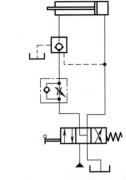
图5-49 外泄式液控单向阀使用回路

③ 换向阀选用

a. 根据系统工艺要求，选择合适的常态位滑阀机能、位通数和控制方式。

b. 选定换向阀的最大流量和最高工作压力，使用范围在额定范围之内，同时关注阀口的压力损失大小，择优选用阀口压力损失小的换向阀，否则能量损失太大，易引起发热和噪声。

c. 换向阀的控制方式要合理选用。对于简单的液压系统常采用手动换向阀，复杂的液压系统采用电磁换向阀，对于中等流量的液压系统常采用液动阀或电液换向阀，对于大流量液压系统常采用二通插装阀等。

(2) 压力控制阀选用

① 溢流阀选用

a. 溢流阀调定压力的选择。溢流阀的调定压力就是液压泵的供油压力，即

$$p_1 \geqslant p + \sum \Delta p \tag{5-6}$$

式中，p_1为溢流阀的调定压力，Pa；p为液压系统执行元件的最大工作压力，Pa；$\sum \Delta p$为液压系统总的压力损失，即溢流阀的调定压力必须大于执行元件的工作压力和系统损失之和。

如果溢流阀在系统中起安全作用，则溢流阀的调定压力应按下式计算：

$$p_1 \geqslant (1.05 \sim 1.1) p + \sum \Delta p$$

b. 溢流阀的流量选择。溢流阀流量应按液压泵的额定流量进行选择，即作溢流阀和卸荷阀用时不能小于液压泵的额定流量，作安全阀用时可小于液压泵的额定流量。对于接入控制油路上的各类压力阀，由于通过的实际流量很小，可以按照该阀的最小额定流量规格选取。

c. 根据系统性能要求选择溢流阀。低压液压系统可以选用直动型溢流阀，而中高压系统应选用先导型溢流阀。根据空间位置、管路布置等情况合理选用板式、管式或叠加式连接的溢流阀。根据系统要求，按溢流阀性能曲线进行选用，如溢流阀的启闭特性、灵敏度、压力超调、外泄漏量等关系到系统的静、动态特性，因此在定量泵调速系统中应选择压力超调小、启闭特性好的溢流阀。

② 减压阀选用。在进行减压阀的选用时，主要依据它们在系统中的作用、额定压力、最大流量、工作性能参数和使用寿命等。通常主要按照液压系统的最大压力和通过减压阀的流量进行选择。同时，在使用中还需要注意以下几点：

a. 减压阀的调定压力应根据其工作压力而决定，减压阀的流量规格应由实际通过该阀的最大流量决定，在使用中不宜超过额定流量。

b. 不要使通过减压阀的流量远小于其额定流量，否则，易产生振动或其他不稳定现象。

c. 接入控制油路中的减压阀，由于通过的实际流量很小，可按照该阀最小额定流量规格选取，使液压装置结构紧凑。

d. 根据系统性能要求选择合适的减压阀结构形式，如低压系统可选用直动型压力阀，而中高压系统应选用先导型压力阀；根据空间位置、管路布置等情况选用板式、管式或叠加式连接。

e. 减压阀的各项性能指标对液压系统都有影响，可根据系统的要求按照产品性能曲线选用减压阀。

f. 应保证减压阀的最低调节压力，使减压阀进、出口压力之差保持在0.3~1MPa。

③ 顺序阀选用。在选用顺序阀时，主要依据它们在液压系统中的作用、额定压力、最大流量、工作性能参数和使用寿命等。通常在顺序阀使用时要注意以下几点：

a. 顺序阀的规格主要根据该阀的最高工作压力和最大流量来选取。

b. 用于控制油路上的顺序阀，由于通过的实际流量很小，因此可按该阀的最小额定流量规格选取，使液压装置结构紧凑。

c. 根据系统性能要求选择顺序阀的结构形式，如低压系统可选用直动型压力阀，而中高压系统应选用先导型压力阀。根据空间位置、管路布置等情况选用板式、管式或叠加式连接的压力阀。

d. 根据液压系统的性能要求，可以按照顺序阀的性能曲线选用。

e. 顺序阀用在顺序动作回路中时，其调定压力应比先动作的执行元件的工作压力至少高0.5MPa，以免压力波动产生误动作。

(3) 流量控制阀选用

① 流量控制阀选用原则。根据液压系统的要求选定流量控制阀的类型之后，可按下列原则对流量控制阀进行选择。

a. 额定压力。系统工作压力的变化必须在流量阀的额定压力之内。

b. 最大流量。能满足在一个工作循环中所有的流量范围，通过流量控制阀的流量应小于该阀的额定流量。

c. 流量控制形式。要求用节流还是用调速阀，是否有单向流动控制要求等。

d. 流量调节范围。应满足系统要求的最大流量及最小流量，流量控制阀的流量调节范围应大于系统要求的流量范围。在选择节流阀和调速阀时，还需注意所选阀的最小稳定流量应满足执行机构的最低稳定速度的要求。

e. 流量控制精度。流量阀能否满足被控制系统的流量精度，特别要注意在小流量时控制精度是否满足要求。

f. 是否需要压力补偿和温度补偿。根据液压系统工作条件及流量的控制精度要求决定是否选择带压力补偿和温度补偿的流量控制阀。

g. 安装及连接方式，安装空间与尺寸。

② 流量控制阀使用中的注意事项

a. 起动时的冲击。当调速阀的出口堵住时，其节流阀两端压力相等，减压阀芯在弹簧力的作用下移至最左端，阀开口最大。因此，当调速阀出口迅速打开时，其出油口与油路接通的瞬时，出口压力突然减小。而减压阀口来不及关小，不起控制压差的作用，将导致通过调速阀的瞬时流量增加，出现液压缸前冲现象。

b. 最小稳定压差。由节流阀与调速阀的流量特性曲线图5-50可知，当调速阀前后压差大于最小值Δp_{min}时，其流量稳定不变，即特性曲线为一水平直线。当其压差小于Δp_{min}时，减压阀未起作用，故其特性曲线与节流阀特性曲线重合，此时的调速阀相当于节流阀。因此，在使用中需要使调速阀两端的压差稍大于Δp_{min}，使调速阀工作在水平直线段。调速阀的最小压差约为0.5~1MPa。

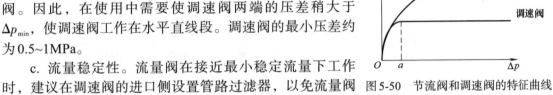

图5-50 节流阀和调速阀的特征曲线

c. 流量稳定性。流量阀在接近最小稳定流量下工作时，建议在调速阀的进口侧设置管路过滤器，以免流量阀阻塞而影响流量的稳定性。

5.4.2 液压控制阀型号介绍

液压控制阀国内外生产厂家很多，型号的编制各个厂家都参照一定的标准进行，标准包括国际标准、国家标准、行业标准以及企业标准等，不管参照哪种标准编制，一个型号只代表每种元件独立的设计系列、性能、结构特点。在选择液压控制元件时，型号中的每一个字母和数字都代表一定的意义，一般不能省略或缺失，否则，选购的元件就存在不确定性，给使用造成麻烦。

以立新牌电磁换向阀型号4WE6H-L65/0EG24NZ5L/B08V为例进行型号含义介绍，其中，4代表4通，油口为4个；WE代表电磁换向阀；6代表此阀的通径6mm；H代表中位机能是H形；L65为系列号，此外L60~L69系列安装和连接尺寸保持不变；0代表无弹簧复位，此外0F代表无弹簧复位且带有定位机构，当无标记时为弹簧复位；E代表电磁铁螺纹连接；G24代表24V直流；N代表带手动应急操作按钮；Z5L代表方型插头带灯，B08代表节流孔直径为0.8mm，此外B10代表节流孔直径为1.0mm，无标记时代表无插装节流器；V代表氟橡胶密封，此外无标记代表丁腈橡胶密封。

5.4.3 液压控制阀调试

（1）溢流阀的调试

如图5-51所示中溢流阀作为主泵系统压力保护。对液压系统压力调定上限值，未超过设定限值时，溢流阀关闭不溢流；超过限值时溢流阀将打开溢流，油液溢流回油箱。下面将介绍溢流阀作为安全卸荷阀的简要调试步骤。

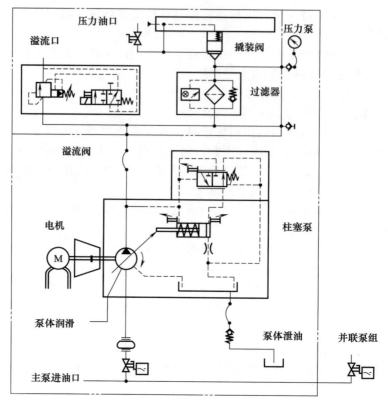

图5-51 溢流阀压力调整图

① 溢流阀的压力值为系统内所有元件设定的最高值,在初始调试时首先调节溢流阀的设定值。

② 首先将主泵与系统其他元件隔离避免相互影响,如蓄能器、过滤器等。此系统溢流阀和主泵减压阀同步调整。

③ 一般在系统管路连接两块压力表(两块互相校正),作为系统压力调整的显示值。

④ 在启动主泵前将溢流阀的调压锁母松开,调压手柄完全松开,启动主泵,不能一次调整到溢流阀压力设定值,按照5MPa一档分级慢慢匀速调整,每档保持3~5分钟,系统压力稳定无异常后,再调整到下一档,直至调整到溢流阀的设定值后再将主泵压力值降低到系统压力工作值,调整好后,将调压螺母锁紧。

注意:溢流阀设定值要高于系统工作压力值1~2MPa,避免因系统压力波动造成持续卸荷。

(2) 减压阀的调试

① 首先,一般在系统管路连接两块压力表(两块互相校正),一块显示系统压力值,另一块显示减压阀出口压力值。

② 减压阀调压手柄完全松开,按照5MPa一档分级慢慢匀速调整,每档保持3~5分钟,系统压力稳定无异常后,再调整到下一档,最后调整到减压阀的设定值,调整好后,将锁紧螺母锁紧。

(3) 顺序阀的调试

顺序阀的结构和动作原理与溢流阀相似,不同点在于,顺序阀出口直接连接执行元件,简易调试步骤如下：
① 参考原理图，了解执行元件动作先后顺序和速度以及系统压力值。
② 在顺序阀前后连接压力表。
③ 观察压力表变化，慢慢调整顺序阀到设定值。
④ 往复动作五次以上，观察是否符合设计要求。

注意：系统压力达不到顺序阀调定的压力时，顺序阀不能打开，所以顺序阀后面的回路中没有压力。当系统中先运动的执行元件导致压力升高，当压力上升到顺序阀调定压力时，顺序阀打开，顺序阀后的执行元件才运行。

（4）流量阀的调试

① 调试前要将流量阀调至开口度最小部位，同时保证系统安全阀正常使用。
② 参考原理图了解执行元件动作行程和时间。
③ 每次动作行程后匀速调整节流阀开口度。
④ 使用计时器记录执行元件运行的整个行程时间，一直到原理图要求的时间。
⑤ 往复动作五次以上，观察是否符合原理图要求。

注意：新系统调试时容易发生阀芯卡涩或者泄漏，不能调节或者失灵现象。

5.4.4 液压控制阀的故障诊断与维护

（1）方向控制阀的故障诊断与维护

方向控制阀常见的故障诊断和维护方法见表5-5。

表5-5 方向控制阀常见的故障诊断和维护方法

故障现象	故障诊断	维护方法
安装底面漏油	方向阀安装底面间留有异物	清除异物，检修密封面
	紧固螺栓强度等级有误或紧固扭矩小	检查更换同强度等级的螺栓，按标准扭矩用扭矩扳手紧固
	密封圈损坏	更换密封圈，重新按照标准扭矩紧固
换向阀不能换向	阀芯卡死（阀芯和阀体配合副敏感颗粒嵌入）	轻微卡死可以在电磁铁头部的应急按钮用外力推一下即可使阀芯重新运动；严重卡死需要用球墨铸铁制作研磨棒研磨去掉毛刺
	电磁换向阀的复位弹簧损坏或严重变形	更换复位弹簧
换向阀内泄漏严重	阀芯与阀孔配合副间隙过大	阀芯镀硬铬，用球墨铸铁制作研磨棒配充间隙
		更换新阀
液控单向阀无法反向开启	控制油孔阻塞	清除异物
单向阀失效	单向阀芯与阀座密封带损坏	将阀座凿出加工，更换阀芯，轻微损伤可以用金刚石研磨膏W25~40配研解决
	弹簧折断或发生塑性变形	更换复位弹簧

（2）压力控制阀的故障诊断与维护

① 压力控制阀常见的故障诊断和维护方法见表5-6。

表5-6 压力控制阀常见故障和维护方法

种类	故障现象	故障诊断	维护方法
溢流阀	液压系统无压力	主阀芯与阀座密封面损坏或有异物	清除异物,检修密封面
		主阀芯上阻尼孔阻塞	拆卸清洗,重新组装
		主阀芯复位弹簧损坏	更换弹簧
	调压低达不到额定压力	先导阀芯与阀座损坏(密封线不完整)	加工阀芯,用好阀芯配研阀座
		先导阀调压弹簧损坏或发生永久变形	更换新弹簧或在弹簧上加合适的垫圈
	溢流阀调压失灵,系统压力无限增大	先导阀进油口阻尼孔阻塞,相当于切除了先导阀,此时主阀上下腔压力相等,在主阀芯复位弹簧的作用下,始终保持在封闭状态	检查清除堵塞物
顺序阀	顺序阀失灵	主阀芯与阀孔配合密封带存有脏物或主阀芯卡死在进出口的位置上	拆卸清洗及时过滤或更换液压油
	顺序阀打不开	顺序阀的控制口阻塞	检查清除
减压阀	减压阀无法减压	主阀芯到先导阀的阻尼孔阻塞	检查清除
		主阀芯卡死在某一位置	检查修正毛刺,彻底清洗

下面重点介绍溢流阀的故障诊断与维护流程:

正常的溢流阀的进出油口在静态下是闭合的,也就是P口和T口不通,只有当达到其设定值后,才逐渐开启溢流阀,P口的油液经阀口溢流到T口。在溢流阀使用中常出现以下故障现象:

a. 无压力

(a) 流动到溢流阀阀口的液压油敏感颗粒嵌入阀芯和阀体配合副,造成主阀芯卡死,致使P口和T口连通;

(b) 主阀芯e孔阻塞不通,造成先导阀开启后,主阀芯不能复位,造成P口和T口连通;

(c) 先导阀的调压弹簧折断,造成导阀芯和导阀座密封失效。

b. 压力低于调定压力

(a) 压力调节螺钉、锁紧螺母松动造成压力下降;

(b) 压力调节复位弹簧发生塑性变形;

(c) 导阀座芯和阀座密封副疲劳破坏,造成微泄漏,致使主阀芯和阀座密封副开启微小间隙而泄漏。

② 溢流阀的故障诊断方法

a. 实验法:用盛有柴油的矿泉水瓶,向P口加入柴油,瞬间与T口相通,说明主阀芯与阀座处于开启位置,造成无压力;当P口加满柴油并不下降时,把一个合适的通径为300mm长的塑料管放入T口,并用棉布或卫生纸封闭好,用嘴向T口吹气,当P口有微小气泡析出时,说明先导阀芯和阀座有微小的缝隙,当有很多的大气泡时,说明先导阀调压弹簧折断。

b. 拆卸检测法:将可疑溢流阀进行分解,检查主阀芯和阀座配合副是否有如下情况:异物、损坏等,检查主阀芯上阻尼孔是否堵塞,检查主阀芯复位弹簧是否变形、折断,检查先导阀芯和阀座是否疲劳损坏,检查调压弹簧是否变形、折断,检查先导阀座上阻尼孔是否堵塞。

溢流阀故障诊断及排除微视频

如图5-52（a）所示，某钢厂一设备液压原理图，在使用中出现压力低报警故障，该回路中溢流阀（编号2）液压缸两腔的压力保护设定安全开启值为31.5MPa，压力传感器（编号1）设定报警值为22MPa。

在使用过程中，压力传感器（编号1）多次发生压力低报警，复位后未发现异常，现场检查压力值正常25MPa，应用拆卸检测法，发现调节弹簧尾端折断。更换弹簧后未再发生压力波动现象，如图5-52（b）所示。

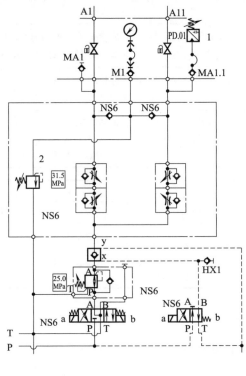

(a)

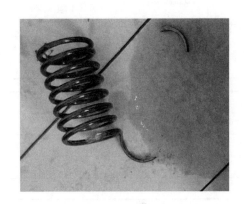

(b)

图5-52　溢流阀故障

（3）流量控制阀的故障诊断与维护

流量控制阀使用中常见的故障主要有流量调节失灵、流量不稳定和内泄漏量增大三种，其故障原因及排除的方法为：

① 流量调节失灵。主要原因是节流阀芯径向卡住，这时应进行清洗并排除脏物。

② 流量不稳定。节流阀和单向节流阀调节好并锁紧后，出现流量不稳定现象，尤其在小流量时容易发生。这主要是锁紧装置松动、节流口部分堵塞、油温升高、负载变化等引起的。这时应采取拧紧锁紧装置、油液过滤、加强油温控制和尽可能使负载变化小或不变化等措施。

③ 泄漏量增加主要是密封面磨损过大造成的，应更换阀芯。流量阀在使用中由于密封装置损坏、弹簧老化和油液污染等原因，可能出现调节节流阀手柄流量无变化、流量不稳定和执行元件的运动速度不稳定等问题。

节流阀和调速阀由于结构不同，其故障原因和排除方法也会有一定差异，它们的常见故障与排除方法见表5-7。

表 5-7　流量阀常见故障及排除方法

	故障现象	故障诊断	维护方法
节流阀	流量调节失灵	密封失效；弹簧失效；油液污染致使阀芯卡阻	拆检或更换密封装置，更换弹簧；拆开清洗阀或换油
	流量不稳定	锁紧装置松动；节流口堵塞；泄漏量过大；油温过高；负载压力变化过大	调节锁紧螺钉；拆洗节流阀；检查阀芯和密封；降低油温；尽力使负载少变化
	行程节流阀不能压下或不能复位	阀芯卡阻或泄油口堵塞致使阀芯反力过大；弹簧失效	拆检或更换阀芯；泄油口接油箱并降低泄油背压；检查更换弹簧
调速阀	流量调节失灵	密封失效；弹簧失效；油液污染致使阀芯卡阻	拆检或更换密封装置，更换弹簧；拆开清洗阀或换油
	流量不稳定	调速阀进出口接反；压力补偿器不起作用；锁紧装置松动；节流口堵塞；内泄漏量过大；油温过高；负载压力变化过大	正确连接进出口；调节锁紧螺钉；拆洗节流阀；检查阀芯和密封；降低油温；尽力使负载少变化

★学习体会：

理论考核（50分）

一、请回答下列问题（每题4分，共计40分）

1. 单向阀在液压系统中起什么作用？通常有哪些类型？

2. 换向阀在液压系统中起什么作用？通常有哪些类型？

3. 什么是换向阀的"位"与"通"？什么是换向阀的滑阀机能？

4. 请绘出普通单向阀和三位四通弹簧复位"O"形电磁换向阀的图形符号。

5. 压力控制阀的工作原理是什么？

6. 画出溢流阀、减压阀、顺序阀的图形符号，并简述它们之间的异同点。

7. 溢流阀主阀芯上阻尼孔阻塞后为什么会造成系统无压力？

8. 节流阀与调速阀有何异同点？调速阀为什么能够使执行机构的运动速度稳定？

9. 进油口调速与出油口调速各有什么特点？

10. 当液压缸固定并垂直安装时，应采用何种调速方式比较好？为什么？

二、判断下列说法的对错（正确画√，错误画×，每题0.5分，共计10分）

1. 单向阀作背压阀用时，应将其弹簧更换成软弹簧。（　）
2. 手动换向阀是用手动杆操纵阀芯换位的换向阀，只有弹簧自动复位一种。（　）
3. 电磁换向阀只适用于流量不太大的场合。（　）
4. 液控单向阀控制油口不通压力油时，其作用与单向阀相同。（　）
5. 三位五通阀有三个工作位置，五个油口。（　）
6. 三位换向阀的阀芯未受操纵时，其所处位置上各油口的连通方式就是滑阀。（　）
7. 三位换向阀的中位机能常用的有O形、H形、Y形、M形和P形五种。（　）
8. 液控单向阀的闭锁回路比用中间封闭的滑阀式换向阀闭锁回路的锁紧效果好，其原因是液控单向阀结构简单。（　）
9. 溢流阀用作系统的限压保护时，在系统正常工作时，该阀处于常闭状态。（　）
10. 溢流阀通常接在液压泵出口的油路上，它的进口压力即系统压力。（　）
11. 液压传动系统中，常用的压力控制阀是换向阀和节流阀。（　）
12. 溢流阀的远程控制口k，只能用于系统卸荷使用。（　）
13. 减压阀主要作用是使阀的出口压力低于进口压力且保持进口压力稳定。（　）
14. 利用远程调压阀的调压回路中，只有溢流阀的调定压力高于远程调压阀的调定压力时，远程调压阀才能起调压作用。（　）
15. 单向顺序阀也称为平衡阀，它用于锁定执行元件，防止由于自重或外力等原因使执行元件停留位置发生改变。（　）
16. 顺序阀可作为液压系统的卸荷阀使用，可以代替溢流阀使用。（　）
17. 使用可调节流阀进行调速时，执行元件的运动速度不受负载变化的影响。（　）

18. 流量控制阀有节流阀、调速阀、溢流阀等。（　　）
19. 进油节流调速回路比回油节流调速回路运动平稳性好。（　　）
20. 流量控制阀节流口的采用薄壁口形式较好。（　　）

技能考核（30分）

一、填空（每空1分，共计12分）

1. 换向阀的选用应该考虑＿＿＿＿，＿＿＿＿，＿＿＿＿，＿＿＿＿和整体式与分片式，同时要考虑其他因素。
2. 选用液控单向阀时，不要忽略＿＿＿＿，此外，还应考虑＿＿＿＿对控制油路压力变化的影响，以免出现误开启。
3. 溢流阀的调定压力必须大于＿＿＿＿。
4. 溢流阀调试时，先松开锁紧螺母，调压手柄＿＿＿＿，启动主泵，不能一次调整到溢流阀压力设定值，按照＿＿＿＿MPa一档分级慢慢匀速调整，每档保持＿＿＿＿分钟，系统压力后，再调整到下一档，直至调整到溢流阀的＿＿＿＿后，再将主泵压力值降低到系统压力工作值，调整好后，将＿＿＿＿锁紧。

二、简答题（共计18分）

1. 简要叙述溢流阀实际压力低于调定压力的可能原因。（5分）

2. 叙述溢流阀故障诊断实验法。（5分）

3. 简单分析液压控制阀安装地面漏油原因。（8分）

素质考核（20分）

1. 谈谈大国工匠李万君先进事迹案例对你的启发。（10分）

2. 如何坚定自身的理想信念，助力自身素养的提升。（10分）

学生自我体会：

学生签名：＿＿＿＿＿＿＿＿　日期：＿＿＿＿＿＿＿＿

> 拓展空间

1. 插装阀

插装阀也称为二通插装阀,其通流量很大且可达 1000L/min,通径为 200~250mm,结构简单,动作灵敏,密封性好,在流体控制功能领域的使用种类比较广泛。二通插装阀与普通液压控制阀的组合,可实现电磁换向阀、单向阀、溢流阀、减压阀、流量控制阀和顺序阀等功能。

二通插装阀是插装阀基本组件(阀芯、阀套、弹簧和密封圈)插到特别设计加工的阀体内,配以盖板、先导阀组成的一种多功能的复合阀。因每个插装阀基本组件有且只有两个油口,故被称为二通插装阀。二通插装阀由插装元件、控制盖板、先导控制元件和插装块体四部分组成。图 5-53 是二通插装阀的典型结构。

根据用途可以构成方向阀组件、压力阀组件和流量阀组件,例如插装式二位三通电磁换向阀工作原理如图 5-54(a)所示。该阀的工作原理是:当电磁换向阀 3 不通电,阀芯处在常态位时,1 号插装阀的上腔经 3 号阀的常态位流回油箱,因此 A 与 T 通;2 号插装阀的上腔经 3 号电磁阀的常态位与压力油 P 通,因此 P 与 A 关闭。当 3 号阀通电阀芯处在工作位时,1 号插装阀的上腔经 3 号阀的工作位与压力油 P 通,因此 A 与 T 关闭;2 号插装阀的上腔经 3 号阀的工作位与油箱相通,因此 P 与 A 相通。插装式二位三通阀的简单图形符号,如图 5-54(b)所示。

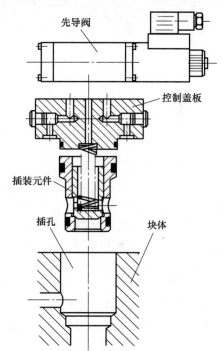

图 5-53 二通插装阀的典型结构

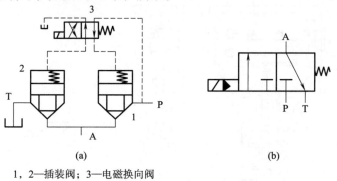

1,2—插装阀;3—电磁换向阀

图 5-54 插装式二位三通阀

2. 比例阀

电液比例控制阀简称为比例阀,它是一种性能介于普通控制阀和电液伺服阀之间的新阀种。它既可以根据输入电信号的大小连续成比例地对油液的压力、流量、方向实现远距离控制、计算机控制,又在制造成本、抗污染等方面优于电液伺服阀。

电液比例阀根据用途分为：电液比例压力阀，电液比例流量阀，电液比例方向阀。

比例阀按控制液压参数的不同可分比例压力阀、比例流量阀和比例方向阀三大类。例如直动型比例溢流阀，如图5-55（a）所示。其由阀、比例电磁铁和位移传感器等组成，用比例电磁铁取代直动式溢流阀的调压手柄。

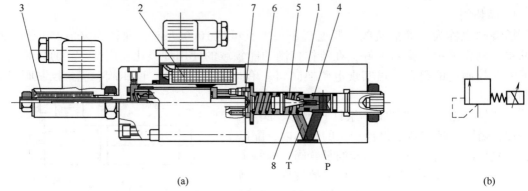

图5-55 直动型比例溢流阀

1—阀体；2—比例电磁铁；3—位移传感器；4—阀座；5—锥阀芯；6—弹簧；7—弹簧座；8—防振弹簧

3. 压力继电器

压力继电器是利用液体压力信号转换成电信号的液压-电气转换元件，它在油液压力达到其设定压力时发出电气信号，控制电气元件动作，可实现液压泵的加载或卸荷、执行元件的顺序动作或系统的安全保护等功能。压力继电器由压力-位移转换装置和微动开关两部分组成。按压力-位移转换装置的不同，可以分为柱塞式、弹簧管式、膜片式和波纹管式压力继电器四类，其中以柱塞式最常用，如图5-56所示。

如图5-56（a）所示为柱塞式压力继电器的结构原理。压力油从油口P通入，作用在柱塞1的底部，若其压力达到弹簧的调定值时，液压力将克服弹簧力和柱塞表面摩擦力推动柱塞上升，通过顶杆2触动微动开关4发出电信号。图5-56（b）所示为压力继电器的图形符号。

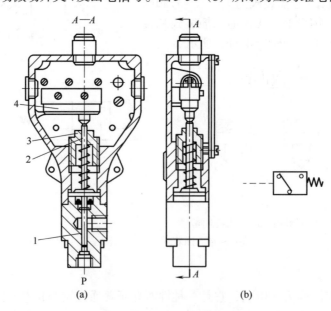

图5-56 柱塞式压力继电器

1—柱塞；2—顶杆；3—调节螺钉；4—微动开关

压力继电器的性能参数主要有：

① 调压范围。指能发出电信号的最低工作压力和最高工作压力的范围。

② 灵敏度和通断调节区间。压力升高继电器接通电信号的压力（称开启压力）和压力下降继电器复位切断电信号的压力（称闭合压力）之差为压力继电器的灵敏度。为避免压力波动时继电器时通时断，要求开启压力和闭合压力间有一可调节的差值范围，称为通断调节区间。

③ 重复精度。在一定的设定压力下，多次升压（或降压）过程中，开启压力和闭合压力本身的差值称为重复精度。

④ 升压或降压动作时间。压力由卸荷压力升到设定压力，微动开关触角闭合发出电信号的时间，称为升压动作时间，反之称为降压动作时间。

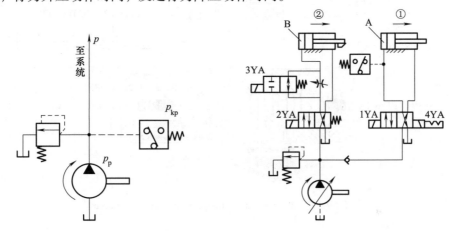

图5-57 采用压力继电器的安全控制回路　　图5-58 采用压力继电器的顺序动作回路

如图5-57所示为采用压力继电器的安全保护回路。当系统压力 $p=p_p$ 达到压力继电器事先调定的压力值 p_{kp} 时，压力继电器即发出电信号，使由其控制的系统停止工作，对系统起安全保护作用。

如图5-58所示为采用压力继电器的顺序动作回路。当A缸完成①动作后，系统压力升高到压力继电器的调定压力，压力继电器发出电信号使2YA通电，实现B缸②动作，从而实现顺序动作。

4. 专业英语

Proportional Control

（1）What is proportional control?

Electrohydraulic proportional controls modulate hydraulic parameters according to electronic reference signals. It is the ideal interface between hydraulic and electronic systems and is used in open or closed-loop controls, to achieve fast, smooth and accurate motions required by modern machines and plants.

The electrohydraulic system is an automation system. In electrohydraulic system, information, controls, alarms can be transmitted in a "transparent" way to the centralized control system and vice versa via standard fieldbus.

（2）Description of function

The core of electrohydraulic controls is the proportional valve. The electronic driver regulates a proper electrical current supplied to the valve's solenoid according to the reference signal (normally +10 V_{DC}). The solenoid converts the electrical current into mechanical force by acting spool against a return spring: the increasing current produces a corresponding increase in outputting force and then consequently compression the return spring. Finally the spool or poppet moves. When electrical failure occurs, return springs restore the neutral position according to valve configuration.

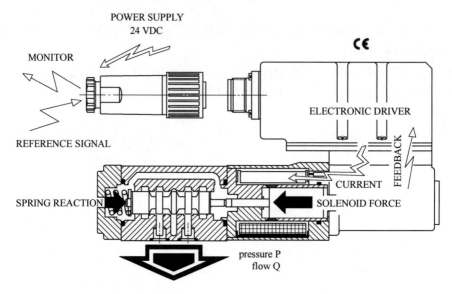

图5-59 Electro-hydraulic proportional control valve

第 6 章 液压辅助元件

知识目标

1. 了解液压辅助元件的分类。
2. 了解主要液压辅助元件结构原理、作用及适用场合。
3. 熟知主要液压辅助元件的选用要求。
4. 了解密封元件的密封原理。

技能目标

1. 了解液压系统和油箱的清洗方法。
2. 掌握管路安装注意事项。
3. 了解蓄能器使用注意事项及维护方法。
4. 了解液压管路泄漏的排除方法。

素质目标

1. 责任心首先是对自己的负责。
2. 责任心是对自己所在的集体负责。
3. 责任心是成就事业的可靠途径。

学习导入

在液压系统中，油箱、滤油器、蓄能器、热交换器、管件等元件属于辅助元件，这些元件结构比较简单，功能也较单一，但对于液压系统的工作性能、噪声、温升、可靠性等，都有直接的影响，是液压系统中不可缺少的部分。因此应当对液压辅助元件，引起足够的重视。在液压辅助元件中，大部分元件都已标准化，并有专业厂家生产，设计时选用即可。只有油箱等少量非标准件，品种较少，要求也有较大的差异，有时需要根据液压设备的要求自行设计。

6.1 油 箱

油箱的主要功用是储存油液，同时箱体还具有散热、沉淀污物、析出油液中渗入的空气以及作为安装平台等作用。

6.1.1 油箱的分类

油箱可分为开式结构和闭式结构两种,开式结构油箱中的油液具有与大气相通的自由液面,多用于各种固定设备;闭式结构的油箱中的油液与大气是隔绝的,多用于行走设备及车辆。

开式结构的油箱又分为整体式和分离式。整体式油箱是利用主机的底座作为油箱。其特点是结构紧凑,液压元件的泄漏容易回收,但散热性能差,维修不方便,对主机的精度及性能有所影响。

分离式油箱单独成立一个供油泵站,与主机分离,其散热性、维护和维修性均好于整体式油箱,但须增加占地面积。目前精密设备多采用分离式油箱。

6.1.2 油箱的典型结构

如图6-1所示为开式结构分离式油箱的结构简图。箱体一般用2.5~4mm左右的薄钢板焊接而成,表面喷涂耐油涂料;油箱中间有两个隔板7和9,将吸油管1与回油管4分开,以阻挡沉淀杂物及回油管产生的气泡;油箱顶部的安装板5用较厚的钢板制造,用以安装电动机、液压泵、集成块等部件。在安装板上装有过滤器2、空气过滤器3用以注油时过滤,并防止异物落入油箱。防尘盖侧面开有小孔与大气相通;油箱侧面装有液位计6;油箱底部装有排油螺塞8用来排油和排污。

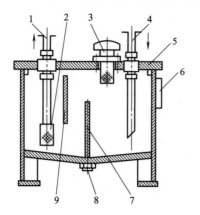

图6-1 油箱简图
1—吸油管;2—过滤器;3—空气过滤器;4—回油管;
5—安装板;6—液位计;7,9—隔板;8—放油螺塞

如果将压力不高的压缩空气引入油箱中,使油箱中的压力大于大气压,这就是所谓的密闭式油箱,液压油箱中通入压力一般为0.5MPa左右,这时外部的灰尘和空气绝无渗入的可能,这对提高液压系统的抗污染能力,改善吸入条件都是有益处的。但要注意在给液压油箱加油时,一定要将油箱的压缩空气放掉,否则会出现油箱盖打不开或出现人身事故。

6.1.3 油箱的设计

油箱属于非标准件,在实际情况下常根据需要自行设计。油箱设计时主要考虑油箱的容积、结构、散热等问题。

油箱容积的估算,油箱的容积是油箱设计时需要确定的主要参数。油箱体积大时散热效果好,但用油多,成本高;油箱体积小时,占用空间少,成本降低,但散热条件不足。在实际设计时,可用经验公式初步确定油箱的容积,然后再验算油箱的散热量Q_1,计算系统的发热量Q_2,当油箱的散热量大于液压系统的发热量时($Q_1>Q_2$),油箱容积合适;否则需增大油箱的容积或采取冷却措施。油箱散热量及液压系统发热量计算可以参阅有关设计手册。

油箱容积的估算经验公式（6-1）为

$$V = \alpha q \tag{6-1}$$

式中，V 为油箱的容积，L；q 为液压泵的总额定流量，L/min；α 为经验系数，其数值为：低压系统，$\alpha=2\sim4$；中压系统，$\alpha=5\sim7$；中、高压或高压大功率系统，$\alpha=10\sim12$。

在油箱容积确定后，为实现油箱各项功能，油箱的结构设计就成为主要工作。设计油箱结构时应注意以下几点：

① 箱体要有足够的强度和刚度。油箱一般用2.5~4mm的钢板焊接而成，尺寸大者要加焊加强筋。

② 液压泵的吸油管上应安装100~200目的过滤器，过滤器与箱底间的距离应不小于20mm，过滤器不允许露出油面，防止液压泵吸入空气产生噪声。系统的回油管要插入油面以下，防止回油冲溅产生气泡。

③ 吸油管与回油管应隔开，二者间的距离应尽量远。应设置隔板，以增加油液的循环路程，使油液中的污物和气泡充分沉淀或析出。隔板高度一般不超过取油面高度的3/4。

④ 防污密封。为防止油液污染，盖板及窗口各连接处均需加密封垫，各油管接头都要加密封圈。

⑤ 油箱底部应有坡度，箱底与地面间应有一定距离且不小于150mm，箱底最低处要设置放油塞。

⑥ 油箱内壁表面要做专门处理。为防止油箱内壁涂层脱落，新油箱内壁要经喷丸、酸洗和表面清洗，然后可涂一层与工作液相容的塑料薄膜或耐油清漆。

★学习体会：

6.2 过滤器

6.2.1 过滤器的作用

液压系统中75%以上的故障是与液压油的污染有关。污染的来源有系统内形成和系统外侵入两种，这些污染物的颗粒不仅会加速液压元件的磨损，而且会堵塞阀件的小阻尼孔，卡住阀芯，划伤密封件，使液压阀失效，导致液压系统产生故障。因此，必须对液压油中的杂质和污染物的颗粒进行清理。目前，控制液压油洁净程度的最有效方法就是采用过滤器。

6.2.2 过滤器的典型结构

按过滤机理不同，过滤器可分为机械过滤器和磁性过滤器两类。前者是使液压油通过滤芯孔隙时将污物的颗粒阻挡在滤芯的一侧；后者用磁性滤芯将所通过液压油内的铁磁颗粒吸附在滤芯上。在一般液压系统中常用机械过滤器，在要求较高的系统可将上述两类过滤器联合使用。如图6-2（a）和图6-2（b）所示分别为粗过滤器和精过滤器图形符号。

① 网式过滤器。图6-3为网式过滤器结构图。它是由上端盖、下端盖和开有若干孔的筒形塑料骨架（或金属骨架）组成，在骨架外包裹一层或几层过滤网。过滤器工作时，液压油从过滤器外通过过滤网进入过滤器内部，再从上盖管口处进入系统。此过滤器属于粗过滤器，其过滤精度为0.08~0.18mm，压力损失不超过0.025MPa，这种过滤器的过滤精度与铜丝网的网孔大小、铜网的层数有关。网式过滤器的特点为：结构简单，通油能力强，压力损失小，清洗方便，但是过滤精度低。一般安装在液压泵的吸油管口上用以保护液压泵。

② 线隙式过滤器。图6-4为线隙式过滤器结构图，它是由端盖、壳体、带孔眼的筒形骨架，和绕在骨架外部的金属绕线组成。工作时，油液从孔b进入过滤器内，经线间的间隙、骨架上的孔眼进入滤芯中，再由孔a流出。这种过滤器利用金属绕线间的间隙过滤，其过滤精度取决于间隙的大小。过滤精度有30μm、50μm和80μm三种精度等级，其额定流量为6~25L/min，在额定流量下，压力损失为0.03~0.06MPa。线隙式过滤器分为吸油管用和压油管用两种。前者安装在液压泵的吸油管道上，其过滤精度为0.05~0.1mm，通过额定流量时压力损失小于0.02MPa；后者用于液压系统的压力管道上，过滤精度为0.03~0.08mm，压力损失小于0.06MPa。这种过滤器的特点是：结构简单，通油性能好，过滤精度较高，应用较普遍。缺点是无法清洗，滤芯强度低。多用于中、低压系统。

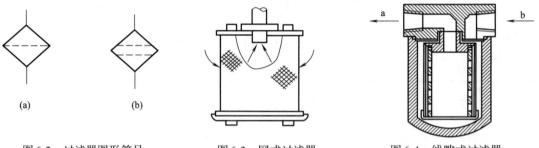

图6-2　过滤器图形符号　　图6-3　网式过滤器　　图6-4　线隙式过滤器

③ 纸芯式过滤器。纸芯式过滤器以滤纸为过滤材料，把厚度为0.35~0.7mm的平纹或波纹的酚醛树脂或木浆的微孔滤纸，环绕在带孔的骨架上，制成滤纸芯，如图6-5所示。油液从滤芯外面经滤纸进入滤芯内，然后从孔道流出。为了增加滤纸的过滤面积，纸芯一般都做成折叠式。这种过滤器过滤精度有0.01mm和0.02mm两种规格，压力损失为0.01~0.04MPa，可在高压下工作。其特点结构紧凑、通流能力大、过滤精度高。缺点是堵塞后无法清洗，需定期更换纸芯，强度低。一般用于精过滤系统。

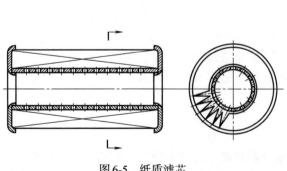

图6-5　纸质滤芯

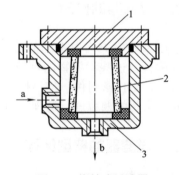

图6-6　烧结式过滤器
1—端盖；2—壳体；3—滤芯

④ 烧结式过滤器。图6-6为烧结式过滤器结构图。此过滤器是由端盖1、壳体2、滤芯3组成，其滤芯是由颗粒状铜粉烧结而成。压力油从a孔进入，经铜颗粒之间的微孔进入滤芯

内部，从 b 孔流出。烧结式过滤器的过滤精度与滤芯上铜颗粒之间的微孔的尺寸有关，选择不同颗粒的粉末，制成厚度不同的滤芯就可获得不同的过滤精度。烧结式过滤器的过滤精度为 0.001~0.01mm 之间，压力损失为 0.03~0.2MPa。这种过滤器的特点是强度大，可制成各种形状，制造简单，过滤精度高。缺点是难清洗，金属颗粒易脱落。用于需要精过滤的场合。

6.2.3 过滤器的过滤精度

过滤器的性能指标主要有过滤精度、通流能力、压力损失等，其中过滤精度为主要指标。

过滤器的工作原理是用具有一定尺寸过滤孔的滤芯对污物进行过滤。过滤精度就是指过滤器从液压油中所过滤掉的杂质颗粒的最大尺寸（以污物颗粒平均直径 d 表示）。

目前所使用的过滤器，按过滤精度可分为四级：粗过滤器（$d \geq 100\mu m$）、普通过滤器（$d \geq 10 \sim 100\mu m$）、精过滤器（$d \geq 5 \sim 10\mu m$）和特精过滤器（$d \geq 1 \sim 5\mu m$）。

为了避免污染颗粒对液压元件的影响，应使过滤后的污物颗粒的尺寸小于液压元件密封间隙尺寸的一半。由于液压系统压力越高，液压件内相对运动零件的配合间隙越小，因此，需要的过滤器的过滤精度也就越高。表 6-1 为过滤精度选择推荐值。

表 6-1　过滤器过滤精度推荐值

系统类型	润滑系统	传 动 系 统			伺服系统
压力/MPa	0~2.5	14	4<p<21	>21	21
过滤精度/μm	100	25~50	25	10	5

6.2.4 过滤器的选用

选择过滤器时，主要根据液压系统的技术要求及过滤器的特点综合考虑来选择，其需要考虑的主要因素有：

（1）系统的工作压力

液压系统的工作压力是选择过滤器精度的主要依据之一。系统的压力越高，液压元件的配合精度越高，所需要的过滤精度也就越高。

（2）系统的流量

过滤器的通流能力是根据系统的最大流量而确定的，一般过滤器的通流能力为系统流量的 2 倍以上，否则过滤器的压力损失会增加，过滤器易堵塞，寿命也将缩短。但过滤器的额定流量越大，其体积和造价也越大，因此应选择合适的额定流量。

（3）滤芯的强度

过滤器滤芯的强度是一重要指标。不同结构的过滤器有不同的强度。在高压或冲击大的液压回路中应选用强度高的过滤器。

6.2.5 过滤器的安装

过滤器的安装是根据系统的需要而确定的，通常分为以下几种情况。

（1）安装在液压泵的吸油管路上

在泵的吸油管路上安装过滤器，可以保护液压系统中的所有元件，但由于受液压泵吸油阻力的限制，只能选用压力损失小的过滤器。这种过滤器过滤精度低，液压泵磨损所产生的颗粒将进入系统，对系统其他液压元件无法完全保护，还需要其他过滤器串联在油路上使用。

（2）安装在液压泵的出油管路上

这种安装方式可以有效地保护除液压泵以外的其他液压元件，但由于过滤器是在高压下工作，滤芯需要有较高的强度，为了防止过滤器堵塞而引起液压泵过载或过滤器损坏，常在过滤器旁设置一堵塞指示器或旁路阀加以保护。

（3）安装在回油路上

这种方式可以把系统内油箱或管壁氧化层的脱落或液压元件磨损所产生的颗粒过滤掉，以保证油箱内液压油的清洁使液压泵及其他元件受到保护。由于回油压力较低，所需过滤器强度不必过高。

（4）安装在支路上

主要安装在溢流阀的回油路上，这时不会增加主油路的压力损失，过滤器的流量也可小于泵的流量，比较经济合理。但不能过滤全部油液，也不能保证杂质不进入液压系统。

（5）独立过滤系统

用一个液压泵和过滤器单独组成一个独立的过滤回路，这样可以连续清除系统内的杂质，保证系统内油液清结。一般用于大型液压系统。

液压系统除了整个系统所需的过滤器外，还常常在一些重要元件，如伺服阀、精密节流阀等前面单独安装一个专用的精过滤器来确保它们的正常工作。

★学习体会：

6.3 压力表和压力表开关

6.3.1 压 力 表

压力表用来测试液压泵出口以外需要测试相对压力的地方，如图6-7所示。压力表按照是否防震分为普通压力表和抗震压力表两种。普通压力表价格便宜，但使用寿命较短，一般用在低压系统；防震压力表价格较贵，但寿命较长，压力波动的影响较小，读数较精确，但价格较贵，广泛应用在各种液压系统中。

图 6-7　压力表

6.3.2　压力表开关

压力表开关是小型截止阀或节流阀，主要用于切断油路与压力表的连接，或者调节其开口大小起阻尼作用，减缓压力表的急剧抖动，防止损坏。在设备正常工作时，应利用压力表开关将压力表与液压系统切除，防止其精度和寿命由于使用中的压力波动而受到影响。如图 6-8（a）所示为压力表开关结构图，图 6-8（b）所示为其图形符号。旋转手轮 1 可打开或关闭压力表油路，也可适当调节手轮调节油路开口，起到阻尼作用，使压力表指针动作平稳。

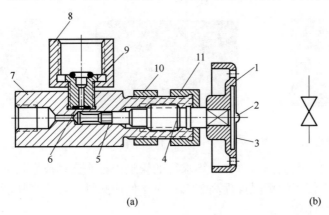

图 6-8　压力表开关
1—手轮；2—固定螺钉；3—标牌；4—阀芯；5—油封；6—垫圈；7—阀体；
8—接头；9—表座；10—固定螺母；11—锁紧螺母

6.4　油管和管接头

6.4.1　油　管

（1）油管的种类

在液压系统中，所使用的油管种类较多，常用有钢管、铜管、尼龙管、塑料管和橡胶管等。在选用油管时要根据液压系统压力的高低，液压元件安装的位置，液压设备工作的环境等因素进行选择。

① 钢管。钢管分为无缝钢管和焊接钢管两类，前者一般用于高压系统，后者用于中低压系统。钢管的特点是承压能力强，价格低廉，强度高、刚度好，但装配和弯曲较困难。目前在各种液压设备中，钢管应用最为广泛。一般来说，在工作压力8~31.5MPa时，压力管道推荐使用15号、20号冷拔无缝钢管，对于卡套式管接头用管，需要采用高精度的冷拔钢管，如图6-9所示。焊接式管接头，一般采用普通精度的热轧无缝钢管。

② 铜管。铜管分为黄铜管和纯铜管两类，常用纯铜管。铜管具有装配方便、易弯曲等优点，但也有强度低，抗震能力差、材料价格高、易使液压油氧化等缺点，一般用于液压装置内部难装配的地方或压力在0.5~10MPa的中低压系统。

③ 尼龙管。它是一种乳白色半透明的新型管材，承压能力有2.5MPa和8MPa两种。尼龙管具有价格低廉、弯曲方便等特点，但寿命较短，多用于低压系统替代铜管使用。

④ 塑料管。塑料管价格低，安装方便，但承压能力低，易老化，目前只用于泄漏管和回油路使用。

⑤ 橡胶管。橡胶油管有高压和低压两种，高压管由夹有钢丝编织层的耐油橡胶制成，钢丝层越多，油管耐压能力越高，其外观如图6-10所示。低压管的编织层为帆布或棉线，如图6-11所示。低压软管在连接时，软管和接头用合适规格的卡箍卡紧。橡胶管用于具有相对运动的液压件的连接。

图6-9 无缝高精度钢管　　图6-10 高压软管　　图6-11 低压软管及卡箍

笔记

软管的选择主要依据工作压力和计算求得的管道内径来选择胶管尺寸规格。高压软管的工作压力，对不经常使用的情况可提高20%；对于使用频繁，经常弯扭者需要降低40%。此外，在使用中还需要注意：

a. 胶管的弯曲半径不宜过小，具体要求可以参照相关资料。

b. 胶管和管接头连接处应留有一段直的部分，此段长度不小于胶管外径的2倍。

c. 胶管的长度应考虑到胶管在通入压力油后，长度方向将发生收缩变形，一般收缩量为管长的3%~4%，因此，胶管在安装时应避免处于拉直状态。

d. 胶管在安装时应保证不发生扭转变形，为便于安装检查，可在胶管的长度方向涂以色纹。

e. 胶管应避免与机械设备上尖锐部分相接触或摩擦，以免损坏管道外壁，也可在软管外面加装保护弹簧或保护套管等来解决。

(2) 管道内径与壁厚的确定

液压管路中液体的流动多为层流，压力损失正比于液体在管道中的平均流速，因此根据流速确定管径是常用的简便方法。对于高压管路，通常流速为3~4m/s左右；对于吸油管路，考虑到液压泵的吸入和防止气穴产生应适当降低流速，通常为0.6~1.5m/s左右。

① 油管内径计算式为

$$d \geqslant 1130\sqrt{\frac{q}{\pi v}}$$

式中，q 为通过油管的流量，m³/s；v 为油管中推荐的流速，m/s，吸油管取 0.5~1.5m/s；压油管取 2.5~5m/s，压力高、管道短油液黏度小的情况取大值，反之取小值；回油管取 1.5~2.5m/s。

② 油管壁厚计算式为

$$\delta \geqslant \frac{pd}{2[\sigma]}$$

式中，p 为油管内压力，MPa；d 为管道内径，mm；$[\sigma]$ 为油管材料的许用应力，MPa。

$$[\sigma] = \frac{\sigma_b}{n}$$

式中，σ_b 为油管材料的抗拉强度；n 为安全系数，对于钢管，当 $p \leqslant 7$MPa 时，取 $n=8$；当 $p \leqslant 17.5$MPa 时，取 $n=6$；当 $p \geqslant 17.5$MPa 时，$n=4$。

6.4.2 管接头

管接头是连接油管与液压元件或阀板的可拆卸的连接件。管接头应满足于拆装方便、密封性好、连接牢固、外形尺寸小、压降小、工艺性好等要求。

常用的管接头种类很多，按接头的通路分：有直通式、角通式、三通和四通式；按接头与阀体或阀板的连接方式分：螺纹式、法兰式等；按油管与接头的连接方式分：有扩口式、焊接式、卡套式和快换式等。

(1) 焊接管接头

如图6-12所示为焊接管接头，无缝钢管7与接头接管1焊接而成，图6-12（a）为接头接管的球面与接头体锥孔面紧密相连，具有密封性好、结构简单、耐压性强等优点，但球接触面损坏后需要更换接头体或接管。图6-12（b）为平头接管与接头4间加装O形密封圈，具有结构简单、耐高压等特点，但每次拆卸后要及时更换O形密封圈。这两种管接头广泛应用于高压液压系统中。由于需要焊接连接，这两种接头需用高压厚壁热轧钢管进行连接。

(2) 卡套式管接头

如图6-13所示为卡套式管接头。它是利用弹性极好的卡套4卡住钢管2而进行密封。其特点是结构简单、安装方便，油管外壁尺寸精度要求较高。卡套式管接头适用于高压冷拔无缝钢管连接。

(3) 扩口式管接头

如图6-14所示为扩口式管接头，它是利用油管管端的扩口在管套2的压紧下进行密封。这种管接头结构简单，适用于铜管、薄壁钢管、尼龙管和塑料管的连接。

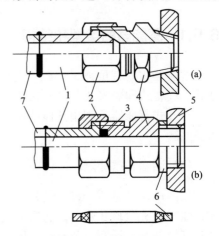

图6-12 焊接管接头
1—接管；2—接母；3—O形密封圈；4—接头体；
5—本体；6—组合垫圈；7—无缝钢管

(4) 快换式接头

快换式接头全称为快速装拆管接头，无需拆卸工具，适于经常装拆处。如图6-15所示为油路接通的工作位置，需要断开时，可用外力把外套4向左推，再拉出接头体5，钢珠3即从接头体槽中退出，与此同时，单向阀的锥形阀芯2和6分别在弹簧1和7的作用下将两个阀口关闭，油路即断开。这种管接头结构复杂，压力损失大。在拆卸该接头的管路时需要泄掉油压，否则不能实现拆装。

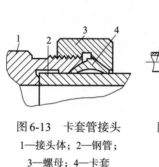
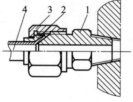
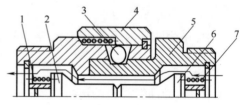

图6-13　卡套管接头
1—接头体；2—钢管；
3—螺母；4—卡套

图6-14　扩口管接头
1—接头体；2—管套；
3—接母；4—管路

图6-15　快换式接头
1，7—弹簧；2，6—阀芯；3—钢球；
4—外套；5—接头体

★学习体会：

6.5 蓄 能 器

蓄能器是在液压系统中储存和释放压力能的元件，它可以用作短时供油、吸收系统的振动和冲击。

6.5.1 蓄能器的类型和结构

蓄能器主要有重锤式、充气式和弹簧式三种类型，常用的是充气式蓄能器，它又分为活塞式、气囊式和隔膜式三种，在此主要介绍活塞式和气囊式两种蓄能器。

充气式蓄能器是利用其体的压缩和膨胀来储存和释放能量。为安全起见，一般所充气体为氮气。

(1) 活塞式蓄能器

如图6-16(a)所示为活塞式蓄能器结构图，由活塞1、壳体2和充气阀等组成。在工作前，氮气从充气阀3充入，然后充气阀关闭。其利用在缸筒2中浮动的活塞1把缸中的液压油和气体分开，活塞上装有密封圈，活塞凹部面向气体。当压力油从a口进入，推动活塞1，压缩活塞上腔的气体而储存能量；当系统压力低于蓄能器内压力时，气体推动活塞，释放压力油，满足系统需要。这种蓄能器具有结构简单、工作可靠、维修方便等特点，但由于缸体的加工精度较高，活塞密封易磨损，活塞的惯性及摩擦力的影响，使之存在造价高、易泄漏、反应灵敏程度差等缺陷。

（2）气囊式蓄能器

如图6-16（b）所示为气囊式蓄能器结构图，它由壳体1、气囊2、充气阀3、限位阀4等组成，工作压力3.5~35MPa，容量范围0.6~200L，温度适用范围为–10~+65℃。在工作前，从充气阀3向气囊内充入一定压力的氮气，然后将充气阀关闭，使氮气封闭在气囊内。当工作时，压力油从入口顶开菌形限位阀4进入蓄能器压缩气囊，气囊内的气体被压缩而储存能量；当系统压力低于蓄能器压力时，气囊膨胀将压力油输出，蓄能器释放能量。菌形限位阀的作用是防止气囊膨胀时从蓄能器油口处凸出而损坏。这种蓄能器的特点是气体与油液完全隔开，气囊惯性小、反应灵活、结构尺寸小、重量轻、安装方便，是目前应用最为广泛的蓄能器之一。

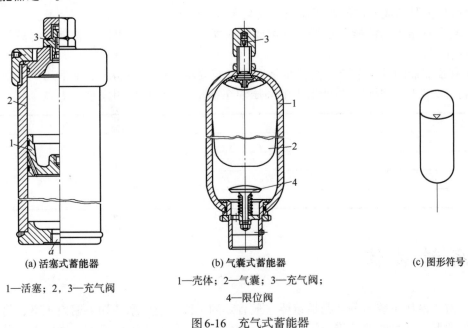

(a) 活塞式蓄能器
1—活塞；2，3—充气阀

(b) 气囊式蓄能器
1—壳体；2—气囊；3—充气阀；4—限位阀

(c) 图形符号

图6-16 充气式蓄能器

6.5.2 蓄能器的功能

（1）作辅助动力源

当液压系统工作循环中所需的流量变化较大时，可采用一个蓄能器与一个较小流量的液压泵组合。在短期需要大流量时，由蓄能器和液压泵同时供油；所需流量较小时，液压泵多余的油液充入蓄能器。另外，在有些特殊的场合，如停电或驱动的原动机发生故障时，蓄能器可作为短期的应急液压源使用。

（2）保压和补充泄漏

当液压系统需要较长时间保压时，可采用蓄能器补充其泄漏，使系统的压力保持在一定的范围之内。

(3) 缓和冲击，吸收压力脉动

当液压阀突然关闭或换向时，液压系统中产生的冲击压力可由安装在产生冲击处的蓄能器来吸收，使液压冲击的峰值降低。若将蓄能器安装在液压泵的出口处，可降低液压泵压力脉动的峰值。

6.5.3 蓄能器的使用

蓄能器在液压系统中安装的位置，由蓄能器的功能来确定。在使用和安装蓄能器时应注意以下问题：

① 气囊式蓄能器应当垂直安装。倾斜安装或水平安装会使蓄能器的气囊与壳体磨损，影响蓄能器的使用寿命。

② 吸收压力脉动或冲击的蓄能器应该安装在震源附近。

③ 安装在管路中的蓄能器必须用支架或挡板固定，以承受因蓄能器蓄能或释放能量时所产生的反作用力。

④ 带有蓄能器的液压系统在需要维修时，一定要将蓄能器中的压力油泄压到零值，泄压完毕应将开关关闭。否则，蓄能器中的高压油在维修过程中可能引发事故。

★学习体会：

6.6 密封装置

密封是解决液压系统泄漏问题最重要、最有效的手段。液压系统如果密封不良，将出现内泄漏和外泄漏。外泄的油液将会污染环境，也可能使空气进入液压系统，影响液压泵的工作性能和液压执行元件运动。内泄漏将使系统容积效率过低，甚至工作压力达不到要求值。若密封过度，虽可防止泄漏，但会造成密封部分的剧烈磨损和发热，缩短密封件的使用寿命，增大液压元件内的运动摩擦阻力，降低系统的机械效率。因此，合理地选用密封装置在液压系统中非常重要。

6.6.1 对密封装置的要求

① 在工作压力和一定的温度范围内，应具有良好的密封性能，并随着压力的增加能在一定范围内自动提高密封性能。

② 密封装置和运动件之间的摩擦力要小，摩擦系数要稳定。

③ 抗腐蚀能力强，不易老化，耐磨性好，工作寿命长。

④ 结构简单，使用、维护方便，价格低廉。

⑤ 抗氧化能力强，在室温下能保存2年以上。

6.6.2 密封装置的类型和特点

密封按其工作原理可分为非接触式密封和接触式密封。前者主要指间隙密封，后者指密封件密封。

(1) 间隙密封

间隙密封是靠相对运动件配合面之间的微小间隙来进行密封的。间隙密封常用于柱塞、活塞或阀的圆柱配合副中。一般采用间隙密封的液压阀中在阀芯的外表面开有几条等距离的均压槽，均压槽的尺寸一般宽 0.3~0.5mm，深为 0.5~1.0mm。它的主要作用是使径向压力分布均匀，减少液压卡紧力，同时使阀芯在孔中对中性好，且能够容纳一定量的固体污染物。另外均压槽处的液压油还起到润滑作用，并对减少泄漏也有一定的作用。圆柱面间的配合间隙与外径大小有关，对于阀芯与阀孔一般取 0.005~0.02mm。间隙密封的摩擦阻力较小，但磨损后不能自动补偿，它主要用于直径较小的圆柱面之间，如液压泵内的柱塞与缸体之间，滑阀的阀芯与阀孔之间等。

(2) O形密封圈密封

O形密封圈主要用丁腈耐油橡胶制成，其横截面呈O形，它具有良好的密封性能，内外侧和端面都能起密封作用。它具有结构紧凑、摩擦阻力小、制造容易、装拆方便、成本低、高低压均可使用等特点，在液压系统中得到非常广泛的应用。

如图 6-17 所示为O形密封圈外形和工作情况。图 6-17（a）为O形密封圈的外形截面图，如图 6-17（b）所示为装入密封沟槽时的情况，其中 δ_1 和 δ_2 为O形圈装配后的预压缩量。

当油液工作压力超过 10MPa 时，O形圈在往复运动中容易被油液压力挤入间隙而损坏，如图 6-17（c）所示。为此要在它的侧面安放 1.2~1.5mm 厚的聚四氟乙烯挡圈，单向受力时在受力侧的对面安放一个挡圈；双向受力时则在两侧各放一个挡圈，如图 6-17（d）和图 6-17（e）所示。O形密封圈的安装沟槽，可查阅有关手册及国家标准。

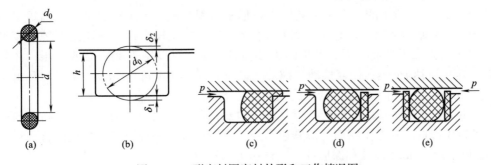

图 6-17　O形密封圈密封外形和工作情况图

(3) 唇形密封圈

唇形密封圈根据截面形状不同可分为Y形、V形、U形、L形等。其工作原理如图 6-18 所示。液压力将密封圈的两唇边压向形成间隙的两个零件的表面。这种密封的优点是能随着工作压力的变化自动调整密封性能，压力越高则唇边被压得越紧，密封性越好；但该种密封件的缺点是在运动过程中容易出现咬边现象，特别是与其接触的移动表面越粗糙时更容易出现。因此，目前应用较少，被Y_x形密封件所取代。

（4）液压缸活塞和活塞杆用高低唇Y_x形聚氨酯密封圈

该密封圈解决了Y形唇形密封圈容易卷边的问题。目前Y_x形密封圈在液压缸中得到了普遍应用，主要用作活塞和活塞杆的密封。如图6-19（a）所示为轴用密封圈，用于活塞杆和导向套之间密封；如图6-19（b）所示为孔用密封圈，用于活塞和液压缸筒之间的密封。这种Y_x形密封圈的特点是断面宽度和高度的比值大，增加了底部支承宽度，可以有效避免摩擦力造成的密封圈的翻转和扭曲。

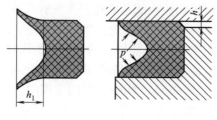

图6-18　Y形唇形密封圈的工作原理

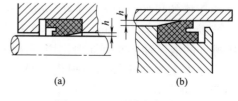

图6-19　Y_x形橡胶密封圈

Y_x形密封圈在安装时，是有方向性的，唇形较低的边与运动表面接触。唇部要向着压力较高的一面；若是双向都通工作压力，则应放置两个密封圈，如图6-20所示。

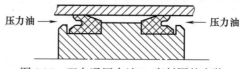

图6-20　双向通压力油Y_x密封圈的安装

（5）组合式密封装置

随着液压系统工作压力日益提高，液压系统对密封的要求也越来越高，普通的密封圈单独使用已不能很好地满足需要。因此，在吸收了国外密封技术特点后，我国自行研制了两个元件以上组成的组合式密封装置。

如图6-21（a）所示的组合密封装置由O形密封圈与截面为矩形的聚四氟乙烯塑料滑环组成。滑环2紧贴密封面，O形密封圈1为滑环提供弹性预压力，在介质压力等于零时构成密封，由于密封靠滑环面，因此摩擦阻力小而且稳定，可以用于40MPa的高压；往复运动密封时，速度可达15m/s；往复摆动与螺旋运动密封时，速度可达5m/s。矩形滑环组合密封的缺点是抗侧倾能力稍差，在高低压交变的场合下工作时易泄漏。

如图6-21（b）所示为由支持环2和O形圈1组成的轴用组合密封。由于支持环与被密封件3之间为线密封，其工作原理类似唇边密封。支持环采用一种经特别处理的合成材料，具有极佳的耐磨性、低摩擦性和保形性，工作压力高达80MPa。

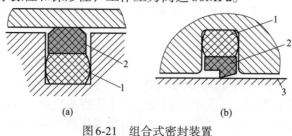

图6-21　组合式密封装置

1—O形密封圈；2—滑环；3—被密封件

组合式密封装置充分发挥了橡胶密封圈和滑环各自的长处，不仅工作可靠，摩擦力低而且稳定性好，使用寿命比普通橡胶密封提高近百倍，在工程上得到了广泛的应用。

★学习体会：

（6）回转轴的密封装置

回转轴的密封装置形式很多，如图6-22所示为是用耐油橡胶制成的回转轴用密封圈，又称骨架油封。它的内部有直角形圆环铁骨架支撑，密封圈的内边围着一条螺旋弹簧，把内边收紧在轴上进行密封。这种密封圈主要用作液压泵、液压马达和回转式液压缸的伸出轴的密封，以防止油液漏到壳体外部。它的工作压力一般不超过0.1MPa，最大允许线速度为4~8m/s，须在有润滑的情况下工作。

图6-22 回转轴密封（骨架油封）

（7）组合密封垫圈

组合密封垫圈简称组合垫，它是由金属钢圈和耐油橡胶组合硫化压制而成的一种用于接头与连接体之间的密封，其适用的工作压力小于40MPa，工作温度低于80℃。组合密封圈的外形如图6-23所示，其具体使用如图6-24所示。

图6-23 组合密封圈结构图

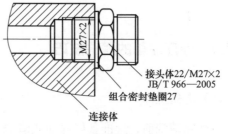

图6-24 组合密封垫圈使用图

钱学森的严与实：体现担当的"责任在我"

钱学森对科研工作要求严格是出了名的，很多和他有过接触的人都因不够严谨认真受到过他的批评。可这些人非但不记恨钱老，还在钱老的严格要求下成长为某一领域的领军人才。

中国科学院院士孙家栋谈起钱老对自己的严格要求时，讲过一件令他终生难忘的事。20世纪60年代后期，我国自行研制的一种新型火箭要运往发射基地，其中惯性制导系统有一个平台，要安装四个陀螺。在总装车间，第一个陀螺顺利装上了，工人师傅对孙家栋说，四个陀螺是一批生产的，精度很高，第一个能装上，其他三个也应该没有问题。时间这么紧，是不是可以不再试装了？

孙家栋想，工人师傅说得也有道理，就同意了。没想到，到了基地发射场装配时，那三个陀螺怎么也装不上去。第二天导弹就要发射了，孙家栋赶紧向钱学森报告。钱老听后并没有批评孙家栋，只是让他组织工人师傅赶紧仔细研磨后

续表

钱学森的严与实:体现担当的"责任在我"
再装,把问题尽快解决好。紧接着,钱老也来到现场,搬个板凳坐在那里。孙家栋和工人师傅从下午1点一直工作到第二天凌晨4点,钱老始终没有离开,看着他们排除故障,坐累了就在车间走几圈。看钱老这样陪着熬夜,孙家栋心里很愧疚,几次劝钱老回去休息,可钱老就是不走,也不理孙家栋。孙家栋后来说,这件事情给他的印象太深了,虽然钱老没有批评他,但那种无声的力量使他感到比批评更严厉。从此,哪怕一点小事孙家栋都认真办,不敢有丝毫马虎。 当面对失败,科研人员心里已经顶着很大压力时,钱学森非但不会批评他们,还主动把责任承担起来,让科研人员轻装前进,把精力放在查找原因、解决问题上来。 1962年,我国自行设计研制的"东风二号"导弹升空后不久便解体坠毁,坠落地离发射塔仅600米远,将戈壁滩炸出了一个大坑。总设计师林爽绕着这个直径30米的坑转圈,眼泪掉了下来:"这个坑是我的,我准备埋在这里了。"钱学森此时完全理解科研人员的沉重心情,知道经历失败是科研工作中的必然过程,如何把失败的原因找出以减少失败才是问题的关键,所以他不去追究责任,还提出对查找出原因的人要奖励。很快,失败原因就找到了,主要是发动机和控制系统出了问题,这些都与总体设计和协调不够有关。钱老看到负责总体设计的科技人员灰溜溜的,没有批评他们,而是主动给他们减压。钱老说,如果考虑不周的话,首先是我考虑不周,责任在我,不在你们。你们只管研究怎样改进结构和试验方法,大胆工作。钱老一席话卸下了大家的心理包袱,工作积极性一下子调动起来。通过这次失败教训,钱学森提出"把故障消灭在地面",成为我国导弹航天事业的一条重要原则和准绳。 这就是钱学森的工作艺术。正是由于钱老的勇于担责和对科技人员的严格要求,使我国导弹航天事业在较短时间内取得举世瞩目的成就,并锻炼培养了一代又一代过硬的航天人才队伍。

6.7 职业技能

6.7.1 液压油箱的清洗技巧

(1) 准备工作

在油箱清洗前,应准备好煤油或清洗剂、绸布或海绵、塑料布、面粉、照明工具、钳工工具、加油车、空油桶等,如需使用原来的旧油,应预先准备干净的空油桶; 如果是清洗闭式油箱应先进行排气操作。

(2) 清箱

液压油箱的维护微视频

用加油车将油箱内的油抽净,开启油箱侧盖或上盖,打开油箱排泄阀门,拆除箱体内的吸油过滤器,先将油箱内残存的杂物清理干净,再用绸布或海绵擦拭,注意不要用棉布或棉纱,擦拭完之后用清洗剂或煤油清洗油箱内壁锈斑、油漆剥落片、油泥等,注意不要留死角,包括油箱隔板、泵吸油管、回油管等部位,清洗三遍,直至肉眼看不到杂质;下一步用温水和面,软硬如包饺子的面,取大小适宜的块,对油箱内壁杂质进行沾除,将杂质揉进面团后连续使用,面团脏时更换下一块,直至面团表面肉眼观察无污物为止。人员如进入到油箱内部,应戴上防尘鞋套,最后检查油箱内有无遗漏物品,安装回油过滤器,封箱时注意油箱侧盖一定密封严密,必要时在胶条四周涂密封胶,以防加完油后二次泄漏,造成检修返工。

(3) 加油

关闭油箱的放卸阀门，用加油车注油，直至满足液位要求，注意加油车的滤芯必要时需更换。

(4) 试车

加油完毕后，再次检查油箱侧盖结合部位、排泄阀、液位计有无渗漏，加油孔以及空气滤清器是否封好；准备液压系统清洗。

6.7.2 液压系统的清洗方法

图 6-25 为液压系统清洗原理示意图。在清洗前后对油液的污染度进行检测，依据检测结果确定清洗任务是否完成。

(1) 准备

① 清洗前将系统溢流阀压力调至最低，拆除系统压力过滤器的滤芯，系统油温可适当提高，控制在 55℃ 左右。

② 将系统中的执行元件液压缸、液压马达进出油口进行短接，短接可以利用设备上的胶管，也可利用其他钢管或软管临时短接，短接所用的管路应符合清洁度要求；控制元件如果是比例阀或伺服阀应用普通换向阀或冲洗板替代，回路中的节流阀、减压阀开度应调整到最大，蓄能器进油阀可靠关闭。

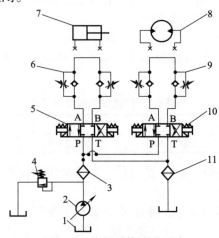

图 6-25　液压系统清洗回路

1—油箱；2—主泵；3—压力过滤器；4—溢流阀；5—电磁换向阀；6—单向节流阀；7—液压缸；
8—液压马达；9—单向节流阀；10—电磁换向阀；11—回油过滤器

③ 在清洗系统的回油管路上加装回油过滤器，部分液压系统本身自带回油过滤器，滤芯精度应比原系统提高一个等级，如原来用的是 20μm，可选用 10μm，如原来用的是 10μm，可选用 5μm，必要时应更换。

(2) 清洗

① 开启主泵，泵的压力可调至 3MPa 左右，液压泵可间歇运行，以提高清洗效果，间歇时间为 10~30min。

② 冲洗过程中要变换油液冲洗方向，方法是按下换向阀故障按钮，每隔0.5小时强制换向一次。

③ 冲洗过程中用木锤、铜锤、橡胶锤或使用振动器沿管路敲击油管，可连续敲击，也可以不连续敲击，以利于清除管路内的附着物。

④ 整个系统的清洗时间在48小时或更长，视整个系统的复杂程度、过滤精度要求和污染程度等因素决定。

⑤ 冲洗检验。管道冲洗后一般采用颗粒计数法检验，采用国际上通用的NAS1638标准，一般带伺服阀的液压系统清洁度不低于6级，带比例阀的液压系统不低于8级，普通液压系统不低于10级；在冲洗回路的末端取样，连续进行2至3次，以平均值为准；注意取样瓶必须保证干净，操作过程必须保证清洁，否则测出来数值有偏差。

(3) 清洗后

冲洗合格后，停止运行液压泵，排掉管道残存的油，然后恢复短接管路，重新安装压力过滤器滤芯，开启蓄能器的进油阀门，重新调整系统的压力和流量至设计要求，操作过程中注意各接口部位一定保持清洁，避免二次污染。

6.7.3 管路安装注意事项

① 管道的敷设应考虑拆装、维护和检修等因素，且不妨碍设备运行、人员行走，安装时应尽量做到横平竖直，美观整齐，减少交叉。

② 管子外壁与相邻管件的边缘之间要有10mm以上的距离，同排管道的接头或法兰应错开100mm以上，严禁管与管接触；穿墙管道应加套管，其接头位置与墙面的距离宜大于800mm。

③ 管道支架安装时支架之间的间距见表6-2，弯曲部分应在起弯点附近增设支架；不锈钢管与支架之间应垫入不锈钢管或橡胶垫片，防止碳素钢与不锈钢直接接触；管子不得直接焊接在支架或管夹上。

表6-2 管道支架间距与管径关系　　　　　　　　　　　　　单位：mm

管子外径	10	10~25	25~50	50~80	100
支架间距	500~1000	1000~1500	1500~2000	2000~3000	3000~5000

④ 管夹的底板一般直接焊在管道支架上，安装时注意找平，其规格、材质应符合图纸要求。

⑤ 管道切割加工时，采用管刀、锯床或切管机切断管子，断面与轴线应保持垂直，垂直度公差为管子外径的1/100，并且刀口要平整，用锉刀、刮刀除去切削和毛刺。

⑥ 管道弯曲加工，宜采用弯管机冷弯或加工的胎具，管道最小弯曲半径不小于管子外径的3倍，管子工作压力越高，弯曲半径越大。

⑦ 管道与接头的焊接，采用氩弧焊或氩弧焊封底后电焊充填焊，管内易通保护性气体；焊接时注意要打坡口，对口处留2mm左右间隙，对口时管子轴线必须重合。

⑧ 管子连接时，不得采用强力对口、加热管子、加偏心垫等方法来消除空隙或错口。

⑨ 管道的密封件必须按设计规定的材质和规格使用，安装前对管道密封进行检查：
　a. 橡胶密封圈表面应光滑，无老化、变质、气泡等缺陷；
　b. 橡胶石棉垫表面应光滑，无裂纹、气泡等缺陷；
　c. 金属垫片的表面应无裂纹、毛刺、划痕等缺陷。

⑩ 软管安装：

a. 应避免急弯和扭曲变形，外径大于30mm的软管，最小弯曲半径不小于管子外径的9倍，外径小于30mm的软管，最小弯曲半径不小于管子外径的7倍；

b. 与管接头连接处应有一段直线过渡部分，其长度应不小于管子外径的6倍；

c. 不能相互间或与其他物件摩擦，特殊高温或腐蚀场所，应用隔热装置或使用铠装胶管。

⑪ 拆装、倒运管道期间注意：

a. 对管道做好标记或提前拍好照片，以免错装造成执行动作失误；

b. 对敞开的接头或法兰及时进行封闭、包裹，不能磕碰损伤，管道密封件（密封垫、密封圈等）应妥善保存，做好标记，安装时注意清洁。

⑫ 管道螺栓、螺纹连接部位在装配时其紧固力要足够大，所用螺栓符合压力等级要求，确保螺栓拧紧拧牢，防止结合面发生倾斜（对角紧固）。

⑬ 正在使用中的管道拆装时应注意用废油桶回收油品，避免污染环境。

⑭ 管道安装完毕后应进行试压、试动作，外观无泄漏，执行动作正常，无振动。

6.7.4 蓄能器使用及维护注意事项

(1) 使用注意事项

① 皮囊式蓄能器油口应向下垂直安装，禁止在瓶身焊接作业，使用专用紧固夹具固定。

② 所用液压油必须清洁，防止损坏密封。

③ 气囊式蓄能器充气前，要从油口灌注少量液压油，以实现气囊润滑。

④ 充入的气体不能使用氧气或可燃气体，应充入氮气或其他惰性气体。

⑤ 蓄能器充氮应使用专用充氮工具或充氮车，注意充氮时慢慢打开减压阀，以免气囊损坏。

⑥ 蓄能器充气后，禁止拆开或松动螺钉，搬运或拆装蓄能器时应将充气阀打开，排出气体。

(2) 维护注意事项

① 定期检查气囊的密封性。最初装入气体时，一周后检查一次，第一个月内还要再检查一次，以后每年检查一次，作为应急动力源的蓄能器，必须经常地检查与维护，保证良好的状态。如果是泄气，应予补气；如果是气阀泄油，则应查明气囊是否有损伤；如果是油阀泄油，就要拆换有关零件。

② 蓄能器充气。当蓄能器的充气压力低于规定值时，要及时充气，作不同功能的蓄能器，其充气压力不同，应达到图纸中要求的预充压力，一般在液压系统最低工作压力的60%~90%选取，一般选择80%。

③ 蓄能器泄压。维护液压系统时，一定要将蓄能器中的压力油放掉，方法如图6-26所示，打开手动卸荷阀3，当听到"呲呲"声音消失后，关闭阀3，才可以进行液压系统维护。

④ 蓄能器属于压力容器，操作一定要注意，当出现故障时，一定要先卸掉蓄能器的压力，然后用充气工具排尽气囊中的气体，使系统处于无压力状态，方可进行维修，以防发生意外事故。

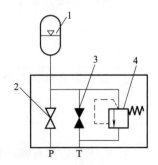

图6-26 蓄能器安装示意图
1—蓄能器；2—系统截止阀；
3—手动卸荷阀；4—溢流阀

6.7.5 液压管路泄漏的排除方法

① 液压金属管道本体或焊口泄漏，可局部打磨后补焊或局部更换，注意焊接规范。
② 液压胶管泄漏含胶管破裂、胶管接头处泄漏等，应检查其压力等级、保质期、接头型式是否合适、密封面及螺纹是否损伤，安装是否规范等。
③ 液压法兰、接头等结合面泄漏，应检查其结合面、密封槽、螺纹是否完好，必要时更换，在装配时，其紧固力要足够大，确保螺栓拧紧拧牢，防止结合面发生倾斜。
④ 密封件失效造成的泄漏，应检查其规格型号、材质是否符合要求，是否老化，必要时更换，或选用密封性能更好的密封材料，提高其密封效果，如涂密封胶、缠密封带等。
⑤ 管道冲击振动较大引起的泄漏，可改用橡胶软管连接、在回路上增加蓄能器、管道上增加管夹密度，或采用带缓冲装置的液压元件等措施减轻或消除管路振动。
⑥ 液压系统压力、油温过高也会造成管路泄漏，应正确地使用与维护，使液压系统在正常的压力和温度下运行。

6.7.6 压力表选用使用技巧

① 选择压力表的量程应比系统压力稍高一些，一般取系统压力的1.3~1.5倍。
② 压力表与管道连接时，为了防止压力冲击损坏压力表，应在压力表管道上设置阻尼小孔，并且要将压力表垂直安装。
③ 机床上用的压力表的精度等级为2.5至4级，科研用的为0.5级，一般情况下多用1.5级。
④ 选用耐震的压力表，避免压力表损坏。
⑤ 定期对压力表进行检定，一般每一年一次。

★学习体会：

理论考核（30分）

一、请回答下列问题（每题5分，共计20分）

1. 过滤器选用的主要依据是什么？

2. 蓄能器在液压系统中能起什么作用？

3. 液压管道都有哪些种类？它们常与什么样的管接头配合使用？

4. 液压装置中常用的接触式密封有哪几种？
_____
_____
_____。

二、判断下列说法的对错（正确画√，错误画×，每题2分，共计10分）

1. 油箱可分为开式结构和闭式结构两种，开式结构油箱中的油液具有与大气相通的自由液面；闭式结构的油箱中的油液与大气是隔绝的。（　　）
2. 过滤器和空气过滤器都是主要依据过滤精度来选择确定的。（　　）
3. 由于液压系统压力越高，液压件内相对运动零件的配合间隙越小，因此，需要的过滤器的过滤精度也就越高。（　　）
4. 充气式蓄能器是利用气体的压缩和膨胀来储存和释放能量。为安全起见，一般所充气体为空气。（　　）
5. 密封过度，可防止泄漏，所以密封装置一般都密封过度。（　　）

技能考核（40分）

一、填空（每空3分，共计24分）

1. 液压油箱的清洗技巧。
_____；_____；
_____；_____。
2. 蓄能器属于_____，操作一定要注意，当出现故障时，一定要先卸掉蓄能器的_____，然后用充气工具排尽气囊中的_____，使系统处于无压力状态，方可进行维修，以防发生意外事故。
3. 选择压力表的量程应比系统压力稍高一些，一般取系统压力的_____倍。

二、判断下列说法的对错（正确画√，错误画×，每题4分，共计16分）

1. 定期对压力表进行检定，一般每两年一次。（　　）
2. 管道的敷设应考虑拆装、维护和检修等因素，且不妨碍设备运行、人员行走，安装时应尽量做到横平竖直，美观整齐，减少交叉。（　　）
3. 液压系统清洗时，应将系统中的执行元件液压缸、液压马达进行短接。（　　）
4. 管道冲击震动较大引起的泄漏，对密封处进行紧固即可，不必消除震动。（　　）

素质考核（每题10分，共计30分）

1. 请谈谈你自己或周边的人体现敢于担当的事例。
_____
_____
_____。
2. 书中钱学森的敢于担当，给工作带来的效果是什么？
_____
_____
_____。
3. 在今后的工作、生活和学习中，你如何做到敢于担当？
_____
_____
_____。

笔记

学生自我体会：
_____
_____
学生签名：_____ 日期：_____

拓展空间

1. 热交换器

液压系统在工作时液压油的温度应保持在15~65℃之间，油温过高将使油液迅速变质，同时油液的黏度下降，系统的效率降低；油温过低则油液的流动性变差，系统压力损失加大，泵的自吸能力降低。因此，保持油温的数值是液压系统正常工作的必要条件。因受车辆负荷等因素的限制，有时靠油箱本身的自然调节无法满足油温的需要，需要借助外界设施满足设备油温的要求。热交换器就是最常用的温控设施。热交换器分冷却器和加热器两类。

（1）冷却器

液压系统中的冷却器，最简单的是蛇形管冷却器（图6-27），它直接装在油箱内，冷却水从蛇形管内部通过，带走油液中热量。这种冷却器结构简单，但冷却效率低，耗水量大。

液压系统中用得较多的冷却器是强制对流式多管冷却器（图6-28）。油液从进油口5流入，从出油口3流出；冷却水从进水口6流入，通过多根水管后由出水口1流出。油液在水管外部流动时，它的行进路线因冷却器内设置了隔板而加长，因而增加了热交换效果。

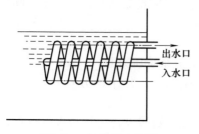

图6-27 蛇形管冷却器

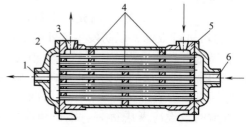

图6-28 多管式冷却器

1—出水口；2—端盖；3—出油口；4—隔板；
5—进油口；6—进水口

近来出现一种翅片管式冷却器，水管外面增加了许多横向或纵向的散热翅片，大大扩大了散热面积和热交换效果。如图6-29所示为翅片管式冷却器的一种形式，它是在圆管或椭圆管外嵌套上许多径向翅片，其散热面积可达光滑管的8~10倍。椭圆管的散热效果一般比圆管更好。

液压系统亦可以用汽车上的风冷式散热器来进行冷却。这种用风扇鼓风带走流入散热器内油液热量的装置不需另设通水管路，结构简单，价格低廉，但冷却效果较水冷式差。

冷却器一般应安放在回油管或低压管路上，如溢流阀的出口、系统的主回流路上或单独的冷却系统。

冷却器所造成的压力损失一般约为0.01~0.1MPa。

（2）加热器

图6-30为加热器。液压系统中所使用的加热器一般采用电加热方式。电加热器结构简单，控制方便，可以设定所需温度，温控误差较小。但电加热器的加热管直接与液压油接触，易造成箱体内油温不均匀，有时加速油质裂化，因此，可设置多个加热器，且控制加热器温度不宜过高。加热器2安装在油箱的箱体壁上，用法兰连接。

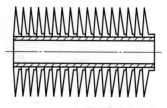
图6-29 翅片管式冷却器

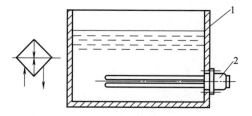
图6-30 加热器的安装
1—油箱；2—加热器

2. 专业英语

High Pressure Filters

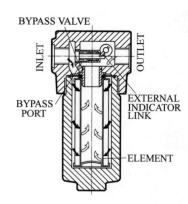

（1）Specifications：

Working Pressure：maximum 414 bar

Static Safety Factor：3 to 1, minimum burst of 1240 bar

Operating Temperatures：−40~+121℃

Filter Media：Wire mesh, cellulose or composite media; ratings 0.5~40μm.

Element Collapse Rating：Standard 12 bar, High Collapse 207 bar

Visual Indicator on both sides is mechanically linked to by-pass valve. The indicator shaft is stainless steel fitted with viton seals as standard.

By-pass opens when pressure differential exceeds 6 bar.

Filter Head Material：SG Iron

Filter Bowl Material：Steel

Weights（approximately）：5kg

（2）Typical Flow/Pressure Curves for 14P-1 Filter

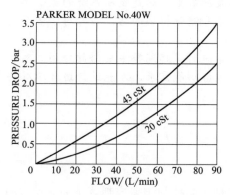
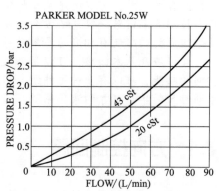

第 7 章 液压基本回路

知识目标

1. 熟悉液压基本回路的种类。
2. 了解液压基本回路工作原理。
3. 了解液压基本回路的应用。

技能目标

1. 正确识别液压元件的图形符号。
2. 会分析液压基本回路原理图。
3. 会组建调试压力控制回路。
4. 了解液压基本回路选用的禁忌。

素质目标

1. 对本职工作负责到底，不推卸责任。
2. 对团队成员拥有强烈的责任感，努力帮助团队成员提升工作质量。

学习导入

对于一个液压系统来讲，无论是复杂还是简单，都是由一些能够实现特定功能的基本回路构成的。在前面的章节我们已经学习了构成液压系统的各类主要液压元件和辅件，通过将它们组合在一起，可以构建某些特定功能的基本回路。液压基本回路是液压系统的最小单元，控制基本回路一般包括方向控制回路、压力控制回路和流量控制回路，另外对于多个液压缸组成的回路还有相应的多缸动作控制回路。

学习液压基本回路，可以帮助大家在分析设计液压系统时，起到事半功倍的作用。对于相同的功能，可以有多种元件组合形式，只有充分了解设备功能需求，才能选择适合工况要求同时又简单、可靠的液压系统。

7.1 方向控制回路

一般开式液压系统的方向控制回路的作用是利用各种方向控制阀来控制液压油流动方向

与状态从而控制执行元件的启动、停止或改变运动方向。

7.1.1 换向回路

换向回路一般都采用换向阀来进行换向。根据不同的使用工况来确定换向阀的控制方式和中位机能。

如图7-1所示,电磁换向阀2处于中位机能时,液压泵不卸荷,系统压力由溢流阀4设定,液压缸3两腔液压油封闭,液压缸静止;当电磁换向阀2左侧电磁铁得电,换向阀切换到左位,液压缸3左腔进油,液压缸向右移动;当电磁换向阀2右侧电磁铁得电,换向阀切换到右位,液压缸3右腔进油,液压缸向左移动。根据电磁换向阀通电顺序和状态,此回路可以控制液压缸的左右往返移动。

7.1.2 锁紧回路

锁紧回路的功用是使液压缸在某位置上停留,且停留后不会因外力作用而移动位置的回路。

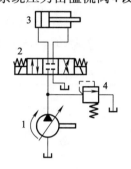

图7-1 换向回路
1—变量泵;2—电磁换向阀;
3—液压缸;4—溢流阀

(1) 采用换向阀的锁紧回路

如图7-2(a)所示,在电磁换向阀2电磁铁失电的情况下,液压缸3的两腔液压油被换向阀封闭,液压缸3不能移动,因受换向阀滑阀内泄漏的影响,采用换向阀的锁紧精度不高。

(2) 采用单向阀的锁紧回路

如图7-2(b)所示,当液压泵1停止工作时,液压缸4活塞向右方向的运动被单向阀2锁紧。由于在液压缸4与单向阀2组成的封闭油路内存在换向阀3,其锁紧精度也受换向阀3滑阀的内泄漏影响。

(3) 采用液控单向阀的锁紧回路

在工程实践当中,液控单向阀往往与特定中位机能的换向阀搭配使用组成锁紧回路。如图7-2(c)所示,当三位四通电磁换向阀2处于中位时,两个液控单向阀3的进油侧和控制油口都与油箱相通,两个液控单向阀处于关闭状态,可以实现对液压缸4的双向锁紧。

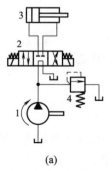

(a)
1—液压泵;2—电磁换向阀;
3—液压缸;4—溢流阀

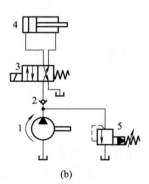

(b)
1—液压泵;2—单向阀;3—换向阀;
4—液压缸;5—先导溢流阀

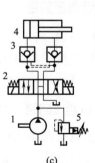

动画

(c)
1—液压泵;2—电磁换向阀;3—双向液控单向阀(液压锁);4—液压缸;5—溢流阀

图7-2 锁紧回路

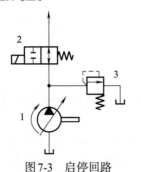

图 7-3 启停回路
1—变量液压泵；2—换向阀；3—溢流阀

7.1.3 启停回路

执行元件需要频繁的启动或停止的液压系统中，一般不采用起动和停止电机的方法。

如图 7-3 所示，二位二通电磁阀 2 通电时，换向阀 2 左位工作，主油路断开，执行器停止运动；当电磁阀断电时，换向阀 2 右位工作，执行器启动正常工作。

★学习体会：

7.2 压力控制回路

压力控制回路是利用压力控制阀来控制系统整体或局部支路的压力，以满足液压执行元件对力或转矩要求的回路。压力控制回路包括调压、减压、增压、卸荷和平衡等多种回路。我们要根据设备使用的工艺要求、方案特点、适用场合认真考虑，从而正确地选择和设计合理的压力回路。

压力控制回路的组建与调试微视频

7.2.1 调压回路

调压回路是指控制液压系统整体或局部支路的压力保持恒定或限制其最高数值的压力回路。在定量泵系统中，液压泵的供油压力可以通过溢流阀来调节，进而防止系统过载。若系统中需要两种以上的压力，则可采用多级调压回路。

(1) 单级调压回路

如图 7-4（a）所示，在液压泵 1 出口处设置并联的溢流阀 4，即可组成单级调压回路，从而控制液压系统的最高压力值。该回路液压泵为定量液压泵，在工作状态下，溢流阀常开溢流，稳定系统压力。

(2) 二级调压回路

如图 7-4（b）所示为二级调压回路，泵出口压力通过先导式溢流阀 1 的先导控制阀和远程调压阀 3 分别调节，可实现两种不同的压力控制，满足不同工况要求。当二位二通阀 2 失电处于图示位置时，液压系统的压力由先导式溢流阀 1 的先导控制阀调定系统最大压力；当二位二通阀 3 通电时，远程调压阀 3 与溢流阀 1 遥控口相通，从而液压系统的压力由远程调压阀 3 调定，溢流阀 1 的先导控制阀不起作用，液压泵输出的油液从溢流阀 1 的主阀溢流回油箱。在这种回路中,远程调压阀3的调定压力一定要低于先导式溢流阀1先导控制阀调定的系统最大压力,否则,远程调压阀3虽然与溢流阀1的遥控口相通,但因为压力设定值高于溢流阀1的先导控制阀的调定压力,造成远程调压阀3无法打开调压,系统压力依旧由先导式溢流阀1的先导控制阀控制。

(3) 多级调压回路

如图7-4(c)所示为多级调压回路。它由先导溢流阀1,远程调压阀2、3分别控制系统的压力,从而组成了三级调压回路。在这种调压回路中,远程调压阀2、3的调定压力必须要小于溢流阀1的先导控制调定压力。当1YA通电时,三位四通换向阀4的左位工作,先导式溢流阀1的遥控口与远程调压阀2接通,此时由调压阀2调压;当2YA通电时,三位四通换向阀的右位工作,远程调压阀3接入溢流阀1遥控口并调定系统压力;电磁铁都不通电时,液压系统压力由溢流阀1调定。

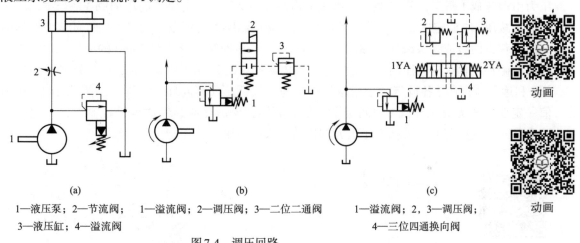

(a)
1—液压泵;2—节流阀;
3—液压缸;4—溢流阀

(b)
1—溢流阀;2—调压阀;3—二位二通阀

(c)
1—溢流阀;2,3—调压阀;
4—三位四通换向阀

图7-4 调压回路

(4) 比例无级调压回路

如图7-5所示为比例溢流阀的调压回路。液压系统的压力与比例溢流阀2输入的电流(或电压)成比例。连续改变溢流阀2的输入电流(或电压)时,可以实现系统压力的无极调压。采用比例溢流阀极大简化了调压回路,压力切换平稳,而且容易实现远程和程序化控制,可以满足不同的工艺要求。

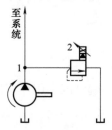

图7-5 比例溢流阀调压回路
1—液压泵;2—比例溢流阀

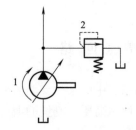

图7-6 变量泵的调压回路
1—变量液压泵;2—比例溢流阀

(5) 变量泵的调压回路

如图7-6所示当液压系统使用的是变量泵时,根据不同类型变量泵的特点,调压方式也有所不同。采用非限压式变量泵时,系统的最高压力由泵出口溢流阀2限定,溢流阀一般采用直动型溢流阀;当采用限压式变量泵时,系统的最高压力由泵内部的压力控制阀调节,出口的溢流阀2作为安全阀使用,液压系统正常工作时安全阀不打开。

7.2.2 减压回路

减压回路的作用是使液压系统中的部分支路具有低于系统压力的稳定压力。常见液压系统一般只有一台主泵,但执行器和控制油路较多造成同一时间段内支路负载压力各不相同,为了最大限度地利用主泵,故在实际使用压力低于系统压力的支路中采用减压阀来减压。

常见的减压回路是通过定值减压阀与主油路相连。如图7-7(a)所示,液压系统的最大压力由溢流阀1调定,分支路的工作压力由减压阀2调定。支路中的单向阀3是当主油路压力低于减压阀2调定压力时,防止油液倒流。减压回路中也可以采用类似二级或多级调压的方法,获得两级或多级减压,如图7-7(b)所示。该回路先导式减压阀1的遥控口通过二位二通电磁换向阀3与远程调压阀2相连,当电磁阀3处于不同工作位时,此回路则可由减压阀1和远程调压阀2各设定一个稳定低压。与多级调压回路同理,远程调压阀2的调定压力值一定要低于先导减压阀1的调定压力值。利用比例减压阀连续改变其控制电流(电压),该支路即可以得到低于系统工作压力的连续无级调节压力。

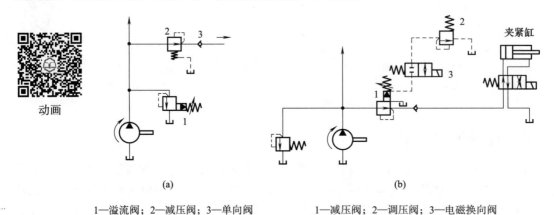

(a) 1—溢流阀;2—减压阀;3—单向阀

(b) 1—减压阀;2—调压阀;3—电磁换向阀

图7-7 减压回路

7.2.3 增压回路

当液压系统中的某一支路需要压力高于系统工作压力时,就可以采用增压回路。采用增压回路要比使用高压大流量的液压泵在经济上更加划算。

(1) 单作用增压缸的增压回路

如图7-8(a)所示为单作用增压缸的增压回路,在电磁换向阀1的交替作用下增压缸2出口能够间歇性地输出高压油液p_2。在实际的回路中,应在高压侧与充液油箱之间设置单向阀,以防止高压油液倒流回充液油箱。

(2) 双作用增压缸增压回路

如图 7-8（b）所示，只要二位四通电磁换向阀 1 连续地通电和断电，在单向阀 3、4、5、6 的隔离作用下，双作用增压缸 2 就可以连续地输出压力值为 p_2 的高压油。

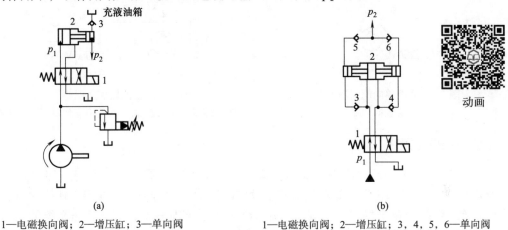

1—电磁换向阀；2—增压缸；3—单向阀

1—电磁换向阀；2—增压缸；3，4，5，6—单向阀

图 7-8　增压回路

★学习体会：

7.2.4　保压回路

保压回路是在液压系统中使液压执行元件保持工况规定的压力恒定的回路。在锻压机或者注塑机上常需要液压缸保持不动或在被加工件变形而产生微小位移的工况下保持稳定不变的加工压力。

（1）液控单向阀保压回路

中位机能为 O 形或 M 形的换向阀对液压缸有一定的保压效果，但保压效果太差，最简单经济的保压回路是使用密封性能较好的液控单向阀 1 的回路，如图 7-9 所示。

由于液压阀与液压缸会随着使用出现不同程度的泄漏，并且液压系统中没有针对密封泄漏的液压油主动进行补油的设计，那么这种被动保压回路的保压能力最终会随时间而降低。为了保证液压系统的保压时间和压力稳定性，设计人员常采用主动保压的回路。

（2）蓄能器保压回路

如图 7-10 所示，当液压缸 3 压力达到压力继电器 5 设定压力值时主泵 1 开始卸荷运行。此时靠液压蓄能器 4 来补充液压缸 3 内泄和换向阀 2 泄漏，保持液压缸高压腔的压力。蓄能器的容量要根据液压缸内泄和换向阀泄漏的具体数值以及保压时间来进行设计选型。此回路常用在夹紧回路中，实现工件的安装卡紧。

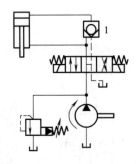

图 7-9　液控单向阀保压回路

1—液控单向阀

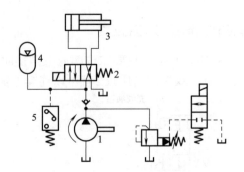

图 7-10　蓄能器保压回路

1—主泵；2—换向阀；3—液压缸；4—液压蓄能器；5—压力继电器

(3) 泵保压回路

如图 7-11（a）所示，在系统压力较低时，低压大流量泵 2 和高压小流量泵 1 同时向液压系统进行供油，当系统压力达到卸荷阀 5 设定的压力时，低压大流量泵 2 开始卸荷，而高压小流量泵 1 继续向系统供油，只要泵 1 流量略高于系统泄漏量，那么液压系统的压力就会维持在溢流阀 3 设定的压力附近。在利用液压泵的保压回路也就是在保压过程中，液压泵仍以较高的压力工作。此时，若采用定量泵则压力油会经溢流阀流回油箱，产生系统功率损失，发热严重，故只在小功率的系统且保压时间较短的场合下才使用；如图 7-11（b）所示，若采用限压式变量泵 1，在保压时液压泵的压力虽然较高，但它仅输出少量足够补偿系统泄漏的油液，几乎接近为零；溢流阀 3 作为系统安全阀，正常工作状态下是不会产生溢流的，因而，此液压系统的效率较高。

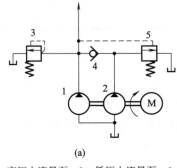

(a)

1—高压小流量泵；2—低压大流量泵；3—溢流阀；4—单向阀；5—卸荷阀

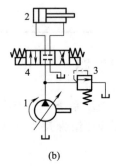

(b)

1—限压变量泵；2—液压缸；3—溢流阀；4—换向阀

图 7-11　泵保压回路

7.2.5　卸荷回路

在液压系统的工作过程中，当执行元件完成工艺动作之后进入工作间歇或者停止状态，系统的液压泵（定量泵）所提供的多余油液就会从溢流阀溢流回油箱。油液的压力能转变成了热能，液压油温度快速上升，导致油质劣化、泄漏增加、液压系统效率下降等一系列问题，显然这对液压系统是十分不利的。

卸荷回路的作用就是当液压系统不工作时，使液压泵处于无负荷运转状态，以减少功率损耗，降低系统发热，延长泵和电动机的寿命。卸荷回路可分为流量卸荷和压力卸荷。

(1) 流量卸荷回路

如图 7-12 所示为限压式变量泵的卸载回路，当液压缸 2 活塞运动到行程终点或换向阀 4 处于中位时，液压泵 1 的压力升高，流量减小。当压力接近压力限定螺钉调定的极限值时，液压泵的流量减小到只补充液压缸或换向阀的泄漏，液压泵 1 在很小功率输出下运转的状态称为流量卸荷。系统中的溢流阀 3 作安全阀用，以防止液压泵压力补偿装置的零漂和动作滞缓导致的压力异常。

(2) 压力卸荷回路

压力卸荷是使液压泵在接近零压力下运转，常见的压力卸荷方式有以下几种：

① 换向阀卸荷回路。如图 7-13（a）所示为二位二通电磁换向阀的卸荷回路。液压油通过电磁换向阀 2 直接回到油箱，液压泵 1 卸荷。卸荷用的换向阀的额定流量需要与液压泵额定流量相匹配，保证液压泵的额定流量小于换向阀额定流量。由于换向阀的额定流量限制，这种回路适用于小流量液压泵的卸荷，一般用于液压泵的额定流量小于 63L/min 的场合中。

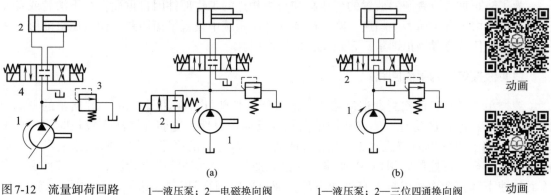

图 7-12　流量卸荷回路
1—液压泵；2—液压缸；
3—溢流阀；4—换向阀

(a)
1—液压泵；2—电磁换向阀

(b)
1—液压泵；2—三位四通换向阀

图 7-13　换向阀卸荷回路

利用三位换向阀的 M、H 和 K 形中位机能也可以实现液压泵卸荷。如图 7-13（b）所示为采用 M 形中位机能的电磁换向阀的卸荷回路。当三位四通换向阀 2 阀芯置于中间位置时，执行元件油路处于封闭状态，同时液压泵的输出油液全部流回油箱，液压泵 1 卸荷。

② 先导式电磁溢流阀卸荷回路。如图 7-14 所示，先导式溢流阀 2 的远程控制口直接与二位二通电磁阀 3 相连，电磁换向阀 3 的另一口与油箱相通，这种由溢流阀 2 和换向阀 3 组合的复合阀称为先导式电磁溢流阀。当电磁换向阀 3 通电时，液压泵 1 卸荷。

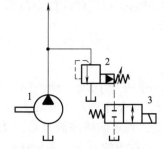

图 7-14　流量卸荷回路
1—液压泵；2—溢流阀；3—电磁换向阀

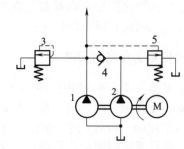

图 7-15　卸荷阀卸荷回路
1—高压小流量液压泵；2—低压大流量液压泵；
3—溢流阀；4—单向阀；5—顺序阀

③ 卸荷阀卸荷回路。利用顺序阀作卸荷阀的卸荷方式如图7-15所示。在双泵供油回路中,1为高压小流量液压泵,2为低压大流量泵,3为溢流阀,调定系统最大工作压力,4为单向阀,5为外控顺序阀作为卸荷阀使用。当在系统压力达到卸荷阀5的调定压力时,液压泵2压力油通过卸荷阀5流回油箱实现卸荷。

★学习体会:

7.2.6 平衡回路

为了防止垂直或者倾斜放置的液压缸和与之相连的工作部件因自重而自行下滑,或者在下行过程中由于自重而产生超速下降,需要在液压系统中设置平衡回路,使液压缸能够在运行过程中在任意位置停止锁紧,起到安全保护作用。

(1) 液控单向阀平衡回路

液控单向阀是锥面密封,泄漏量少,故其闭锁性能好。在如图7-16(a)所示的平衡回路中,液压缸停止运动时,依靠液控单向阀的反向密封性,能够保持活塞较长时间停止不动。回油路上串联单向节流阀2,用于保证活塞下行运动的平稳。如果回油路上没有节流阀,活塞下行时液控单向阀1被进油路上的控制油打开,回油腔没有背压,运动部件由于自重而加速下降,造成液压缸上腔供油不足,液控单向阀1因控制油路失压而关闭,阀1关闭后控制油路又建立起压力,阀1再次被打开,液控单向阀时开时闭,使活塞在向下运动过程中产生冲击和振荡。

(2) 单向顺序阀平衡回路

图7-16(b)是采用单向顺序阀的平衡回路。通过调整顺序阀,使其开启压力稍大于活塞和工作部件由自重而在液压缸下腔产生的背压。活塞下行时,由于回油路上存在一定的背压支撑,重力负载活塞将平稳下落;换向阀处于中位,活塞停止运动,不再继续下行。在这种平衡回路中,顺序阀调整压力调定后,若工作负载变小,系统的功率损失将增大。此外,由于滑阀结构的顺序阀和换向阀都存在泄漏,活塞不可能长时间停在任意位置,故这种回路适用于工作负载固定且活塞闭锁定位要求不高的场合。

(3) 外控平衡阀平衡回路

工程机械液压系统中常用如图7-16(c)所示的外控平衡阀的平衡回路。单向顺序阀和平衡阀都属于复合压力阀,用于控制和调节系统压力,是基于阀芯上液压力和弹簧力相平衡的原理进行工作的。但外控平衡阀的开启压力只需要达到单向顺序阀开启压力的几分之一,甚至更小,并且平衡阀阀口大小能自动适应不同载荷对背压的要求,从而保证了活塞下降速度的稳定性不受载荷变化的影响。平衡阀还具有很好的密封性,能起到长时间锁闭定位作用。国外SUN等液压元件厂商开发了种类繁多的平衡阀,可以适应各种复杂的工况。

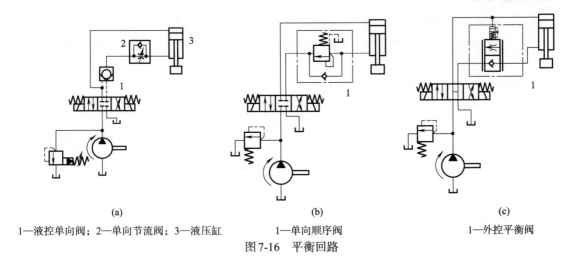

(a)　　　　　　　　　　　(b)　　　　　　　　　　　(c)

1—液控单向阀；2—单向节流阀；3—液压缸　　　1—单向顺序阀　　　　　1—外控平衡阀

图 7-16　平衡回路

7.2.7　缓冲回路

当执行机构质量较大，运动速度较高时，此时如果突然需要换向或停止运行，由于惯性因素则会产生很大的冲击和振动，因此必须采用缓冲回路减小或消除冲击的影响。

如图 7-17 所示为溢流阀缓冲回路，在液压缸进出口的两端并联单向阀和溢流阀，回路中溢流阀 1、2 可减缓或者消除液压缸换向时产生的液压冲击，当惯性冲击压力过大时，可通过溢流回路释放，单向阀 3、4 起到补油作用。另外如果将蓄能器布置在液压缸油口附近，可以吸收因外负载突然变化使液压缸发生位移而产生的液压冲击，也可以起到缓冲的作用。

图 7-17　溢流阀缓冲回路
1，2—溢流阀；3，4—单向阀

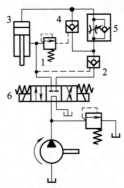

图 7-18　节流阀卸压回路
1—顺序阀；2—液控单向阀；3—液压缸；4—液控单向阀；
5—单向节流阀；6—换向阀

7.2.8　卸压回路

在前面提到的保压回路里面，有些设备在使用过程中需要对执行元件进行保压操作，在完成规定工艺动作之后，为了使执行元件中高压腔的压力缓慢释放，以免突然释放时对管道和元件产生很大的液压冲击，需要在液压系统设置卸压回路。

如图 7-18 所示在液压缸 3 完成保压工艺之后，先使换向阀 6 左位接通处于工作位置，液压缸有杆腔开始升压，先使液控单向阀 2 开启，液压缸 3 上腔压力油经单向节流阀 5 中的节流阀进行卸压，液压缸有杆腔压力继续升高达到顺序阀 1 调定压力时，顺序阀 1 打开，液压缸3回程。卸压速度取决于节流阀开度大小及顺序阀调定压力值大小。

★学习体会：

7.3 速度控制回路

在液压系统中，一般液压源是共用的，要解决不同执行元件的不同速度要求以及速度切换，就需要速度控制回路来进行调节。常见液压系统中，都是通过对流量的控制来实现对执行元件的速度或角速度的控制。液压速度控制可以采用阀控制方式或泵控制方式，前者称为节流调速，后者称为容积调速。针对采用开式或者闭式的液压系统，在设计速度控制回路时可根据实际情况进行选择。

液压传动系统中速度控制回路包括调速回路、快速回路、速度换接回路等。

7.3.1 调速回路

在不考虑液压油的压缩性和泄漏的情况下，液压缸的运动速度为

$$v = \frac{q}{A} \tag{7-1}$$

式中，A 为液压缸有效面积。

液压马达的转速为

$$n = \frac{q}{V_m} \tag{7-2}$$

由以上两式可知，改变输入液压执行元件的流量 q 或改变液压马达的排量 V_m 均可以达到改变速度的目的。为了改变进入液压执行元件的流量，可采用变量液压泵来供油，也可采用定量泵和流量控制阀以改变通过流量阀流量的方法。用定量泵和流量阀来调速时，称为阀控制调速也称为节流调速；用改变变量泵或变量液压马达的排量调速时，称为泵控制调速也称容积调速；用变量泵和流量阀来达到调速目的时，则称为容积节流调速。

(1) 节流调速回路

节流调速回路的工作原理是通过改变回路中流量控制元件（节流阀和调速阀）通流截面积的大小来控制流入执行元件或自执行元件流出的流量，以调节其运动速度。根据流量阀在回路中的位置不同，分为进油节流调速、回油节流调速和旁路节流调速三种回路。前两种回路称为定压式节流调速回路，后一种由于回路的供油压力随负载的变化而变化又称为变压式节流调速回路。

① 进口节流调速回路。进口节流调速是采用定量液压泵供油，在液压泵与液压执行元件间串接节流阀的回路，如图 7-19 (a) 所示为进口节流调速原理图，如图 7-19 (b) 所示为

节流阀不同开度的速度负载特性曲线图。

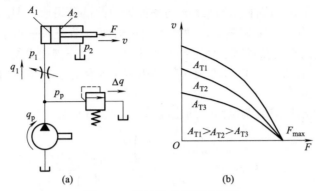

图 7-19 进油路节流调速回路

a. 速度-负载特性。液压缸稳定工作时活塞上受力的平衡方程为：
$$p_1 A_1 = F + p_2 A_2 \tag{7-3}$$

式中，p_1 为液压缸进口压力，Pa；p_2 为液压缸出口压力，Pa，忽略局部和沿程损失，则 $p_2=0$；F 为液压缸的负载，N；A_1 为液压缸无杆腔面积，m^2；A_2 为液压缸有杆腔面积，m^2；A_T 为节流阀通流面积，m^2。故
$$p_1 = \frac{F}{A_1} \tag{7-4}$$

节流阀两端的压差为
$$\Delta p = p_p - p_1 \tag{7-5}$$

式中，p_p 为泵出口压力，MPa。

节流阀进入液压缸的流量为
$$q_1 = KA_T \Delta p^m = KA_T \left(p_p - \frac{F}{A_1}\right)^m \tag{7-6}$$

式中，K 为液压流量系数。

液压缸的运动速度为
$$v = \frac{q}{A} = \frac{KA_T}{A_1}\left(p_p - \frac{F}{A_1}\right)^m \tag{7-7}$$

根据式（7-7）绘制出如图 7-19（b）所示的速度负载特性曲线图。由图可知，当 A_T 调定后，速度整体趋势是随负载的增大而减小的。曲线上某点的切线斜率，反映了流量在该负载时的变化情况，斜率越小，流量变化越小，说明回路在该处速度受负载变化的影响就越小，也就是所谓的速度刚度大。不同节流阀通流面积、节流口面积较小时其流量刚度较大。另外不同通流面积的曲线在速度为零时都汇集在同一负载点上，说明该回路承受负载的能力不受节流阀通流面积变化的影响。

b. 能耗特性。该回路的工作时的输入功率
$$P_p = p_p q_p \tag{7-8}$$

液压缸的输出功率
$$P_1 = p_1 q_1 \tag{7-9}$$

回路的功率损失为
$$\Delta P = P_p - P_1 = p_p q_p - p_1 q_1 = p_p \Delta q + \Delta p q_1 \tag{7-10}$$

式中，q_p 为液压泵供油流量，L/min；Δq 为溢流阀流量，L/min。

从式（7-10）可看出，这种调速回路的功率损失由两部分组成，即溢流损失 $q_p\Delta q$ 和节流损失 $\Delta p q_1$，损失的压力能转化为热能，使油液温度升高。节流阀进口节流调速回路适用于低速、轻载、负载变化不大和对速度稳定性要求不高的小功率液压系统。

② 出口节流调速回路。出口节流调速是采用定量泵供油，在液压缸的出口管路上进行节流的回路，如图 7-20 所示。

速度-负载特性。出口节流调速回路的速度-负载特性方程为

$$v = \frac{q_2}{A_2} = \frac{KA_T\left(p_1 A_1 - \dfrac{F}{A_2}\right)^m}{A_2} = \frac{KA_T}{A_2}\left(\frac{p_1 A_1 - F}{A_2}\right)^m \tag{7-11}$$

式中，K 为液压流量系数；p_1 为液压缸进口压力，Pa；p_2 为液压缸出口压力，Pa，$p_2=0$；F 为液压缸的负载，N；A_1 为液压缸无杆腔面积，m^2；A_2 为液压缸有杆腔面积，m^2；A_T 为节流阀通流面积，m^2。

比较式（7-7）和式（7-11）可以发现，出口节流调速和进口节流调速的速度-负载特性以及速度刚性基本相同，若液压缸两腔有效面积相同，那么两种节流调速回路的速度-负载特性和速度刚度就完全一样。因此对进口节流调速回路的一些分析对出口节流调速回路也完全适用。

进口与出口节流调速回路不同之处在于：

（a）承受负值负载的能力。出口节流调速回路的节流阀使液压缸回油腔形成一定的背压，在负值负载时，背压能阻止工作部件的前冲，而进口节流调速由于回油腔没有背压力，因而不能在负值负载下工作。

（b）停车后的起动性能。长期停车后液压缸油腔内的油液会流回油箱，当液压泵重新向液压缸供油时，在出口节流调速回路中，由于进油路上没有节流阀控制流量，会使活塞前冲；而在进口节流调速回路中，由于进油路上有节流阀控制流量，故活塞前冲很小，甚至没有前冲。

（c）实现压力控制的方便性。进口节流调速回路中，进油腔的压力将随负载而变化，当工作部件碰到止挡块而停止后，其压力将升到溢流阀的调定压力，利用这一压力变化来实现压力控制是很方便的；但在出口节流调速回路中，只有回油腔的压力才会随负载而变化，当工作部件碰到止挡块后，其压力将降至零，虽然也可以利用这一压力变化来实现压力控制，但其可靠性差，一般均不采用。

（d）发热及泄漏的影响。在进口节流调速回路中，经过节流阀发热后的液压油将直接进入液压缸的进油腔；而在出口节流调速回路中，经过节流阀发热后的液压油将直接流回油箱冷却。因此，发热和泄漏对进口节流调速的影响均大于对出口节流调速的影响。

（e）运动平稳性。在出口节流调速回路中，由于有背压力存在，它可以起到阻尼作用，同时空气也不易渗入，而在进口节流调速回路中则没有背压力，因此，出口节流调速回路的运动平稳性好一些。

为了提高回路的综合性能，一般常采用进口节流调速，并在回油路上加背压阀，使其兼具两者的优点。

③ 旁路节流调速回路。如图 7-21（a）所示为采用节流阀的旁路节流调速回路。节流阀调节液压泵溢回油箱的流量，从而控制了进入液压缸的流量，调节节流阀的通流面积，即可实现调速。图中溢流阀实际上是安全阀，常态时关闭，过载时开启，其调定压力为最大工作

压力的 1.1~1.2 倍。液压泵工作过程中的压力不是恒定的，而取决于负载的变化。

a. 速度-负载特性。旁路节流调速回路的速度-负载特性方程为

$$v = \frac{q_1}{A_1} = \frac{q_t - k_1\left(\frac{F}{A_1}\right) - KA_T\left(\frac{F}{A_1}\right)^m}{A_1} \tag{7-12}$$

式中，q_t 为泵的理论流量，L/min；k_1 为泵的泄漏系数。

由图 7-21（b）可知，速度负载特性曲线在横坐标上并不汇交，其最大承载能力随节流阀通流面积 A_T 的增加而减小，即旁路节流调速回路的低速承载能力很差，调速范围也小。

b. 能耗特性。旁路节流调速回路只有节流阀的节流损失而无溢流阀的溢流损失，要比前面提到的进口、出口节流调速回路的效率高。这种回路适用于高速、重载且对速度平稳性要求不高的较大功率的液压系统。

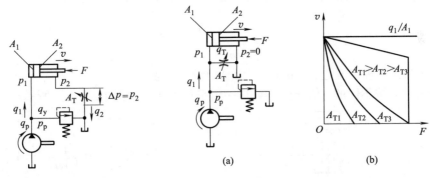

图 7-20　出口节流调速回路　　图 7-21　旁路节流调速回路

④ 采用调速阀的节流调速回路。使用节流阀的节流调速回路，速度-负载特性都比较"软"，变载荷下的运动平稳性比较差。为了克服这个缺点，回路中的节流阀可用调速阀来代替。由于调速阀本身能在负载变化的条件下，保证节流阀进出口间的压差基本不变，因而使用调速阀后，节流调速回路的速度-负载特性将得到改善。由于调速阀包含了减压阀和节流阀的损失，并且同样存在着溢流损失，因此，采用调速阀的调速回路的功率损耗率大于节流阀的调速回路。

★ 学习体会：

（2）容积式调速回路

容积调速回路是通过改变泵或马达的排量来实现执行元件速度调节的。在容积调速回路里面，液压泵输出的流量全部进入执行元件（液压缸或者液压马达），没有节流损失和回流损失，液压泵的压力直接随负载变化而变化，因而液压回路简单、工作效率高，油液温升小，适用于高压、高速和大功率调速系统。由于流量调节功能集成到液压泵或者马达上，导致变量泵和变量马达的结构比较复杂，成本较高。

根据液压油路的循环方式，液压系统可以分为开式系统或闭式系统。开式系统中液压泵从油箱中吸油，液压油经液压系统做功后，又流回油箱中。在开式系统中主要由变量泵和液压缸组成，这种回路结构简单，油液在油箱中能得到充分冷却，但油箱体积较大，空气和杂质容易进入回路；闭式系统中，液压泵将液压送到执行元件的进油腔，同时又从执行元件的回油腔吸入液压油，从而形成一个闭合回路。在闭式回路中，主要由泵和马达组成，特点结构紧凑，只需很小的补油箱，空气和杂质不易进入回路，但油液的冷却条件差，需附设辅助泵补油、冷却和换油。

容积调速回路通常有三种基本形式：变量泵和定量液压执行元件组成的容积调速回路；定量泵和变量马达组成的容积调速回路；变量泵和变量马达组成的容积调速回路。

① 变量泵和定量液压执行元件的容积调速回路。在如图7-22（a）所示中，改变变量泵1的排量即可调节液压缸5活塞的运动速度v，溢流阀2为安全阀，限制回路中的最大压力。若不考虑液压泵以外的元件和管道的泄漏，这种回路的活塞运动速度（m/s）为

$$v = \frac{q_p}{A_1} = \frac{q_t - k_1 \dfrac{F}{A_1}}{A_1} \tag{7-13}$$

式中，q_t为泵的理论流量，L/min；k_1为泵的泄漏系数。

将式（7-13）按不同的q_t值作图，可得一组平行直线，如图7-23（a）所示。

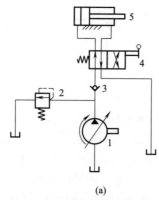

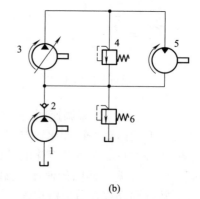

(a)   (b)

1—液压泵；2—溢流阀；3—单向阀；   1—补油液压泵；2—单向阀；3—变量泵；
4—手动换向阀；5—液压阀   4—高压溢流阀；5—定量马达；6—补油溢流阀

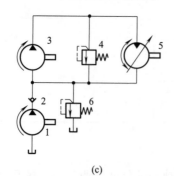

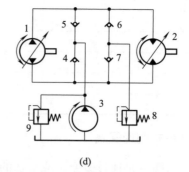

(c)   (d)

1—补油液压泵；2—单向阀；3—定量泵；4—高压溢流阀；5—变量液压马达；6—补油溢流阀   1—双向变量液压泵；2—双向变量液压马达；3—补油泵；4，5，6，7—单向阀；8—低压溢流阀；9—补油溢流阀

图7-22 容积调速回路

由于变量泵有泄漏，液压缸活塞运动速度会随负载的加大而减小。负载增大至某值时，

在低速下会出现活塞停止运动的现象，如图7-23（a）中的F'点，这时变量泵的理论流量等于泄漏量，可见这种回路在低速下的承载能力是很差的。

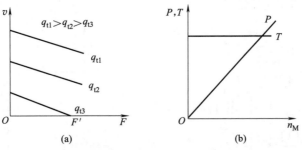

图7-23 变量泵定量执行元件调速特性

在如图7-22（b）所示的变量泵定量液压马达的调速回路中，若不计管路压力损失和泄漏，调节变量泵的流量q_p即可对马达的转速进行调节，同样当负载转矩恒定时，马达的输出转矩T和回路工作压力p都恒定不变，所以马达的输出功率P与转速成正比关系变化，故本回路的调速方式又称为恒转矩调速，回路的调速特性如图7-23（b）所示。

② 定量泵和变量马达的容积调速回路。如图7-22（c）所示为由定量泵和变量马达组成的容积调速回路。由于液压泵的转速和排量均为常数，当负载功率恒定时，马达输出功率P_M和回路工作压力p都恒定不变，因为马达的输出转矩T_M与马达的排量V_M成正比，马达的转速则与V_M成反比。所以这种回路称为恒功率调速回路，其调速特性如图7-24所示。

③ 变量泵和变量马达容积调速回路。如图7-22（d）所示为采用双向变量泵和双向变量马达的容积调速回路。双向变量泵和双向变量马达的调速特性如图7-25所示。

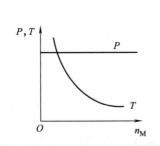

图7-24 变量泵定量马达调速特性

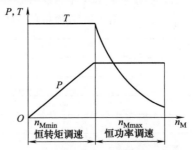

图7-25 变量泵变量马达调速特性

一般工作部件都在低速时要求有较大的转矩，因此，这种系统在低速范围内调速时，先将液压马达的排量调为最大，使马达能获得最大输出转矩，然后改变泵的输油量，当变量泵的排量由小变大，直至达到最大输油量时，液压马达转速亦随之升高，输出功率随之线性增加，此时液压马达处于恒转矩状态；若要进一步加大液压马达转速，则可将变量马达的排量由大调小，此时输出转矩随之降低，而泵处于最大功率输出状态不变，故液压马达亦处于恒功率输出状态。

（3）容积节流调速回路

容积节流调速回路顾名思义是结合了容积调速方式和节流调速方式的一种综合形式，一般由变量泵和节流阀或者调速阀组合而成。它保留了容积调速回路无溢流损失、效率高和发热少的优点，同时它的负载特性速度稳定性相对于单纯的容积调速得到提高。容积节流调速回路的工作原理是采用限压式变量泵供油，用流量控制阀调定进入液压缸或由液压缸流出的流量来调节液压缸的运动速度，并使变量泵的输油量自动地与液压缸所需的流量相适应。

如图 7-26（a）所示为由限压式变量泵和调速阀组成的容积节流联合调速回路，图 7-26（b）所示为调速回路的调速特性。

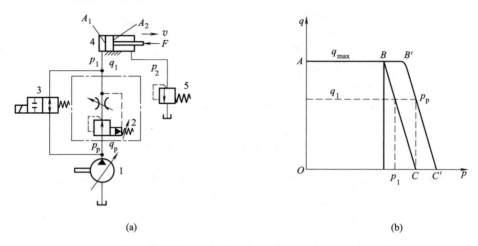

图 7-26　限压式变量泵和调速阀的容积节流调速回路和调速特性

由图可见，这种回路虽无溢流损失，但仍有节流损失，其大小与液压缸工作腔压力 p_1 有关。液压缸工作腔压力的正常工作范围是

$$p_2 \frac{A_2}{A_1} \leqslant p_1 \leqslant p_p - \Delta p \tag{7-14}$$

式中，Δp 为保持调速阀正常工作所需的压差，Pa，一般应在 0.5MPa 以上。

当 $p_1 = p_{1\max}$ 时，回路中的节流损失为最小。

★学习体会：

7.3.2　快速运动回路

在液压系统工作过程中，往往需要执行元件在少数特定工况内要求有较高的速度。如果在液压系统中以最大流量来选取液压泵，那么就会造成大多数时间内液压泵的流量是浪费的，造成功率损失能源浪费。为了最大程度地有效利用液压泵，又能满足执行元件对最高速度的需求常采用快速运动回路，快速运动回路又称增速回路。一般采用差动液压缸、蓄能器、增速缸等方法来实现。

(1) 液压缸差动连接快速运动回路

如图 7-27 所示，当电磁换向阀 2 处于左位时，液压缸 3 为差动连接方式，液压缸 3 左右两腔压力相等，由于无杆腔有效作用面积大于有杆腔有效作用面积，液压缸 3 活塞向右运行。液压缸有杆腔排出的液压油再次进入液压缸无杆腔，相当于在不增加液压泵流量的前提下，增加了液压缸无杆腔的进油流量，实现液压缸向右快速运动。由于液压缸差动连接后液压缸的整体有效作用面积减小，造成液压缸输出力变小，因此差动连接的增速回路适合低负载的运行工况，例如机床工进前的快速移动。

(2) 蓄能器快速运动回路

图 7-28 为采用蓄能器供油实现的快速运动回路。电磁换向阀阀 2 处于中位时，液压缸 3 不工作，液压泵 1 向蓄能器 4 充液，当蓄能器 4 压力达到系统设定值时，卸荷阀 5 打开，主泵 1 卸荷。当液压缸 3 需要快速工作时，电磁换向阀 2 处于左位，此时液压泵 1 和蓄能器 4 同时向液压缸供油，实现快速运动。

(3) 增速缸快速运动回路

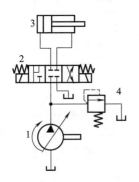
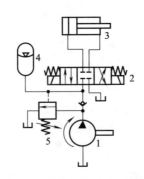
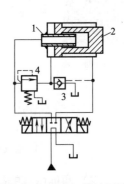

图 7-27 液压缸差动连接快速运动回路　　图 7-28 蓄能器快速运动回路　　图 7-29 增速缸增速回路
1—变量泵；2—换向阀；3—液压缸；4—溢流阀　1—液压泵；2—电磁换向阀；3—液压缸；　1—快速导油管；2—活塞杆；
　　　　　　　　　　　　　　　　　　　　　　4—蓄能器；5—卸荷阀　　　　　　　　3—液控单向阀；4—顺序阀

如图 7-29 所示为采用增速缸的快速运动回路。这种回路常被用于液压压力机和注塑机等液压系统中。该回路的原理是电磁换向阀的左侧电磁铁通电，该阀的左位接入液压系统，系统的压力油经左位进入增速缸的小腔，实现快速运动，此时大腔的油液是经过液控单向阀 3，被大气压压入的，当增速缸负载达到顺序阀 4 的调定压力时，顺序阀打开压力油，同时进入大腔一起推动负载运动。

(4) 双泵供油快速运动回路

图 7-30 所示为双泵供油快速运动回路，图中液压泵 2 为大流量泵，用以实现快速运动；液压泵 1 为小流量泵，用以实现工作进给。该系统当系统负载低于外控顺序阀 5 的调定压力时，1、2 两个液压泵同时向系统提供压力油，实现快速运动；当系统压力高于外控顺序阀 5 的调定压力时，液压泵 2 卸荷，只有液压泵 1 单独向系统供油，因此顺序阀 5 实现系统的快速和慢速的切换。

这种双泵供油回路的优点是功率损耗小，系统效率高，应用较为普遍，但系统也稍复杂一些。

7.3.3 速度换接回路

设备的液压执行机构在一个工作循环中，需要从一种运动速度变换到另一种运动速度，如从快进转为工进，从第一种工进速度转为第二种工进速度。这个转换不仅包括液压执行元件快速到慢速的换接，而且也包括两个慢速之间的换接。实现这些功能的回路应具有较高的速度换接平稳性，尽可能地不产生冲击现象。

(1) 快速与慢速换接回路

如图7-31所示，当换向阀处于左位时，液压缸3向右运行，在液压缸活塞杆右端的撞块压下行程阀4之前，液压缸快速向右运动。当行程阀4的阀芯压下后，液压缸右腔的液压油只能经过调速阀6流出，实现减速。

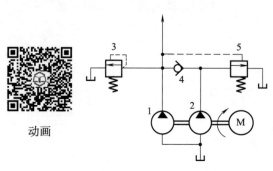

图7-30 双泵供油快速运动回路
1—高压小流量泵；2—低压大流量泵；
3—溢流阀；4—单向阀；5—卸荷阀

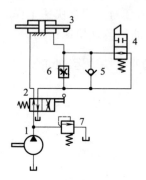

图7-31 快速与慢速换接回路
1—液压泵；2—手动换向阀；3—液压缸；4—机动换向阀；
5—单向阀；6—调速阀；7—溢流阀

(2) 两种慢速的换接回路

如图7-32所示，用两个调速阀来分别实现不同进给速度的控制，电磁换向阀进行速度的切换。图7-32（a）中的两个调速阀并联，由二位三通电磁换向阀3实现换接，常态下由调速阀A调速；3YA通电，该阀的右位接入系统，由调速阀B调速。2号换向阀用于快速和工进转换，并且为液压缸快速回程提供回油通道。这种回路不宜用于在工作过程中的速度换接，只可用在速度预选的场合；如图7-32（b）所示，为两调速阀串联的速度换接回路，该回路是由两个二位二通电磁阀2、3分别切换实现接通调速阀A、B实现的。

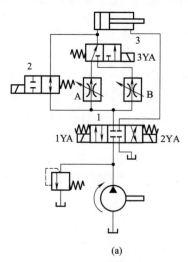

1—换向阀；2—二位二通换向阀；3—二位三通换向阀

(a)

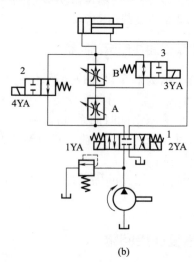

1~3—二位二通换向阀

(b)

图7-32 两种速度的换接回路

7.4 多缸动作控制回路

在复杂液压系统中,至少存在两个甚至多个液压执行元件(液压缸)。用一个液压泵驱动多个液压执行元件(液压缸)的回路,因为液压泵数量有限,这些液压执行元件因彼此之间的压力、流量不同相互影响。如果想让这些执行元件能够正常配合互不干扰的运行必须设置特殊的控制回路,这种回路称为多缸动作控制回路。

7.4.1 顺序动作回路

顺序动作回路的功能是使多缸液压系统中的每个液压缸严格的按照规定顺序动作。根据控制方式的不同,可以分为行程控制、压力控制和压力继电器控制等。

(1) 行程控制的顺序动作回路

如图7-33所示为两个行程控制的顺序控制回路,其中图7-33(a)所示为行程阀控制的顺序动作回路。在图示状态下两个液压缸3、4都处在左端位置。当推动手动换向阀1的手柄,使其左位接入液压系统中,液压缸3右行完成①动作;当动作压下行程阀2,使其上位接入系统,完成液压缸4的②动作;手动换向阀复位后,缸1先复位,实现动作③;随着挡块的后移,行程阀2复位,缸4退回,实现④动作。这种回路工作可靠,但动作顺序一经确定再改变就比较困难,同时管路长,布置较麻烦。

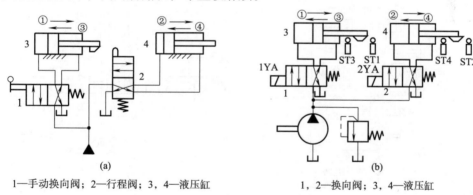

1—手动换向阀;2—行程阀;3,4—液压缸   1,2—换向阀;3,4—液压缸

图7-33 行程控制顺序动作回路

如图7-33(b)所示为由行程开关控制的顺序动作回路。当在图示状态下两个液压缸3、4都处在左端位置。当换向阀电磁铁1YA通电,使其左位接入液压系统中,缸3右行完成①动作;当液压缸3动作压下行程开关ST1时,电信号使换向阀电磁铁2YA通电,使其左位接入系统,完成缸4的②动作;当液压缸4动作压下行程开关ST2时,电信号使换向阀的电磁铁1YA断电,使其常态位接入系统,完成缸3的③动作;当液压缸3动作压下行程开关ST3时,电信号使换向阀的电磁铁2YA断电,使其常态位接入系统,完成缸4的④动作,完成一个工作循环。这种回路的优点是控制灵活方便,容易实现自动化,通过设置不同的行程开关位置和电气得电顺序改变行程大小和动作顺序,并且可利用电气互锁使动作顺序可靠运行,其可靠程度主要取决于电气元件的质量。

(2) 压力控制的顺序动作回路

如图 7-34 所示为使用单向顺序阀的压力控制顺序动作回路。当电磁换向阀 3 电磁铁通电，其左位接入系统，液压系统的压力油先到液压缸 5 实现①动作；液压缸 5 到达右端后系统压力升高到单向顺序阀 1 的调定压力时，完成液压缸 4 实现②动作；当电磁换向阀 3 断电，液压缸 4 缩回实现③动作；液压缸 4 到达左端，系统压力升高到单向顺序阀 2 的调定压力时，液压缸 5 实现④动作，完成一个工作循环。

显然这种回路动作的可靠性取决于顺序阀的性能及其压力调定值，即它的调定压力应比前一个动作的压力高出 0.8~1.0MPa，否则顺序阀易在系统压力脉冲中造成误动作。注意顺序阀的调定压力要比系统的溢流阀调定的压力低 1.0~2.0MPa，否则不能实现顺序动作。由此可见，这种回路适用于液压缸数目不多、负载变化不大的场合。其优点是动作灵敏，安装连接比较方便；缺点是可靠性不高，位置精度低。

(3) 压力继电器控制的顺序动作回路

图 7-35 所示为压力继电器控制的顺序动作回路。它的工作过程是：换向阀 3 的电磁铁 1YA 得电时，液压缸 7 开始向右运动，完成①动作到达右端终点，当压力升高到压力继电器 5 的调定压力时，换向阀 4 的电磁铁 3YA 得电，液压缸 8 开始向右运动，完成②动作到达右端终点，此时换向阀 4 的电磁铁 3YA 断电，4YA 得电，液压缸 8 开始向左运动，完成④动作到达左端终点，当压力升高到压力继电器 6 的调定压力时，换向阀 3 的电磁铁 2YA 得电，液压缸 7 向左运动，完成③动作退回到原位置。为了确保动作顺序的可靠性，压力继电器的调定压力应比前一动作的液压缸所需的最大工作压力高出 0.5MPa 以上。

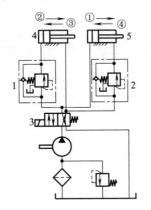

图 7-34　压力控制顺序控制回路
1，2—顺序阀；3—电磁换向阀；4，5—液压缸

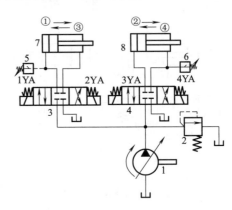

图 7-35　压力继电器顺序动作回路
1—变量泵；2—溢流阀；3，4—电磁换向阀；
5，6—压力继电器；7，8—液压缸

7.4.2　同步控制回路

同步回路的功用是保证系统中的两个或多个液压缸在运动中的位移量相同或以相同的速度运动。从理论上讲，两个工作面积相同的液压缸输入等量的油液即可使两个液压缸同步，但泄漏、摩擦阻力、制造精度、外负载、结构弹性变形以及油液中的含气量等因素都会使同步难以保证。为此，同步回路要尽量克服或减少这些因素的影响，有时要采取补偿措施，消除累积误差。

(1) 带补偿措施的串联液压缸同步回路

如图 7-36 所示为两液压缸串联同步回路。液压缸 1 的有杆腔 A 的有效面积与液压缸 2 的无杆腔 B 的有效面积相等。因此从 A 腔排出的油液进入 B 腔后，两液压缸的下降的速度便同步。但是两缸连通腔密封损坏后造成的泄漏会使两个活塞产生同步位置误差。而补偿措施使同步误差在每一次下行运动中及时消除，以避免误差的累积。这种回路只适用于负载较小的液压系统。

同步误差消除的具体过程是：当电磁换向阀 6 右侧电磁铁 4YA 得电，使其右位工作，若使缸 1 完成动作，缸 2 未完成，此时电磁换向阀 3 的电磁铁通电，其右位接入系统，压力油经阀 6 的右位到阀 3 的右位，流经液控单向阀 5 进入缸 2 的无杆腔，完成消除位置误差；同理，阀 4 的电磁铁通电，可消除缸 1 的伸出同步误差。不过该回路只能消除液压缸伸出误差，而对回程无法消除位置误差。

(2) 用调速阀的同步回路

如图 7-37 所示为采用单向调速阀的同步回路，用两个单向调速阀分别串接在两个液压缸的进油路中，用于调节两个液压缸的运动速度。当两个液压缸的有效面积相等时，则调节流量为大小相同；若两缸面积不等时，则改变调速阀的流量也可以达到同步的运动。

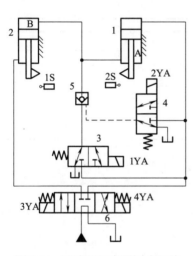
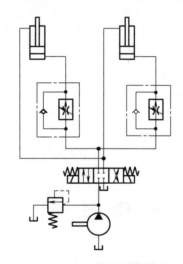

图 7-36　两液压缸串联同步回路　　　　图 7-37　调速阀的同步回路

1，2—液压缸；3，4，6—电磁换向阀；5—液控单向阀

用调速阀控制的同步回路，结构简单，并且可以调速，但因为两个调速阀的性能不可能完全一样，同时，还受到负载和环境温度的影响，同步精度较低，一般在 5%～7%左右。

(3) 液压缸机械连接的同步回路

这种同步是指用刚性梁或者齿轮齿条的机械装置，将两个液压缸的活塞杆或液压缸体连接在一起而实现的同步运动，两个液压缸的进出油路并联。这种同步运动的特点是液压系统简单，但机械部分较复杂，成本较高，并且连接的机械装置的制造和安装误差，不易得到很高的同步精度。特别是当液压缸驱动的负载差别较大时，还容易出现卡死现象。因此这种同步运动方式，仅适用在两个液压缸的驱动负载的差值很小的场合。

(4) 用分流集流阀的同步回路

分流集流阀是流量控制的一种液压阀，它能自动地对输入的油液等量或者按比例进行分配。这种回路将分流集流阀接到两个几何尺寸相同的油缸上，可以将液压泵输出的来油等量输送给两个液压缸，实现两个液压缸的速度保持同步。采用分流集流阀的同步回路简单经济，且两个液压缸在承受不同负载时仍能实现同步。分流集流阀的同步精度一般在2%~5%左右。

白求恩的责任心

白求恩精神一个重要的体现就是他对工作极度地负责任。对工作极度地负责任贯穿于白求恩的每一个行动，甚至他的每一句话。

有一次，白求恩在病房里看到一个小护士给伤员换药，发现药瓶里装的药与药瓶上标签名称不一致，也就是说，药瓶里的药不是应该用的药，这怎么行呢？如果要用错了，会出问题的。白求恩严肃地批评了那个小护士，告诉她，做事这样马虎，会出人命的。

白求恩用小刀把瓶子上的标签刮掉，并说："我们要对同志负责，以后不允许再出现这种情况。"

小护士挨了批评，脸涨得通红，眼泪都要流出来了。白求恩心里很生气，但他控制着自己的情绪说："请你原谅我脾气不好，可是，做卫生工作不认真，不严格要求不行啊！"

事后，白求恩向政委提出，要加强教育，提高工作人员的责任心，才能把工作做好。白求恩不仅用高超的医术救治伤员，他还主动提出，要办一所模范医院，亲自编写教材，亲自制作医疗器械，亲自为八路军医生上课，为八路军培训了大批的医务人员。这也体现了他对工作的极度地负责任，千方百计改进工作。

★学习体会：

7.5 职业技能

7.5.1 液压回路分析

（1）液压图形符号

如果图纸是工程界的语言，液压系统原理图就是液压技术领域的语言。液压系统原理图是为了便于阅读、分析、设计和绘制，用规定的线条和符号来表达液压系统工作原理的图形。 按照规定，液压元件的图形符号，只表示元件的功能、控制方式及外部连接口，不表示元件的具体结构和参数、连接口的实际位置和元件的安装位置，这些符号既不需要标注尺寸，也不需要对布置做出具体规定。液压系统用图形符号表示，直观性强，容易理解，图面简洁，油路走向清楚，而技术、设计人员对系统的分析、阅读、设计和绘制都很方便。在实际生产中液压系统发生故障时，通过液压原理图查找可能存在的问题也方便。

液压系统原理图的识读能力是从事液压行业相关人员必备的一项基本技能。任何一项技能均有其核心技能点及提高相应技能要突破的重难点。液压系统中种类繁多的各种元件的识别就是系统原理图识读过程中的核心和难点。

液压系统中各元件一般采用国家标准规定的图形符号来表示。

① 液压元件图形符号的构成要素

a. 构成液压元件图形符号的要素有点、线、圆、正方形、菱形、长方形等。

b. 实心点为管路连接点，表示两条管路或阀板内部流道是彼此相通的。

c. 实线是管路要素，一般表示主油管路。

d. 虚线表示控制油管路。

e. 点划线所框的内部表示若干个阀装于一个集成块体上，或者表示组合阀，或者表示一些阀都装在泵上控制这台液压泵。

f. 大圆加一个实心小三角形表示液压泵或液压马达（液压泵三角形方向指向外部油路，液压马达相反）。大圆内部加大写的 M 可以表示电机，中圆表示测量仪表，小圆用来构成单向阀与旋转接头、机械铰链或滚轮的要素。

g. 半圆为限定旋转角度的液压马达或摆动液压缸的构成要素。

h. 正方形是构成控制阀和辅助元件的要素，例如阀体、过滤器的壳体等。

i. 长方形表示液压缸、缸的活塞以及某种控制方式等的组成要素。

j. 半矩形表示油箱，囊形表示蓄能器及压力油箱等。

② 液压元件图形的功能要素符号。构成液压元件图形机能要素符号的有直线、斜线箭头、弧形箭头、三角形、近似 W 形等。

a. 箭头标识在方向控制阀图形符号正方形内，表示液压油通过的方向；箭头标识在泵、弹簧、电磁铁上，表示元件是可以调节的。

b. 弧线单、双向箭头表示电机液压泵液压马达的旋转方向，双向箭头表示它们可以正反转。

c. 实心三角形表示液压油压力传递方向，并且表示所使用的工作介质为液体。泵、马达、液动阀及电液阀都有这种功能要素的实心三角形。

d. 近似 W 形为弹簧图形。

③ 其他符号。管路连接及管接头符号、机械控制件和控制方式符号、泵和马达图形符号、液压缸图形符号、各种控制阀（如压力阀、流量阀、方向阀等）图形符号、各种辅助元件的图形符号、检测器或指示器图形符号等。

(2) 液压回路中控制元件的快速识别

液压元件结构及工作原理与其图形符号间存在象形关系，同类型的图形符号具有较突出的相似点和明显区别点，经过对最易混淆的控制元件的纵向和横向分析、提炼得到的元件图形符号特征可以使液压相关技术人员迅速地识别控制元件类别。

① 方向控制元件的快速识别。方向控制元件用来控制液压系统的油流方向，接通或断开油路，从而控制执行机构的启动、停止或改变运动方向，方向控制阀分为单向阀和换向阀两大类。

单向阀图形符号特征：小圆圈顶着小括号为普通单向阀，如 ⭓；若普通单向阀外加方框和表示液控的虚线则为液控单向阀，如 ⊟⭓⊢。

换向阀图形符号特征：几位几通及操作阀芯方式为换向阀图形符号的构成要素，几位往往对应几个方框（换向阀至少为两位即图形符号包含两个方框），几通则对应一个方框和箭头或⊥的几个交点，表示操纵阀芯移动方式的图形符号也非常形象，分为机动、手动、电磁控、液控、电液控等。

② 流量控制元件的快速识别。在液压系统中，各种执行元件的有效面积一般都是固定不变的，如液压缸的内腔直径等，那么执行元件的运动速度就取决于输入到执行元件内的液体流量的大小。流量控制元件就发挥着控制油液流量的作用。流量控制元件常用的为节流阀和调速阀。

节流阀图形符号特征：不可调流量节流阀图形符号为括号背靠背中间有管道，如 ⩤⩥ ；可调流量节流阀图形符号在不可调流量节流阀图形符号基础上加上液压系统中通用的可调符号即斜箭头，如 。

③ 压力控制元件的快速识别。压力控制阀（表7-1）对液体压力进行控制或利用压力作为信号来控制其他元件动作，以满足执行元件对力、速度、转矩等的要求。压力控制阀按照其功能和用途不同可分为溢流阀、减压阀、顺序阀、压力继电器等。

表7-1 不同压力阀区别

阀	减压阀	溢流阀（直动式）	顺序阀
图形符号			
功能说明	阀出口压力低于入口压力	阀出口连接回油箱，控制系统压力稳定，不超过设定值	控制系统中各执行元件先后动作顺序的液压阀
阀芯位置	不工作时，进出油口相通	不工作时，进出油口不通	不工作时，进出油口不通
阀芯控制方式	方框上侧控制压力来源于阀出口侧，下侧为弹簧，调节压缩量	方框上侧控制压力来源于阀入口侧，下侧为弹簧，调节压缩量	方框上侧控制压力来源于阀入口侧，下侧为弹簧，调节压缩量（内控式）
泄油方式	阀出口为压力管路，不接油箱，泄漏到弹簧腔的油液需要单独油路连接油箱	阀出口连接油箱，泄漏到弹簧腔的油液通过内部通道连接到出油口，不需要泄油口	选用内控外泄式时，阀出口不连接油箱，泄漏到弹簧腔的油液需要单独油路连接油箱

压力控制元件中溢流阀、压力阀和顺序阀的图形符号非常相像，容易混淆。在识记过程中对图形符号、工作原理、实际结构及其在液压系统中的作用几者多做横向比较和联想，会达到事半功倍一举多得的效果。

(3) 液压回路分析

① 分析液压回路的要求

a. 应很好地掌握液压传动的基础知识，了解液压系统的基本组成部分、液压传动的基本参数等。

b. 熟悉各种液压元件（特别是各种阀和变量机构）的工作原理和特性。

c. 熟悉液压系统中的各种控制方式及液压图形符号的含义与标准。

② 分析液压回路的一般方法和步骤

a. 尽可能了解或估计该液压回路所要完成的功能目标，需要完成的工作循环及为完成工作所需要具备的特性，当然这种估计不会是全部准确的，但它往往能为进一步分析找出一些头绪，做一些思想准备，为下面进一步读图打下一定的基础。

b. 查阅原理图中所有的液压元件及它们的连接关系，并弄清楚各个液压元件的类型、性能和规格，大概了解它们的作用。查阅和分析元件，就是要了解系统中用的是哪些元件，要特别弄清它们的工作原理和性能。在查阅元件时，首先找出液压泵，然后找出执行机构（液压缸或液压马达），其次是各种控制操纵装置及变量机构，再其次是辅助装置。在查阅和分析元件时，要特别注意各种控制操纵装置（尤其是换向阀、顺序阀等元件）和变量机构的工作原理、控制方式及各种发信号元件（如挡铁、行程开关、压力继电器等）的内在关系。

c. 仔细分析实现执行机构各种动作的油路，并写出其进油和回油路线。对于复杂的原理图，最好从液压泵开始直到执行机构，将各元件及各条油路分别编码表示，以便于用简要的方法写出油路路线。在分析油路走向时，应首先从液压泵开始，并要求将每一个液压泵的各条输油路的"来龙去脉"弄清楚，其中要着重分析清楚驱动执行机构的油路——主油路及控制油路。写油路时，要按每一个执行机构来写。从液压泵开始，到执行机构，再回到油箱，成一个循环。液压系统有各种工作状态，在分析油路路线时，可先按图面所示状态进行分析，然后再看它的工作状态。在分析每一个工作状态时，首先要分析换向阀和其他一些控制操纵元件（开停阀、顺序阀、先导阀等）的通路状态和控制油路的通路情况，然后再分别分析各个主油路，要特别注意系统中的一个工作状态转换到另一个工作状态，是由哪些发信号元件发出信号的，是使哪些换向阀或其他操纵控制元件动作，改变通路状态而实现的。对于一个工作循环，应在一个动作的油路分析完以后，接着做下一个油路动作的分析，直至全部动作的油路分析依次做完为止。

以上所介绍的阅读液压系统图的要求、方法和步骤，只是一些原则性的提法，在遇到具体问题时还要做仔细推敲和具体分析。

7.5.2 回路选用禁忌

液压传动与其他传动方式相比具有单位功率重量轻，能在很大范围内实现无级调速，传动功率大，操作方便，易实现自动化且易于实现过载保护等一系列优异的特点。目前，液压技术已广泛应用于国防工业和民用工业的各个领域。同时液压传动也存在其不足，特别是液压系统发生故障时不易查明原因及迅速排除故障在实际应用中显得尤其突出。对于从事液压系统设计的工程技术人员来讲，首先应当从设计角度考虑系统可能发生故障的各个环节。下面以日常使用比较频繁的换向回路和锁紧回路为例，具体阐述液压回路设计选用中要注意的禁忌，同时大家可以对其他回路进行探讨。

(1) 换向回路

换向回路是我们比较常用的基本回路之一，是利用各种换向阀实现工作部件的换向操作。一般来说，对于简单的、换向不频繁的以及不要求自动换向的液压系统，采用手动换向阀比较好；对于工作台移动速度高、惯性大的液压系统，采用机动换向阀，但是因为机动换向阀的配管困难，不易改变控制位置，现在较少有国内生产，所以不是很常用；对于换向精度高，换向平稳性有一定要求的系统，宜采用液控换向阀或者电液换向阀；对于系统流量比较小，换向时冲击较大的系统可以采用电磁换向阀。

对于换向回路的设计选用禁忌有如下几点：

① 不能忽略单活塞杆液压缸两腔回油的差异。活塞外伸和收缩的时候回油流量是不同的，收缩时无杆腔回油流量与外伸时有杆腔的回油流量之比，等于两腔活塞面积之比。作为选择阀的主要参数之一，若通过阀的实际流量确定小了，将导致阀的规格选得偏小，使阀的

局部压力损失过大，引起油温过高，严重时会影响系统的运行。

② 不要忽略滑阀的过渡状态机能。滑阀的过渡机能状态是指换向过渡位置滑阀油路的连通状况，掌握滑阀的过渡状态机能，以便检查滑阀在换向过渡过程中是否有油路被堵死，从而导致系统瞬时压力无穷大的现象。对于滑阀的中位机能，设计者一般都比较留意，而对于滑阀的过渡机能往往不太在意，因此容易出现意想不到的设计失误。

③ 避免单向阀开启压力选用不合适。单向阀的开启压力取决于其内装弹簧的刚度。一般来说，为了减小流动阻力损失，应尽可能使用低开启压力的单向阀。另一方面，对于诸如为保持电液换向阀必要的控制压力，以单向阀作为背压阀使用时，为保证足够的背压力等情况，应选用开启压力高的单向阀。

④ 不要忽略电磁换向阀和电液换向阀的应用场合。电磁换向阀电磁铁的类型（直流、交流；湿式、干式）和阀的结构一旦确定，阀的换向时间就确定了。但是电液换向阀因为采用了电磁换向阀作为先导阀，并可通过其节流器的开度来调整其换向时间。对于换向平稳性要求较高，宜采用换向时间可调的电液换向阀，如果误使用了电磁换向阀，则容易导致换向过程中液压冲击强烈，致使设备振动，影响质量。

（2）锁紧回路

锁紧回路的作用就是液压执行元件在不工作的时候切断其进、出油通道，确切地让其保持在既定位置上。

对于锁紧回路的设计，应该注意的事项如下：

① 液压锁使用时的换向阀中位机能。液压锁是我们在锁紧回路设计中经常要使用到的元件，其结构简单可靠，能够适用于大多数的回路，但是在使用过程中往往会发现其锁紧效果有限，究其原因大多数是因为其配合的换向阀的中位机能选用不当。在大多数的液压回路资料中，其配合的换向阀中位选择 O 形，这样就会使在液压阀换向的时候，系统内的液压压力不能释放，而一般液控单向阀的液控口开启压力仅仅在 0.5MPa 左右，容易使液控阀开启而不能达到锁定的效果。所以换向阀的中位机能不宜采用 O 形阀，而应采用 H 形或者 Y 形，这样在切换到中位的时候能够马上释放压力，使液控单向阀截止，达到很好的锁紧效果。

笔记

② 多种情况对于液压锁的干扰。因为液压锁的液控单向阀控制压力的限制，在使用的时候往往会对液压线路有很多的限制，在有多个回路一起共用一个换向阀作总开关的时候，因为线路互相连接，在其中一个支路容易对其他支路的液压锁干扰，造成锁紧效果不佳。另外一种情况是，如果系统在回油线路中使用了冷却器及过滤器等其他设备，那么势必将在回油管路上产生一定的背压，这种背压对于液控单向阀来说就有比较大的影响，所以这种情况下不能将换向阀的中位机能（即使是 H 形或者 Y 形）直接接到回油管路中，需要调整油路让其直接泄油回到油箱。

③ 液控单向阀的泄压方式选用不合理。当液控单向阀的出口存在背压时，宜选用外泄式，其他情况可以选用内泄式。

④ 在锁紧回路内不允许有泄漏。由于液压油的弹性模量很大，因此很小的容积变化就会带来很大的压力变化。锁紧回路是靠将液压缸两腔的液压油密封住来保持液压缸不动的。但是如果锁紧回路中的液控单向阀和液压缸之间还有其他可能发生泄漏的液压元件，那么就可能因为这些元件的轻微泄漏，导致锁紧失效。正确的做法应该是双向液控单向阀和液压缸之间不设置任何其他液压元件，以保证锁紧回路的正常工作。

⑤ 不要使重力负载向下运动时油路压力过低。如果液压系统的重力负载较大，在下降

过程中导致负载出现快降、停止交替的不连续跳跃、振动等非正常现象。这主要是由于负载较大，向下运行时由于速度过快，液压泵的供油量一时来不及补充液压缸上腔形成的容积，因此在整个进油回路产生短时负压，这时右侧单向阀的控制压力随之降低，单向阀关闭，突然封闭系统的回油路使液压缸突然停止。当进油的压力升高后，右侧的单向阀打开，负载再次快速下降。上述过程反复进行，导致系统振荡下行。这种问题的解决方法之一是在下降的油路上安装一个单向节流阀，这样就能防止负压的产生。

★学习体会：

理论考核（30分）

一、请回答下列问题（每题5分，共计20分）

1. 如图7-38所示的液压系统中，各溢流阀的调定压力分别为 P_A=4MPa、P_B=3MPa 和 P_C=2MPa。试求在系统的负载趋于无限大时，液压泵的工作压力是多少？

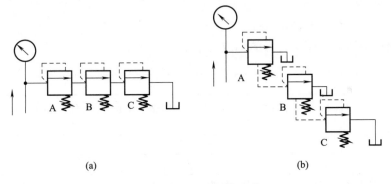

图7-38 多级调速系统回路

2. 什么是锁紧回路？如何实现锁紧功能？

3. 进口节流调速回路与出口调速回路各有什么特点？

4. 说明什么是容积调速回路？容积调速回路主要应用在什么地方？

二、判断下列说法的对错（正确画√，错误画×，每题1分，共10分）

1. 采用调速阀的定量泵调速回路，无论负载如何变化始终能保证液压缸速度稳定。（　）
2. 进油节流调速回路比回油节流调速回路运动平稳性好。（　）
3. 压力控制的顺序动作回路中，顺序阀和压力继电器的调定压力应为执行元件前一动作的最高压力。（　）
4. 因液控单向阀关闭时密封性能好，故常用在保压回路和锁紧回路中。（　）
5. 同步运动分速度同步和位置同步，位置同步未必速度同步，而速度同步未必位置同步。（　）
6. 容积调速比节流调速的效率低。（　）
7. 变量泵容积调速回路的速度刚性受负载变化影响的原因与定量泵节流调速回路有根本的不同，负载转矩增大，泵和马达的泄漏增加，致使马达转速下降。（　）
8. 节流阀旁路调速回路中液压泵的工作压力随负载变化。（　）
9. 用蓄能器的快速运动回路适用于系统短期需要小流量的场合。（　）
10. 液压缸差动连接时可以提高执行元件的输出力。（　）

技能考核（40分）

简答题（每题10分，共计40分）

1. 简单叙述液压元件图形符号的构成要素。

2. 液压系统中为什么要设置背压回路？背压回路与平衡回路有何区别？

3. 描述液压回路分析的一般方法与步骤。

4. 换向回路在设计选用过程中都需要注意哪些事项？

素质考核（30分）

1. 谈谈你对责任心的理解。（10分）

2. 在团队协作中做好属于自己部分的工作而忽略其他人的工作是否正确？（10分）

3. 举一下身边人的事例来说明责任心的重要性。（10分）

学生自我体会：

学生签名：_____ 日期：_____

🔍 拓展空间

1. 液压系统仿真软件

计算机仿真技术作为液压系统或者元件设计阶段的必要手段，已经被业界广泛认可。液压系统仿真从诞生到今天已经有五十多年的历史，在我国也有四五十年的发展历史。随着我国各个领域的迅猛发展，计算机模拟仿真对工程设计的意义也越来越重大，尤其是一些代价高昂的巨型工程，集合了液压技术、现代控制理论以及可靠性等多学科的最新技术，只有通过计算机仿真的前期验证才能为后续的设计及其制造提供理论依据与数据参考。

在现代工业中，随着液压机械设备的性能要求以及机电液一体化程度的不断提高，对液压传动与控制系统的性能和控制精度也提出了更高的要求，传统的以完成设备工作循环和满足静态特性为目的的液压设计方法已经不能适应现代产品的设计和性能要求。计算机仿真技术不仅可以在设计中预测系统性能，缩短设计周期，降低成本，还可以通过仿真对所涉及的液压系统进行整体分析和评估，从而达到优化设计、提高系统稳定性及可靠性的目的。

建模仿真是复杂的建立数学模型的过程，对于广大的普通工程人员来讲无疑是相当困难的。国外尤其是欧洲研发的一些更为实用的液压机械仿真软件，摒弃了晦涩难懂的数学公式，而是直接通过图形符号和图形接口的形式将工程中的液压系统以贴近系统原理图的方式表达出来，在工程实践中得到了成功的应用。AMESim 就是其中杰出的代表。它是法国 IMAGINE 公司于 1995 年推出基于键合图的液压/机械系统建模仿真及动力学分析软件。它由一系列软件构成，其中包括 AMESim、AMESet、AMECustom 和 AMERun。

下面以液压位置控制系统为例说明 AMESim 的应用，使液压执行机构的输出位移跟踪给定的输入信号。首先在 AMESim 的草图模式（sketch mode）下建立该液压执行机构位置控制系统的仿真模型，该系统主要是由液压缸、三位四通液压伺服阀、定量泵、蓄能器、溢流阀以及信号源和增益等构成，其液压机械部分是一个开关型阀控缸系统，从整体来看又是一个典型的闭环控制系统，如图 7-39 所示。其工作原理为：用位移传感

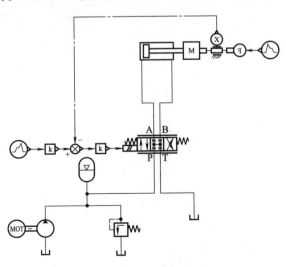

图 7-39 液压位置控制系统

器 x 将执行机构的位移转换为信号并与给定的位移信号进行比较后形成闭环控制的误差信号，所得到的差值通过比例放大后驱动伺服阀动作，来接通/切断执行机构的液压油供应并改变供油方向，从而实现了对执行机构位移的大小及方向的控制。只要执行机构的输出位移与给定的位移存在偏差，系统就可以自动调节输出位移，直到误差为零。

2. 专业英语

POSITION CONTRAL LOOP

Purpose

Shows how to use the control submodels to create control loops

Description

The hydraulic actuator moves a load and there is control using position feedback. Note that the position transducer is used to convert the actuator displacement to a signal and that a position duty cycle is specified by a duty cycle submodel. The duty cycle position is compared with the position indicated by the transducer to produce an error. The error is subjected to a gain and the signal transferred to the servo-valve.

Using the batch facility, we can easily modify the proportional gain of the control loop in order to visualize its influence on the dynamic of the system.

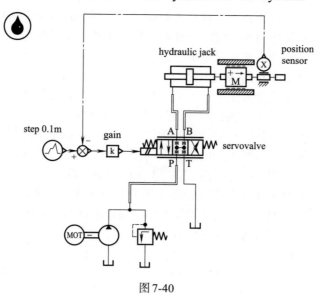

图 7-40

第 8 章 典型液压系统

知识目标

1. 掌握动力滑台液压系统的分析方法、工作原理、主要元件作用及特点。
2. 理解注塑机液压传动系统的分析方法、工作原理、主要元件作用及特点。
3. 了解混凝土搅拌车液压系统的分析方法、工作原理、主要元件作用及特点。

技能目标

1. 会进行典型液压系统安装与调试。
2. 会进行典型液压系统维护和保养。
3. 会进行典型液压系统常见故障分析与诊断。

素质目标

1. 认识到与他人相互支持、相互配合的重要性。
2. 学习团结协作的名人事例。
3. 能够把个人的愿望和团队的目标结合起来。

学习导入

液压传动技术已广泛应用于国民经济和军工装备等各个领域。由于液压系统所服务的主机的工作循环、动作特点等各不相同，相应的各液压系统的组成、作用和特点也不尽相同。通过典型液压系统的分析，进一步明晰液压元件在系统中的作用和各种基本回路的组成，并掌握分析液压系统的方法和步骤。

将实现各种不同运动的执行元件及其液压回路汇合起来，用液压泵组集中供油，使液压设备实现特定的运动循环或工作的液压传动系统，简称为液压系统。液压系统图是用规定的图形符号画出的液压系统原理图。它表明了组成液压系统的所有液压元件以及它们之间的相互关系，表明了各执行元件所实现的运动循环及循环的控制方式等，从而表明了整个液压系统的工作原理。

阅读和分析一个较复杂的液压系统图时，一般应遵循以下步骤：
① 了解设备的功用及对液压系统动作和性能的要求。

② 初步分析液压系统图,并按执行元件数将其分解为若干个子系统。

③ 对每个子系统进行分析,分析组成子系统的基本回路及各液压元件的作用,按执行元件的工作循环分析实现每个动作的进油和回油路线。

④ 根据设备对液压系统中各子系统之间的顺序、同步、互锁、防干扰或联动等要求,分析它们之间的联系,理解整个液压系统的工作原理。

⑤ 归纳出设备液压系统的特点和使用要领。

8.1 组合机床动力滑台液压系统

8.1.1 概 述

图8-1为组合机床结构的外形图,组合机床由通用部件和专用部件组成,其具有效率高、操作简便的特点,广泛应用在零件的大批量生产中。组合机床的动力滑台是用来实现进给运动的,只要装配不同用途的主轴头,即可完成钻、镗、铣、刮端面、倒角、攻螺纹等加工和工件的转位、定位、夹紧、输送等工作。动力滑台分为机械式和液压式两种。

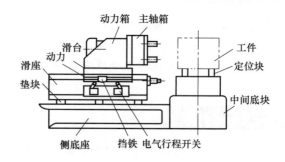

图8-1 组合机床结构外形图

如图8-2所示为YT4543型组合机床液压动力滑台液压系统原理图,它可以实现快进→一工进→二工进→死挡铁停留→快退→停止的工作循环。该液压动力滑台的性能参数为:进给速度6.6~600mm/min,最大进给力45kN。该系统采用限压式变量泵供油,电液换向阀换向,用行程阀实现快进和工进的速度环节,用电磁换向阀实现两种工进速度的转换,可以实现多种工作循环。下面以快速进给、一次工作进给、二次工作进给、死挡铁停留、快速返回、原位停止的自动循环为例,说明该液压系统的工作原理。

8.1.2 液压系统工作原理

(1) 快速进给

参照电磁铁动作表8-1可知,按下起动按钮,1YA得电,可实现动力滑台的快进。

① 控制油路走向分析。在图8-2所示液压系统原理图中,当1YA得电,三位五通电液换向阀5的先导电磁换向阀的左位接入液压系统中,变量泵出口的压力油,经先导换向阀的

左位，流经左侧的单向阀到达液动换向阀的左控制腔；液动换向阀的右控制腔的油液，经右侧的节流阀经先导换向阀的左位，流回油箱，从而实现了主阀从中位到左位的切换。

② 主油路的油液走向分析

进油路：过滤器1→变量泵2→单向阀3→管路4→电液换向阀5主阀的左位→管路10，11→行程阀17的常态位→管路18→液压缸19左腔。

回油路：缸19右腔→管路20→电液换向阀5主阀的左位→油路8→单向阀9→油路11→行程阀17常态位→管路18→缸19左腔。

这时液压缸的两腔同时通压力油，形成差动连接，从而实现了液压缸的快速运动。要注意此时液压缸所驱动的负载较小，所以变量泵2输出流量大，顺序阀7处于关闭状态，液压缸的有杆腔的油液也同时进入无杆腔，因此动力滑台快速前进，实现快进。

如果顺序阀7关闭不严就会出现无快进或快进速度不理想的故障。

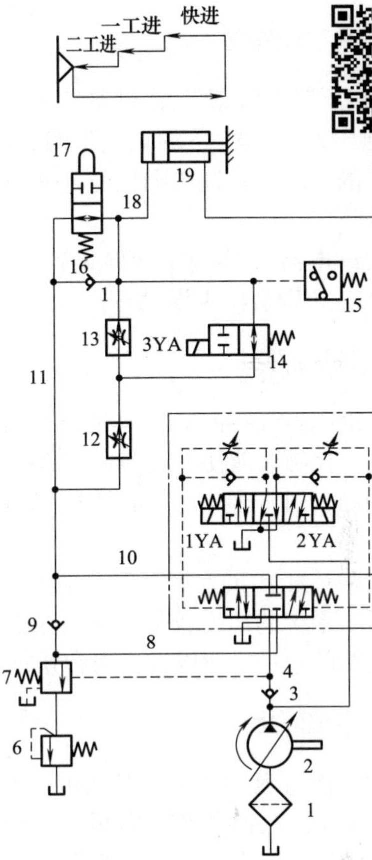

(2) 一工进

从表8-1可知，当快进到将行程阀17压下即其上位接入液压系统中时，通过此阀的油路断开，动力滑台的快进结束，转入一工进。控制油路走向不变，主油路的进油路和回油路发生了变化。

进油路：过滤器1→变量泵2→单向阀3→电液换向阀5主阀的左位→油路10→调速阀12→二位二通电磁换向阀14常态位→油路18→液压缸19左腔。

回油路：缸19右腔→油路20→电液换向阀5的左位→管路8→顺序阀7→背压阀6→油箱。

因为工作进给时油压升高，所以变量泵2的流量自动减小，动力滑台向前做第一次工作进给，进给量的大小可以通过调速阀12调节。

(3) 二工进

从电磁铁顺序表8-1可知，当在第一次工作进给结束时，滑台上的挡铁压下行程开关（图中未画出），行程开关发出电信号，使电磁阀14的电磁铁3YA得电，阀14左位接入液压系统，切断了该阀所在的油路，一工进结束转入二工进。此时油液经调速阀12，再经过调速阀13进入液压缸的左腔，其他油路不变，此时行程阀17仍处于压下状态。由于调速阀13的开口量小于阀12，进给速度降低，进给量的大小可由调速阀13来调节，这时的主油路是：

进油路：过滤器1→变量泵2→单向阀3→电液换向阀5主阀的左位→管路10→调速阀12→调速阀13→管路18→液压缸19左腔。

回油路：缸19右腔→管路20→电液换向阀5主阀的左位→管路8→顺序阀7→背压阀6→油箱。

图8-2 YT4543型组合机床液压动力滑台系统图
1—过滤器；2—变量泵；3，9，16—单向阀；4，8，10，11，18，20—管路；5—电液动换向阀；6—背压阀；7—顺序阀；12，13—调速阀；14—电磁阀；15—压力继电器；17—行程阀；19—液压缸

(4) 死挡铁停留

当动力滑台第二次工作进给终了碰上死挡铁后,液压缸停止不动,系统的压力进一步升高,达到压力继电器15的调定值时,压力继电器发出电信号使1YA、3YA都断电,经过时间继电器的延时,其发出电信号,使滑台退回。在时间继电器延时动作前,滑台停留在死挡块限定的位置上。

压力继电器15实现了从停止到快退的转换。其调定压力要比系统的最大工作压力高出0.5~1MPa,否则会出现误动作。

(5) 快速返回

时间继电器经延时后,其发出电信号后使电液换向阀5主阀的先导电磁换向阀的电磁铁2YA得电,控制油液使电液换向阀5主阀的右位接通工作,这时的主油路是:

进油路:过滤器1→变量泵2→单向阀3→管路4→电液换向阀5主阀的右位→管路20→缸19的右腔。

回油路:缸19的左腔→管路18→单向阀16→管路11→电液换向阀5的右位→油箱。

快退时系统的压力较低,变量泵2输出流量大,动力滑台快速退回。由于活塞杆的面积大约为活塞的一半,所以动力滑台快进、快退的速度大致相等。

(6) 原位停止

当动力滑台退回到原始位置时,挡块压下行程开关(图中未画出),这时电磁铁1YA、2YA、3YA都失电,电液换向阀5处于中位,动力滑台停止运动,变量泵2输出油液经电液换向阀的主阀中位直接流回油箱实现卸荷。

表8-1是该液压系统的电磁铁和行程阀的动作表。

表8-1　组合机床动力滑台液压系统电磁铁和行程阀动作表

	1YA	2YA	3YA	17行程阀	动作/转换信号
快速进给	+	-	-	-	起动按钮
一工进	+	-	-	+	行程阀17发信号
二工进	+	-	+	+	行程开关1
死挡铁停留	-	-	-	-	时间继电器延时
快速返回	-	+	-	-	压力继电器
原位停止	-	-	-	-	行程开关2

注:"+"为通电或压下;"-"为断电或复位

8.1.3　YT4543动力滑台液压主要元件作用

① 限压式变量泵2,随负载的变化而输出不同流量的油液,以适应快速运动和工作进给(慢速)的要求。

② 单向阀3,除防止系统的油液倒流,保护变量泵外,主要使控制油路具有一定的压力,同时用于保证系统卸荷电液换向阀5的先导控制油路保持一定的控制压力,确保换向动作的实现。

③ 溢流阀6,在此回路中作背压阀用。

④ 外控顺序阀7,液压缸快进时,系统压力低,顺序阀关闭,使液压缸形成差动连接;

在工进时,由于系统压力升高,顺序阀打开。

⑤ 单向阀9,液压缸工进时,将进油路与回油路隔开。

⑥ 电液换向阀5,用以控制液压缸的运动方向。

⑦ 调速阀12和13,两个串联在进油路上的流量控制阀,与变量泵2联合控制进入液压缸中的流量,实现二次工进。

⑧ 压力继电器15,用以向时间继电器发出信号。

⑨ 单向阀16,用以接通快退回路。

⑩ 行程阀17,用以实现快进与工进的换接。

⑪ 二位二通电磁阀14,用以切换二种不同速度的工进。

8.1.4 YT4543动力滑台液压系统特点

通过以上分析可以看出,为了实现自动工作循环,该液压系统应用了下列一些基本回路:

① 调速回路。采用了限压式变量泵和调速阀的调速回路,调速阀放在进油路上,回油经过背压阀。

② 快速运动回路。应用限压式变量泵在低压时输出流量大的特点,并采用差动连接来实现快速前进。

③ 换向回路。应用电液动换向阀实现换向,工作平稳、可靠,并由压力继电器与时间继电器发出的电信号控制换向信号。

④ 快速运动与工作进给的换接回路。采用行程换向阀实现速度的换接,换接性能较好。同时利用换向后,系统中的压力升高使液控顺序阀接通,系统由快速运动的差动连接转换为使回油流回油箱。

⑤ 两种工作进给的换接回路。采用了两个调速阀串联的速度转接回路。

8.2 注塑机液压传动系统

8.2.1 概　述

BOY15S型注塑机是自国外引进生产线中的设备,属于卧式超小型塑料注射成型机,该机采用全液压传动,控制部分采用集成块结构,可以实现手动、半自动及自动工作循环,其工作程序与一般的塑料注塑成型机基本相同。

图8-3所示为BOY15S注塑机的实物图,这种塑料注射成型机的是由合模部件、注射部件、液压传动系统和电气控制系统等组成。

合模部件是注塑机的成型部件。主要由定模板、动模板、合模机构、合模缸和顶出装置等组成;注射部件是注塑机的塑化部件,其主要由加料装置、料筒、螺杆、喷嘴、预塑装置、注射缸和注射座移动缸等组成;液压传动及电气控制系统被安装在机身内外腔上,是注塑机的动力和操纵控制部件,主要由液压泵、液压阀、电动机、电气元件及控制仪表等组成。

注塑机要求液压系统完成的动作要求如下:

图8-3　BOY15S注塑机的实物图

① 要有足够的合模力。
② 开、合模的速度可调节。
③ 注射座移动液压缸要有足够的推力。
④ 注射压力和速度可调节。
⑤ 保压功能。
⑥ 预塑过程可以调节。
⑦ 顶出制品。

BOY15S 注塑机的工作流程如图 8-4 所示。

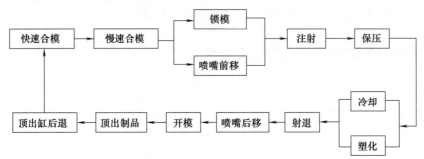

图 8-4　BOY15S 注塑机的工作流程

8.2.2　液压系统工作原理

BOY15S 注塑机的液压系统原理图，如图 8-5 所示。

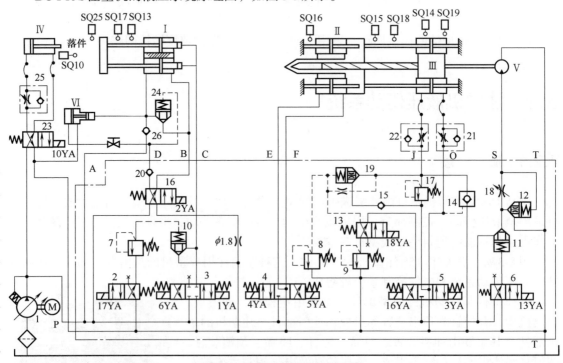

图 8-5　注塑机液压系统原理图

1—变量叶片泵；2，6，13，16，23—二位四通电磁换向阀；3，4，5—三位四通电磁换向阀；7，8，9，17—溢流阀；10，11，12，19，24—插装阀；14—液控单向阀；15，20，26—单向阀；18—节流阀；21，22，25—单向节流阀；Ⅰ—合模液压缸；Ⅱ—注射装置液压缸；Ⅲ—注射液压缸；Ⅳ—顶出液压缸；Ⅴ—单向定量液压马达；Ⅵ—增压器系统的油源为恒压控制变量叶片泵1，可与有关液压阀一起组成压力匹配回路、流量匹配回路及差动回路等，以实现节能。整个系统只有5个执行元件（合模液压缸Ⅰ、注射装置液压缸Ⅱ、注射液压缸Ⅲ、顶出液压缸Ⅳ、单向定量液压马达Ⅴ）。增压器Ⅵ用于合模装置高压锁模。顶出缸和注射装置液压缸的装置分别由二位四通电磁换向阀23和三位四通电磁换向阀4控制，其他液压缸和液压马达的运动则由插装阀及其电磁换向阀和先导压力阀等元件控制，电磁换向阀的信号源为有关执行器行程上布置的行程开关。整个系统可以分解为合模锁模、注射装置前移、注射、保压、冷却和预塑、顶出等回路。各回路的工作原理如下。

(1) 合模与锁模液压回路

液压系统的整个工作循环从模具闭合开始。机器用按钮启动以后，电磁铁1YA通电使三位四通电磁换向阀3切换至右位，使合模液压缸Ⅰ的C腔经阀3通油箱。A、B腔差动连接，故动模快速前进。当动模接近定模时，压下行程开关SQ17，使电磁铁1YA断电，17YA通电，液压缸Ⅰ的C腔回油箱需经背压阀10，合模力自动降低，速度减慢，以减小合模的冲击力。待合模到位后，压力行程开关SQ13，使电磁铁1YA及2YA通电，液压缸Ⅰ的B、C腔通油箱卸压，泵1的压力油经阀16及单向阀20进入锁模增压器Ⅵ的左腔，增压器右腔的高压油进入液压缸Ⅰ的A腔，将模具锁紧。快速合模的速度，可通过调节插装阀24的开口量来调节。锁模时，B腔的回油通过$\phi 1.8$mm的阻尼孔，以提高锁模过渡过程的稳定性。

① 合模回路的主油路如下：
进油路：变量叶片泵1→单向阀26→合模液压缸Ⅰ的A腔。
回油路：合模液压缸Ⅰ的B腔→二位四通电磁换向阀16左位→单向阀26→合模液压缸Ⅰ的A腔。

② 锁模回路的主油路如下：
进油路：变量叶片泵1→二位四通电磁换向阀16右位→单向阀20→增压器Ⅵ左腔→增压器Ⅵ右腔→液压缸Ⅰ的A腔。
回油路：合模液压缸Ⅰ的B腔→二位四通电磁换向阀16右位→$\phi 1.8$mm的阻尼孔→油箱。

(2) 注塑装置前移和注射液压回路

在锁模的同时，电磁铁4YA带电，三位四通电磁换向阀4切换至左位，液压泵1的压力油经阀4进入注射装置液压缸Ⅱ的E腔，带动整个注射装置前移，使喷嘴与模具贴合，并压下行程开关SQ16，使电磁铁3YA通电，三位四通电磁换向阀5切换至右位，液压泵1的压力油经阀15、减压阀19及单向节流阀22进入注射液压缸Ⅲ的J腔，带动螺杆以高压高速将头部熔料注入模腔，注射液压缸的前进速度取决于阀22中节流阀的开度。此时螺杆头部作用于熔料上的注射压力（一次压力）由直动式溢流阀8调节。

注射液压回路属于容积节流联合调速，变量叶片泵输出的流量取决于节流阀的开度，泵输出的流量一直与负载所需流量相匹配，功率损失较小。

① 注射装置前移的主油路如下：
进油路：变量叶片泵1→三位四通电磁换向阀4左位→注射装置液压缸Ⅱ的E腔。
回油路：注射装置液压缸Ⅱ的F腔→三位四通电磁换向阀4左位→油箱。

② 注射液压回路的主油路如下：
进油路：变量叶片泵1→三位四通电磁换向阀5右位→单向阀15→减压阀19→单向节流阀22→注射液压缸Ⅲ的J腔。
回油路：注射液压缸Ⅲ的O腔→单向节流阀21→三位四通电磁换向阀5右位→油箱。

(3) 保压

由于模具的冷却作用，使注入模腔内的熔料产生收缩，为获得致密的产品，应对熔料保持一定的压力，为此在注射行程终了，压下行程开关SQ18，使电磁铁18YA通电，此时，注射液压缸Ⅲ的左腔压力由溢流阀9控制，调节该阀可以获得不同保压压力值。在保压时，螺杆会有少量的前移。

(4) 制品的冷却和预塑

当保压到模腔内的熔料失去从浇口流回的可能性时，注射液压缸内的保压压力可以卸去（此时合模液压缸内的高压也可撤除），使制品在模具内冷却定型。此时，电磁铁13YA通电，二位四通电磁换向阀6切换至右位，液压泵的压力油经单向阀11及由插装阀12和阀18组成的溢流节流阀进入单向定量液压马达Ⅴ，马达驱动螺杆转动（转动速度由溢流节流阀调定和稳速），将来自料斗的粒状塑料向前输送并使其塑化。由于螺杆头部熔料压力的作用，使螺杆转动的同时又发生后退，螺杆的后退量表示了螺杆头部所积存的熔料体积量。当回退到计量值时，行程开关SQ19被压下，电磁铁13YA断电，螺杆停止转动，准备下一次注射。制品冷却与螺杆塑化在时间上是重叠的，在一般情况下，螺杆塑化计量时间少于制品冷却时间。

液压马达驱动螺杆工作期间，由于溢流节流阀的作用，既保证了螺杆转速恒定和重复计量精度，又使液压泵的工作压力始终跟随负载压力变化，从而实现了压力匹配（压力适应）。

预塑回路的主油路如下：

进油路：变量叶片泵1→单向阀11→由插装阀12和阀18组成的溢流节流阀→单向定量液压马达Ⅴ。

回油路：单向定量液压马达Ⅴ→油箱。

(5) 注射装置后退和开模顶出制品

待螺杆塑化计量完毕后，为了使喷嘴不至于因长时间和冷模接触而形成冷料等缘故，经常需要将喷嘴撤离模具，即注射装置后退。为此行程开关SQ19发讯使电磁铁5YA通电，换向阀4切换至右位，液压泵的压力油经阀4进入注射装置液压缸Ⅱ的F腔，带动整个注射装置返回。喷嘴退回到位后，压下行程开关SQ15，使电磁铁6YA通电，换向阀3切换至左位，模具打开，开模到位后，压下行程开关SQ25，使电磁铁10YA通电，液压泵的压力油经阀23和25进入顶出液压缸Ⅳ的左腔，推动顶出杆将制品从模具内顶出，完成整个工作循环。

① 注射装置后退的主油路如下：

进油路：变量叶片泵1→三位四通电磁换向阀4右位→注射装置液压缸Ⅱ的F腔。

回油路：注射装置液压缸Ⅱ的E腔→三位四通电磁换向阀4右位→油箱。

② 顶出回路的主油路如下：

进油路：变量叶片泵1→二位四通电磁换向阀23右位→单向节流阀25→顶出液压缸Ⅳ的左腔。

回油路：顶出液压缸Ⅳ的右腔→二位四通电磁换向阀23右位→油箱。

系统一个循环中各工况的信号来源和通电的电磁铁情况如表8-2所示。

表8-2 注塑机液压系统电磁铁和信号来源动作表

	1YA	2YA	3YA	4YA	5YA	6YA	10YA	13YA	16YA	17YA	18YA	动作/转换信号
快速合模	+	−	−	−	−	−	−	−	−	−	−	起动按钮
慢速合模	−	−	−	−	−	−	−	−	−	+	−	行程开关SQ17

续表

	1YA	2YA	3YA	4YA	5YA	6YA	10YA	13YA	16YA	17YA	18YA	动作/转换信号
锁模+喷嘴前移	+	+	-	+	-	-	-	-	-	-	-	行程开关SQ13
注射	+	+	+	+	-	-	-	-	-	-	-	行程开关SQ16
保压	+	+	-	+	-	-	-	-	-	+	-	行程开关SQ18
冷却+塑化	+	+	-	+	-	-	+	-	-	-	-	延时继电器
射退	+	+	-	+	-	-	-	-	+	-	-	行程开关SQ14
喷嘴后移	+	+	-	-	+	-	-	-	-	-	-	行程开关SQ19
开模	-	-	-	-	-	+	-	-	-	-	-	行程开关SQ15
顶出制品	-	-	-	-	-	-	+	-	-	-	-	行程开关SQ25

注："+"为通电或压下；"-"为断电或复位

8.2.3 液压系统主要元件作用

Ⅰ——合模液压缸，用于快速合模和慢速合模。
Ⅱ——注射装置液压缸，带动整个注射装置前移，使喷嘴与模具贴合。
Ⅲ——注射液压缸，将头部熔料注入模腔。
Ⅳ——顶出液压缸，用于将制品从模具内顶出。
Ⅴ——单向定量液压马达，用于将来自料斗的粒状塑料向前输送。
Ⅵ——增压器，用于锁模。

8.2.4 液压系统的特点

① 本机其属于超小型注塑机，液压缸直径较小，故只采用一个高压变量叶片泵供油，既保证了合模装置在大部分工作时间内恒压力的要求，又可组成压力匹配回路、流量匹配回路及差动回路等，减少了系统的无用损耗和发热，实现了节能。

② 本液压系统流量较小，但采用了插装阀控制，动作灵敏，密封性好；所有插装阀位于三个相连的集成块内，块外安装各种先导阀，结构简单紧凑，所用元件较少，油液沿程压力损失减小。

③ 采用增压器进行高压锁模。比机械式锁模结构简单，锁模可靠。

④ 与电动机驱动螺杆预塑相比，采用液压马达驱动螺杆进行注塑，并采用溢流节流阀节流调速，便于实现无极调速。

8.3 混凝土搅拌车液压系统

8.3.1 概 述

图8-6所示为混凝土搅拌车外观图，它的液压传动系统是液压能、机械能相互转换的系

图 8-6 混凝土搅拌车外观图

统,液压泵通过传动轴和底盘发动机取力器连接,将机械能转换为液压能,高压油进入马达后,又将液压能转化为机械能,输出方式为液压马达输出轴的高速旋转,液压马达和减速机连接,通过减速机内部行星齿轮组的减速,驱动法兰盘低速转动并输出适当数值的扭矩,从而带动装有混凝土的筒体转动,实现筒体的功能。

8.3.2 液压系统工作原理

图 8-7 是一个比较典型的搅拌运输车液压传动系统,目前被广泛地采用。它是由泵组件Ⅰ、马达组件Ⅱ、油箱组件Ⅲ和高压软管等组成的一个闭式液压系统,该闭式系统包括主油路、补油辅助回路和主油路冷却回路,采用了变量泵容积式无级调速。系统的压力设置如表 8-3 所示。

表 8-3 混凝土搅拌车液压系统溢流阀调定压力

	补油泵的溢流阀	低压溢流阀	高压溢流阀
调定压力	1.8MPa	1.5MPa	28MPa

泵组件Ⅰ,包括变量柱塞泵 2、补油泵 3、单向阀 5 和 6、手动伺服控制阀 1 和补油溢流阀 4 等构成;马达组件Ⅱ,包括定量柱塞马达 12、高压溢流阀 8 和 9、梭阀 10 和低压溢流阀 11 构成;油箱组件Ⅲ,包括油箱 8、冷却器 19、过滤器 15、真空表 14、温度计 17 和截止阀 16 等构成。

主油路是变量柱塞泵 2、高压溢流阀 8 和 9 以及定量柱塞马达 12 构成;补油辅助油路包括补油泵 3、补油溢流阀 4 和两个单向阀 5 和 6 构成;主油路冷却回路由梭阀 10 和低压溢流阀 11 构成。

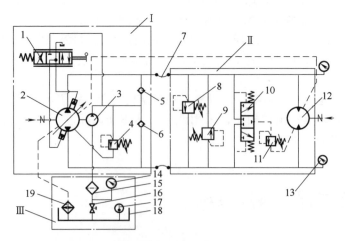

图 8-7 混凝土搅拌车液压传动系统

1—手动伺服控制阀;2—变量柱塞泵;3—补油泵;4—补油溢流阀;5—单向阀1;6—单向阀2;7—高压软管;8—高压溢流阀1;9—高压溢流阀2;10—梭阀;11—低压溢流阀;12—定量柱塞马达;13—压力表;14—真空表;15—过滤器;16—截止阀;17—温度计;18—油箱;19—冷却器

定量柱塞马达12的正转、反转、停止以及转速的大小调节，都是由手动伺服控制阀1来控制。该阀阀芯不同的停留位置，由操作手柄控制，实现补油泵3排出压力油对变量柱塞泵2的斜盘方位和倾斜角度的控制，从而决定主油路油液的流动方向和流量大小，从而实现定量柱塞马达12驱动的搅拌筒的转向和转速的调节。

当手动伺服控制阀在左手时（右位略）：

补油辅助油路：补油泵3输出的油液，一路经单向阀6达到主油路低压侧补油；另一路经手动伺服控制阀1的左位到变量柱塞泵2的变量控制腔液压缸上腔。变量柱塞泵2的变量控制液压腔下腔的油液，经手动伺服控制阀1的左位，流回油箱，完成变量柱塞泵2的斜盘倾角保持在某一位置。

此时主油路如下：

进油路：变量柱塞泵2出油口→定量柱塞马达12进油口。

回油路：定量柱塞马达12出油口→变量柱塞泵2进油口。

在主油路中，为了保证闭式传动系统的正常工作，高压溢流阀8和9充当安全阀用，当马达驱动负载超载时，其瞬间打开，瞬间关闭，保护泵、马达、高压软管、接头和密封件等元件；高压油推动梭阀10上位接入，使主油路低压区的热油，经低压溢流阀11、定量柱塞马达12的壳体，流回油箱冷却。

8.3.3 主要元件作用

1——手动伺服控制阀，是变量柱塞泵2斜盘伺服液压缸的随动阀，与变量柱塞泵2斜盘伺服液压缸一起配合控制其排量。

2——变量柱塞泵，在油路上输出高压油流，进行流量和方向的控制。

3——补油泵，为主回路低压区补油，为主泵的伺服变量机构的液压缸提供动力源。

4——补油溢流阀，调定补油泵的输出压力，并将多余的流量溢流回油箱。

5、6——单向阀，确保工作时给主回路提供一个连接通道，完成对主油路低压侧补油。

8、9——高压溢流阀，在马达驱动负载超载时，保护主油路元件。

10——梭阀，确保工作时给主回路低压区提供一个溢流通道，使溢流进入冷却油路。

11——低压溢流阀，使主油路低压侧保持一个稳定的低压，并将低压侧的热油流回油箱冷却。

19——冷却器，自动控温，保持油箱稳定在合理的温度范围。

8.3.4 系统特点

① 在混凝土搅拌车闭式液压系统中，方向控制阀只是进行先导控制，因此本系统中的手动伺服控制阀1规格小。

② 在混凝土搅拌车闭式液压系统中，变量泵为集成式构造，补油泵3及补油溢流阀4、单向阀5和6等功效阀组集成于液压泵上；高压溢流阀8和9、梭阀10、低压阀11集成在液压马达上，不仅缩小了安装空间，而且减少了由管路连接造成的泄漏和管道振动，提高了系统可靠性。

③ 在混凝土搅拌车闭式液压系统中，油箱18和附件按照补油泵3低压小流量相匹配，

因此，选用的精滤器 15、冷却器 19 规格小，油箱 18 尺寸小。

④ 补油系统不仅能在主泵的排量产生变更时保证容积式传动的响应，还能保证主油路低压侧维持一定的压力，可有效提高主泵吸油效率，提高工作寿命；补油系统中装有过滤器，可提高传动装置的可靠性和使用寿命。

精诚合作　成就中国天眼

赵静一，燕山大学教授、博士生导师、中国工程机械学会副理事长、特大型工程运输车辆分会理事长、液压技术分会副理事长。完成多项国家和企业委托项目。在国家重大科技基础设施 500 米口径球面射电望远镜（Five-hundred-meter Aperture Spherical radio Telescope，简称 FAST）工程中，赵静一教授及其带领的科研团队，开展了 FAST 的关键部件液压促动器的可靠性验证，与 FAST 机械部主研团队建立了长期稳定的合作关系，在 FAST 试运行之后，两团队又通力合作，申请并结题国家自然科学基金一项，完成中国科学院国家天文台委托试验项目 3 项，共同开展了 FAST 望远镜促动器可靠性增长、数据可视化、新方案设计与论证等工作，全力保障 FAST 望远镜的安全运行与可靠观测。

8.4　职业技能

8.4.1　液压系统安装时的注意事项

液压系统安装质量的好坏，是关系到液压系统能否可靠工作的关键。因此必须正确、合理地完成安装过程的每一个环节，清洁对液压系统很重要，所以在整个安装过程中，一定注意各液压元件的接口不应无故敞开。

(1) 安装前的准备工作

① 明确安装现场施工程序及施工进度方案。
② 熟悉安装图纸，掌握设备分布及设备地基要求。
③ 落实好安装所需人员、机械、物资材料的准备工作。

笔记

④ 做好液压设备的现场交货验收工作，根据设备清单进行验收。通过验收掌握设备名称、数量、随机备件、外观质量等情况，发现问题及时处理。
⑤ 根据设计图纸对设备地基和预埋件进行检查，对液压设备地脚尺寸进行复核，对不符合要求的地方进行处理，防止影响施工进度。

(2) 液压设备的就位

① 液压设备应根据平面布置图对号吊装就位，大型成套液压设备，应由里向外依次进行吊装，注意谨慎吊装，防止损坏设备。
② 根据平面布置图测量调整设备安装中心线及标高点，可通过调整安装螺栓旁的垫板将设备调平找正，达到图纸要求。
③ 由于设备地基相关尺寸存在误差，需在设备就位后进行微调，保证泵吸油管处于水平、正直对接状态。
④ 油箱放油口及各装置集油盘放污口位置应在设备微调时给予考虑，应是设备水平状态时的最低点。
⑤ 应对安装好的设备做适当防护，防止现场脏物污染系统。

⑥ 设备就位调整完成后，一般需对设备底座下面进行混凝土浇灌，即二次灌浆。

(3) 液压泵装置的安装

① 液压泵与原动机之间的联轴器的型式及安装要求必须符合制造厂的规定，一般采用弹性联轴器连接，其同轴度误差不大于0.1mm。
② 外露的旋转轴、联轴器必须安装防护罩。
③ 液压泵和原动机的安装底座必须有足够的刚性，以保证旋转过程中始终同轴。
④ 液压泵的进油管路应短而直，避免拐弯过多，断面突变。在规定的黏度范围内，必须使泵的进油压力和其他条件符合制造厂的规定值。
⑤ 液压泵的进油管路密封必须可靠，不得吸入空气。
⑥ 高压、大流量的液压泵装置推荐采用如下办法：a. 泵的进油口设置橡胶弹性补偿接管；b. 泵出油口连接高压软管；c. 泵装置底座设置弹性减振垫。

(4) 液压阀的安装

① 阀的安装方式应符合制造厂的规定。
② 板式阀和插装阀必须有正确的定向措施。
③ 为了保证安全，阀的安装必须考虑重力、冲击和振动对阀内主要零件的影响。
④ 阀内连接螺钉的性能等级必须符合制造厂的要求，不得随意代换。
⑤ 应注意进油口和回油口的方位，某些阀如将进油口与回油口装反，会造成事故。有些阀为了安装方便，往往开有同作用的两个孔，安装后不用的一个堵死。
⑥ 为了避免空气渗入阀内，连接处应保证密封良好。用法兰安装的阀件，螺钉不能拧得过紧，因为螺钉拧得过紧反而会造成密封不良。

(5) 液压缸的安装

① 液压缸的安装必须符合设计图样和（或）制造厂的规定。
② 安装液压缸时，如果结构允许，进出油口的位置应在最上面，应装有放气方便的放气阀。在没有设置放气装置的液压缸进出油口应尽量安装在向上的位置，便于利用进出口排气。
③ 液压缸的安装应牢固可靠，为了防止热膨胀的影响，在行程大和工作时温差大的场合下，液压缸的一端必须保持浮动。
④ 配管连接不得松弛。
⑤ 液压缸的安装面和活塞杆的滑动面，应保持足够的平行度和垂直度。
⑥ 密封圈不要装得太紧，特别是U形密封圈不可装得过紧。
⑦ 拆装液压缸时，保护好活塞杆顶端的螺纹、缸口螺纹和活塞杆表面，尤其要注意不能用锤敲打缸筒和活塞硬性地将活塞从缸筒中打出；如果缸筒或活塞表面有损伤，不允许用砂纸打磨，要用细油石打磨；回装活塞或密封，可在其表面适当涂些润滑油。
⑧ 大直径、大行程液压缸在安装时必须安装活塞杆的导向支承环和缸筒本身的中间支座，防止活塞杆和缸筒的挠曲。重要部位的大直径的液压缸还应该注意，安装时用挡块固定活塞杆防止活塞杆伸出，如板带轧机的AGC压下液压缸。
⑨ 带销轴的液压缸注意安装前核对销轴的尺寸，安装时在销轴表面涂少许润滑脂，并注意销子插板的方向。

(6）液压马达的安装

① 液压马达与被驱动装置之间的联轴器结构及安装要求应符合制造厂的规定。
② 外露的旋转轴和联轴器必须有防护罩。
③ 液压马达的壳体回油管与油箱连接好，检查回油管道连接情况。

（7）液压油箱的安装

① 油箱的大小和所选的板材需满足液压系统的使用要求。
② 油箱应仔细清洗，用压缩空气干燥后，用煤油检查焊缝质量。
③ 油箱的底部要高于安装面150mm以上，以便搬移、放油和散热。
④ 必须有足够的支承面积，以便在装配和安装时用垫片和楔块等进行调整。
⑤ 油箱的内表面需进行防锈处理。
⑥ 油箱盖与箱体之间密封可靠。
⑦ 大容积油箱应提前考虑其安装部位，提前制定好运输吊装方案。

（8）热交换器的安装

① 安装在油箱内的加热器的位置必须低于油箱的下极限位置，加热器的表面耗散功率不得超过$0.7W/cm^2$。
② 使用热交换器时，应有液压油（液）和冷却（或加热）介质的测温点。
③ 采用空气冷却器时，应防止进排气通路被遮蔽或堵塞。
④ 注意加热器的安装位置，冷却器的回油口必须远离测温点。
⑤ 采用油水热交换器时，注意进出油口和进出水口的标识，不能接错，否则会造成事故。

（9）密封件的安装

① 密封件的材料必须与相接触的介质相容。
② 密封件的允许使用的压力、温度以及密封件的安装应符合有关标准规定。
③ 随机附带的密封件，在制造厂规定储存条件下，储存一年内可以使用，超期的密封件一定不得安装，并及时处理掉。
④ 板式元件安装要检查密封圈，规格尺寸应符合要求，O形圈安装前涂抹少许黄油，密封圈应突出安装平面，保证安装后有一定的压缩量，固定螺栓要均匀紧固，避免泄漏。

（10）过滤器的安装

① 为了指示过滤器何时需要清洗和更换滤芯，必须装有污染指示器或设有测试装置。
② 更换的滤芯必须符合设计图样中的精度要求。
（备注：蓄能器、液压管道的安装在第6章已阐述）

8.4.2 液压系统调试中的注意事项

（1）液压系统调试前的准备工作

① 需调试的液压系统必须在循环冲洗合格后，方可进入调试状态。

② 液压驱动的主机设备全部安装完毕，所有运动部件状态经检查合格后，进入调试状态。

③ 控制液压系统的电气设备及线路全部安装完毕并检查合格，换向阀分别进行空载换向，确认电气动作是否正确、灵活，符合动作顺序要求。

④ 熟悉调试所需技术文件，如液压原理图、管路安装图、系统使用说明书、系统调试说明书等。根据以上技术文件，检查液压元件位置和管路连接是否正确、可靠，确认每个液压执行元件由哪个支路的换向阀操纵，选用的液压油是否符合技术文件的要求，油箱内液位是否达到规定高度等。

⑤ 清除主机及液压设备周围的杂物，调试现场应有必要明显的安全设施和标志，并由专人负责管理。

⑥ 将液压泵吸油管、回油管路上的截止阀开启，液压泵出口溢流阀及系统中安全阀手柄全部松开；将减压阀调节到压力最低位置；流量控制阀调节到开度最小位置。

⑦ 按照使用说明书要求，向蓄能器内充氮气到额定压力。

⑧ 参加调试人员应分工明确，统一指挥，对操作者进行必要的培训，必要时配备对讲机，方便联络。

(2) 空负荷试车

① 起动液压泵，先点动确定液压泵的转向。注意起动液压泵之前先向泵体内灌入液压油，防止在初始起动时，由于润滑不良而损坏液压泵内部精密零件。

② 液压泵空负荷运转一段时间后，将系统压力调到 1.0MPa 左右，分别控制电磁阀换向，使油液分别循环到各支路中，打开管道上设置的排气阀，将管道中的气体排出；当油液连续溢出时，关闭排气阀。液压缸排气时可将液压缸活塞杆伸出侧的排气阀打开，电磁阀动作，活塞杆运动，将空气挤出，升到上止点时，关闭排气阀。打开另一侧排气阀，使液压缸下行，排出无杆腔中的空气，重复上述排气方法，直到将液压缸中的空气排净为止。没有设置排气阀的液压缸和液压马达可以采用松开液压缸进出油口的接头或法兰的方法进行排气，操作过程中要防止液压喷溅伤人及环境污染。

③ 将液压缸在低压下来回动作数次，最后以最大行程往复多次，以排除系统中积存的空气。

④ 手动调整结束后，在设备机、电、液单独无负载试车完毕后，开始进行空载联动试车。

(3) 负荷试车

设备开始运行后，应逐渐加大负载，如情况正常，才能进行最大负载试车。最大负载试车成功后，应及时检查系统的工作情况是否正常，对压力、噪声、振动、速度、温升、液位等进行全面检查，并根据试车要求做出记录以便存档。

① 负荷试车时，应缓慢旋紧溢流阀手柄，使系统的工作压力按预先选定值逐渐上升，每升一级都应使液压缸往复动作数次或一段时间。

② 超负荷试车时，应将安全阀调至比系统最高工作压力大 10%~15% 的情况下进行，快速行程的压力比实际需要的压力大 15%~20%，压力继电器的调定压力比液压泵工作压力低 300~500kPa。

③ 试车过程中，同时调节行程开关、先导阀、挡铁、碰块及自动控制装置等，使系统按工作循环顺序动作无误。

④ 运动速度的控制，通过调节节流阀、调速阀、溢流阀、变量泵、导轨楔条和压板、润滑状况及密封装置等，使工作平稳，无冲击和振动噪声。

⑤ 系统不允许有外泄漏，在负荷状态下，速度降落不应超过10%~20%。

（4）液压系统调试中的注意事项

① 压力调节前应先检查压力表是否有异常现象，若有异常，待压力表更换后，再调节压力。

② 调压时，要逐渐升压，直到所需压力值为止，并将调节螺钉的背帽紧固牢靠，以免松动。

③ 不准在执行元件（液压缸、液压马达）运动状态下调节系统工作压力。

④ 带缓冲装置的液压缸，在调速过程中调整缓冲装置，直至满足机构的平稳性要求。

⑤ 系统调试应逐个回路进行，在调试一个回路时，其余回路应关闭，单个回路调试时，电磁换向阀宜手动操作（捅阀）。

⑥ 伺服和比例控制系统在泵站调试和系统压力调整完毕后，宜先用模拟信号操纵比例阀和伺服阀试动作。

⑦ 在系统调试过程中，所有管道应无振动无泄漏，液压元件无泄漏；所有联锁装置准确可靠；液位监控装置、油温监控装置能按规定实现联锁、发出报警信号。

⑧ 日常点检表见表8-4。

表8-4 日常点检表

机床编号：_____		日常点检表					生产线：_____			
机床名称：_____							操作者：_____			
序号	日检项目	日期								
		1	2	3	4	…		29	30	31
1	液位是否正常									
2	油温是否正常									
3	系统压力是否正常									
4	噪声是否正常									
5	泄漏是否正常									
6	执行元件是否正常									
符号	每天将检查情况用符号填入格内，待维修工人处理 √——正常；×——不正常；⊗——修好									

笔记

8.4.3 液压系统的使用与维护注意事项

液压设备工作中产生故障，除设计、制造等方面的原因外，液压设备的使用、维护管理不当也是产生故障的主要原因。因此，正确使用与精心保养液压设备，可以防止机件过早磨损和遭受不应有的损坏，从而延长设备的使用寿命。所以，加强液压设备的日常维护保养，是预防液压设备故障的主要手段。

（1）日常维护

① 油箱液位。检查是否在规定范围内，液位监控装置是否正常，如果液位低应及时补充油液，同时查找液位低的原因，通常情况下油箱设有高液位报警、低液位报警、低低液位

停泵，正常液位应该保持在75%左右。

② 检查油温和液压泵壳体温度。液压泵壳体温度允许比油温高5~10℃以内。系统油温一般控制在35~55℃范围内，加热器和冷却器应正常投入，一般情况下，油温≤30℃时加热器自动开启，油温≥40℃时加热器自动关闭，油温≥50℃时冷却水自动打开，油温≤40℃时冷却水自动关闭，油温大于55℃时系统报警，当油温大于65℃时系统停泵，油温监控装置应按规定实现联锁保护、发出报警信号。冬季油温低，可采取工作前先起动液压泵，连续运转一段时间，使系统油温升高，也可以采用临时调低系统压力使溢流阀溢流一段时间来提高油温。

③ 检查系统压力。工作压力值是否稳定，压力表指针有无跳动（为了保护压力表，除校核压力以外，都应关闭压力表开关），是否与要求相一致。

④ 检查噪声、振动有无异常。如紧固的螺栓、液压管夹是否松动。

⑤ 检查全系统是否有外漏油的部位。例如油箱、液压泵、阀、液压缸、管接头、压力表连接部分等的漏油情况。

⑥ 检查执行机构动作是否平稳。运行速度是否符合要求；执行机构动作是否符合动作循环要求。

⑦ 检查液压软管。外表面有裂纹就需更换，扣压部位有油污则更换。

⑧ 检查电磁阀电磁铁的温度，检查电磁铁插头是否牢固。

（2）定期维护

① 定期紧固。液压元件安装螺栓和管道接头的检查、紧固，液压设备在工作过程中由于空气侵入系统、换向冲击、管道自振、系统共振等原因，使管接头和紧固螺钉松动，若不定期检查和紧固，会引起严重漏油，导致设备和人身事故。因此，要定期对受冲击影响较大的螺钉、螺帽和接头等进行紧固。10MPa以上的液压设备其管接头、软管接头、法兰盘螺钉、液压缸固定螺钉、压盖螺钉、蓄能器、连接管路、行程开关和挡块固定螺钉等，应每月检查紧固一次；10MPa以下的液压设备可每隔三个月检查紧固一次，同时，对每个螺钉的拧紧都要均匀，并要达到一定的拧紧力矩。建议采用电动或手动扭力扳手，按照表8-5的Q/STB 12.521.5—2000国家标准进行。

表8-5 螺栓拧紧力矩标准（Q/STB 12.521.5—2000）

螺栓强度级	屈服强度/(N/mm²)	螺栓公称直径/mm							
		6	8	10	12	14	16	18	20
		拧紧力矩/N·m							
4.6	240	4~5	10~12	20~25	36~45	55~70	90~110	120~150	170~210
5.6	300	5~7	12~15	25~32	45~55	70~90	110~140	150~190	210~270
6.8	480	7~9	17~23	33~45	58~78	93~124	145~193	199~264	282~376
8.8	640	9~12	22~30	45~59	78~104	124~165	193~257	264~354	376~502
10.9	900	13~16	30~36	65~78	110~130	180~201	280~330	380~450	540~650
12.9	1080	16~21	38~51	75~100	131~175	209~278	326~434	448~597	635~847

从表8-5得知，不同的螺栓强度等级对应的扭矩是不一样的，例如同种规格的6mm的螺栓，强度等级为4.6时，对应的扭矩为4~5N·m；而强度等级为8.8时，对应的扭矩为9~12N·m。因而，当螺栓为强度4.6级的，若按照8.8级的标准扭矩紧固，就会出现拧断螺栓的故障，即使没有断裂，由于发生塑性变形，也会降低拧紧力，甚至会出现设备使用中突发螺栓断裂故障，出现无法估量的危害。

扭矩扳手的标准使用方法微视频

②定期更换密封件。漏油和吸空是液压系统常见的故障，所以密封是一个重要问题，解决密封的途径有两大类型。

a. 间隙密封，它的密封效果与压力差、两滑动面之间的间隙、油封长度和油液的黏度有关。

b. 利用弹性材料进行密封，即利用橡胶密封件密封，它的密封效果与密封件结构、材料、工作压力及使用安装等因素有关。目前弹性密封件的材料一般为耐油丁腈橡胶和聚氨酯橡胶。经长期使用，不仅会自然老化，且因长期在受压状态下工作，使密封件永久变形，丧失密封性，因此必须定期更换。定期更换密封件是液压装置维护工作的主要内容之一，应根据液压装置的具体使用条件制定更换周期，并将周期表纳入设备技术档案。密封的使用寿命一般为一年半左右。

（3）定期清洗或更换液压件

液压元件在工作过程中，由于零件之间互相摩擦产生的金属磨粒、密封件磨粒和碎片，以及液压元件在装配时带入的型砂、切屑等脏物和油液中的污染物等，都随液流一起流动，它们之中有些被过滤掉了，但有一部分积聚在液压元件流道腔内，因此需要清洗，并且液压元件处于连续工作状态，某些零件（如弹簧）等疲劳到一定限度也需要进行定期更换。定期清洗更换是确保液压元件系统可靠工作的重要措施。例如，液压阀应每隔一年清洗一次，液压缸每隔五年清洗，在清洗的同时应更换密封件，装配后应对主要技术参数进行测试，需达到使用要求。一般比例阀和伺服阀一年拆卸上试验台一次，检验合格的作为备件使用。清洗和更换液压元件时，应先清除元件表面上的脏物，手和工具应保持清洁；拆卸下的液压元件或修复好的液压元件，一定注意封堵和遮盖，放在干净干燥的地点。

（4）定期清洗或更换滤芯

滤油器经过一段时期的使用，固体杂质会严重地堵塞滤芯，影响过滤能力，使液压泵产生噪声、油温升高、容积效率下降从而使液压系统工作不正常。因此要根据滤油器的具体使用条件制订清洗或更换滤芯的周期。一般液压系统上的滤芯（包括空气滤清器）4~6周清洗或更换一次，恶劣的室外环境下2周一次，有报警指示的按照报警指示维护。滤油器若清洗应纳入设备档案。

（5）定期清洗油箱

液压系统工作时，随流的一部分脏物积聚在油箱底部，若不定期清除，积聚量会越来越多，有时又被液压泵吸入系统，使系统产生故障。注意在清洗时必须把油箱内部清洗干净，一般每隔12至18个月清洗一次。

（6）定期清洗管道

油液中的脏物会积聚在管子的弯曲部位和油路板的流通腔内，使用年限越久，在管子内积聚的胶质会越多。这不仅增加了油液流动的阻力，而且由于油液的流动，积聚的脏物又被冲下来随油液而去，有可能堵塞某个液压元件的阻尼小孔，使液压元件产生故障，因此要定期清洗。清洗的方法有两种：

①对油路板、软管及一部分可拆的管道拆下来清洗，也可以叫作局部清洗，在生产过程中经常会用到。

②对液压系统动力站一般要求每隔一年清洗一次。

（7）定期化验油品、更换液压油，保持液压油品清洁

定期检查油品的污染度和物化性能，其检查项目有：颗粒度、黏度、闪点、含水量、酸度等，视情况选择化验项目，通常情况下，普通液压系统每2个月化验一次颗粒度，比例伺服液压系统每1个月化验一次颗粒度；对于新投入使用的液压设备，使用3个月左右就应该清洗油箱，更换新油，以后每隔半年或一年清洗和换油一次。有在线固体颗粒检测计检测的液压系统可更为方便快捷地检测出结果，现已普遍使用。更换油液的步骤如下：

① 在热状态下放掉液压油。
② 油箱要完全放空。
③ 清洗油箱，特别是油箱底部要彻底洗净。
④ 清洗或更换吸油过滤器。
⑤ 在设备严重污染或换用另一种液压油时，应在加入新的液压油之前，用新油进行冲洗。
⑥ 新液压油必须经过过滤器才能加入油箱，并且加油车的油管、油桶的桶口等部位都必须保持干净。

（8）其他元件定期维护保养

① 蓄能器充气压力：每三个月检查一次，压力低时应补充气体（惰性气体——氮气）或修理。
② 蓄能器壳体检测按照压力容器管理规定进行。
③ 检查电机与液压泵联轴器状态，必要时更换联轴器的弹性块，一般每3个月检查一次。

8.4.4 液压系统故障诊断技术分类及实际诊断技巧

液压故障具有多样性、复杂性、隐蔽性等特点，同样的故障可能有很多原因，同一个原因可引起多种故障，所以当液压故障出现时，一定要认真分析，做出正确的判断后，才能动手去解决，切勿盲目拆卸。一般常用的诊断方法如下。

（1）四觉测试法

四觉测试法又称四觉诊断法：利用视觉、听觉、嗅觉和触觉，结合多年积累的实际经验，来迅速测试和处理液压系统故障的方法。该种方法借鉴了我国中医的"望"、"闻"、"问"、"切"方法。

① 视觉。检修人员通过眼睛收集信息，来诊断液压系统故障部位。
a. 视觉观察的项目包括：管道或接头有无破裂、漏油、松脱、变形；运动部件有无动作缓慢、爬行；液压油有无气泡、固体杂质、乳化变质、变黑；压力是否过低、调压旋钮是否松脱；液压元件安装平面是否漏油等。
b. 查阅设备技术档案包括：故障分析与修理记录；查阅设备使用过程的点检和定检资料；查阅设备保养记录等。
② 听觉。检修人员通过耳朵收集信息，来诊断液压系统故障部位。
a. 用听觉感知项目包括：液压泵发出声音是否正常；溢流阀是否有啸叫声；液压缸换向是否有冲击声音；液压阀或集成块内部是否有连续泄漏噪声等。

b. 倾听设备操作人员对设备故障前后现象的介绍。在听取介绍过程中，做好记录，要适时询问，达到对液压系统故障发生过程全面的了解，弄清楚是突发性，还是偶发性。

　　③ 嗅觉。检修人员通过鼻子收集信息，来诊断液压系统故障部位。

　　用嗅觉感知项目包括：运动部件润滑不良引起的过热、气蚀等，发出的"焦化"气味；有无橡胶气味；液压油是否有异味；控制电器或电磁铁是否烧坏等。

　　④ 触觉。检修人员通过用手摸，来诊断液压系统故障部位。

　　a. 温度异常。人手感知温度误差通常不大于5℃左右，根据实践总结，当液压系统温度为0℃时，用手触摸感觉冰凉刺骨；10℃时，手感觉很凉；20℃时，感觉稍微凉爽；30℃时，感觉温暖，比较舒适；40℃时，感觉像触摸发高烧的病人；50℃手感觉较烫，忍受停留时间约15秒；60℃时，手感觉很热，忍受停留时间约10秒；70℃时，手触摸时间不超过3秒；当80℃时，瞬间接触，瞬间脱离。

　　当液压系统出现较大的流量和压力损失时，就会出现明显的温升。掌握不同温度的感觉效果，根据感觉经验就可以对设备的异常温升元件或部位进行初步诊断。

　　触摸时要注意：先用右手中指和食指背，轻轻地快速地接触液压系统元件表面，断定对皮肤无伤害后，才可以用手掌或手指触摸感觉。

　　b. 感觉异常振动。当液压系统出现流量脉动或液压冲击时，液压管件会出现明显的异常的振动，根据感觉的经验来进行诊断。通常用左右两个手，同时对不同相邻管件进行触摸，感觉对比来进行故障部位的诊断。

　　c. 感觉低速运动部件的爬行。现在随着温度、位移、振动仪表的发展，已经不提倡这种直接触摸方式。

（2）替换测试法

　　替换测试法就是在出现故障的液压系统中，根据设备故障现象，通过四觉测试法初步确定故障部位后，对可疑的液压元件进一步测试的方法。具体是采用对可疑的元件，用无故障的元件进行替换，然后试车运行，观察故障是否排除的方法。也可以将可疑的元件拆下后，组装在无故障的设备上进行试验，观察是否出现相同的故障，来诊断其是否存在故障。该法通常需要多次的元件的替换，才可能发现故障部位或元件。替换测试法过程框图如图8-8所示。

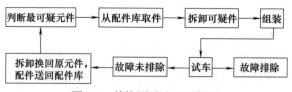

图8-8　替换测试法过程框图

　　替换测试法属于直观检查方法，特点是简单，不需要特殊的工具和仪器，在有同型号的无故障设备或库房有备件的情况下，也是一种行之有效的方法。该方法不需要专业的维修人员，也可以完成故障诊断排除，但没有同型号的无故障设备提供替换的情况下，需要花费较多的资金，购进必备的液压元件，供替换使用，并需要对液压元件进行特殊的管理和保养等，对于复杂、昂贵的液压系统来说，采用此方法是不可取的，并容易引发其他新的故障发生。

　　替换维修法的采用必须具备的条件和注意问题：

　　① 需要有充足的备件资源或有同类型完好设备一台；

② 同类型完好设备并有供拆卸的时间；
③ 要彻底清除液压元件周围的杂物和污染物，防止二次污染；
④ 对拆卸的液压元件和管道要进行标记，防止错装；
⑤ 准备盛装漏油的合适的容器，禁止随意乱放，污染环境；
⑥ 注意试车前要彻底检查，无问题进行试车；
⑦ 要对替换维修全过程进行计划、记录，禁止随意拆卸、组装、试车等。

（3）测量仪器仪表测试法

液压设备在一定的工况下，每一部位都有一定的相对稳定的数值，即任何液压系统工作正常时，其工作参数值都应该在工况值附近小范围变化，若液压系统的主要工作参数压力和流量与设备正常工况值有较大的变化，就表明液压系统的某个液压元件或某些元件有了故障。测量仪器仪表测试法是诊断液压系统故障最为准确的方法之一。具体来说就是通过对液压系统的压力、流量、油温等参数的数据采集，借助存储相关的标准数据来诊断故障部位，其中，压力的测量应用较多。一般是在液压系统的可疑部位设置测量点，如：液压泵的出油口、执行元件的进油口、多支路的汇入口、故障可疑液压元件的出入口等部位。

目前，市场上的测量仪表包括：光电数字转速表、温度表、秒表、压力表、听诊器、油质快速分析仪等。此外，在工程中应用的液压测试仪有两类：一类是表盘读数式，如山东济南海兰德的液压测试仪，如图8-9所示，该测试仪特点是对可疑支路或液压元件，利用T形接头连接测试仪进行数据的采集，包括压力、流量和温度等参数数据，进而分析出故障部位；另一类传感数据处理式，如西德福的PPC-04手持式液压测试仪，如图8-10所示，其需要利用三个数字传感器安装到可疑部位，采集压力、温度、流量、频率和速度等参数的数据进行处理，进而诊断出故障部位。以上两种液压测试仪都需要被检测液压系统处于工作状态，为其提供液压功率，属于无源测试仪器。它们不能测试无法工作或因故障禁止启动的液压系统，因此，在工程应用中受到了一定的限制。

图8-9　山东济南海兰德的液压测试仪　　图8-10　西德福的PPC-04手持式液压测试仪

① 具备条件

a. 准备与被检测的液压系统压力和流量相匹配的压力表、流量计或者便携式液压测试仪；

b. 测试仪表要连接到需要诊断测试的支路中或者需将测试的传感器连接到需要测试的回路中；

c. 对不同的测试部位都要进行测量点的计划和安装测试仪表；

d. 测试各支路的流量时，需要将流量测试仪器串接在管路中；

e. 对测试的回路的正常参数进行必要的收集整理。

② 注意的问题

a. 需要拆装的部位或元件进行保洁，清除杂物和污染物；

b. 准备盛装漏油的合适的容器，禁止随意乱放，污染环境；

c. 有蓄能器的液压系统，为了防止事故发生，首先要将蓄能器中的压力油排空，注意排空后要及时关闭阀门；

d. 检查执行元件驱动的负载是否在零势能位置，不是零势能必须采用合适支撑机构使其降为零势能位置，然后再拆卸连接测试仪；

e. 各加装的测试点接头安装紧固到位，防止试车中漏油，造成意想不到的事故和环境污染。

（4）液压试验台测试法

将可疑的液压元件离线，在液压试验台上进行测试，根据测试的结果和该液压元件的出厂指标对比，来诊断是否出现故障。如图8-11所示为机械部JB 2147-77液压泵试验台，该液压泵试验台通常由于受到压力和流量试用范围的限制，只能试验有限的几种液压泵。各种阀类试验台，同样具有局限性。

图8-11　液压有源测试现场图

液压试验台测试法优点是可以通过测试准确诊断出故障元件。液压系统主要的液压元件分为动力元件、执行元件、控制调节元件等，这三类液压元件的国内外生产厂家众多，而且液压元件的种类、规格等几乎不计其数，使用单位的液压装备来源广泛、采用的液压元件规格和型号有很大的区别。因此，要想对液压装备中所有的液压元件进行实验，就需要企业具有足够多的各种液压试验台，显然这是不可能的。对于一些生产企业或主机生产企业建立的多功能综合试验台，则投资巨大，且闲置的时间比较多，而且对于在野外工作和移动液压设备的测试在使用中也极为不便。我国对于液压元件的检测虽有相关的试验规范和标准，但目前对于便捷式的测试系统尚没有统一的规范。

（5）故障树分析法

故障树分析是一种描述故障原因与故障现象之间的因果关系的有向树，其最早起源于1960年，由美国的H.A.Watson所创造。它采用逻辑统计方法，对常出现故障点进行分析，通常用于定性分析，但也可以做定量分析。其特点是层次分明，逻辑性较强，但对故障诊断不太精确，容易出现误诊断。故障树分析时，首先根据针对诊断的设备进行调研汇总，对液压系统已经出现或可能出现的故障，进行产生根源分析，将设备的故障现象作为顶事件，各产生原因作为底事件或中间事件，绘制出故障树，然后利用布尔代数将其进行简化，据此求出对应的安全树（不发生的事件汇总）及其最小割集（发生的故障的事件汇总），然后从敏感度和故障发生概率双重角度——临界重要度，得到要使故障不发生的应采取的几种可能方案。

（6）智能测试方法

智能测试方法是基于数据库和计算机处理的集性能测试、流程管理、数据储存、结果分析、图表输出和智能判断等多功能为一体的信息化智能测试系统，并借助各种传感器对各关键点的压力、流量、温度、油液颗粒污染度、噪声、振动等众多的参数信息的采集，上传到信息化智能测试系统，利用该系统来诊断故障方法。该方法需要建立数据库及相关的大量数据，以及现场设备的参数信息采集点，收集发送器件需要在设备使用前安装就位，因此，对于新设备可以加装，对于已经在线的设备，由于考虑设备安全、成本和造成污染等各种现实原因，是不可能的。而且，由于在设备使用初期的2~3年内基本不会出现大的故障，而设备加装的智能测试系统，在使用初期不会起到太大的作用，此外，系统又增加了设备的制造成本。因此，在液压设备实际应用中，除了大型、贵重的液压设备上采用外，几乎不采用此方法。

（7）液压有源测试法

液压有源测试法（该技术是编者拥有自主知识产权世界最新检测方法，专利号：200910148231.6）是在一定的测试压力下，液压有源测试仪向被检测液压系统输入一定流量的测试油液，通过对测试仪溢流阀回油量（简称回油量）进行测量，依据液压元件出厂泄漏量标准，来确定液压元件的性能优劣，如图8-12所示为液压有源测试原理图。图中左侧点划线框图为测试仪，右侧的划线框图为被测式液压系统，用节流阀模拟被测支路，共有n个支路。具体应用中，是利用液压有源测试仪（简称测试仪）充当被检测液压系统的动力源，通过被检测液压系统的测压口或压力表接口，向被检测液压系统输入测试油液，被检测的液压系统的液压泵停止工作，并利用堵塞将液压泵的出油孔封闭，借助截堵法或者改变液压换向控制元件的控制参数法，利用测试仪的回油量的变化，来测试被检测液压系统各个支路或液压元件泄漏量，进而确定液压系统或液压元件性能优劣的技术。

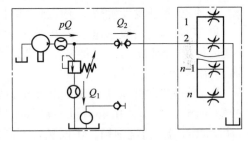

图8-12 液压有源测试原理图

8.4.5 典型液压系统的安装使用与故障诊断

（1）混凝土搅拌输送车液压系统安装与调试注意事项

① 全部管路安装前，必须对液压胶管、油箱、接头进行清洗，确保洁净无污物。

② 泄油管的安装位置应能使液压件壳腔充满油以润滑泵、马达的运动部件。如果液压件泄油口处于同一水平位置，泄油管可与两泄油口中的任一个连接。如果液压件泄油口处于上下位置，泄油管应与最上面的油口连接。泄油管尺寸应与泄油口大小相符，油管不应有急弯、锐角等情况。

③ 加入液压系统的液压油清洁度应符合ISO4406标准，清洁度等级为18/13（相当于NAS 9）。

④ 泵必须安装在刚性支架上，使之能够承受泵的重量和泵在工作过程中承受的反作用力。与传动轴连接的连接盘应通过中心定位孔固定在泵轴上，确保其不能沿泵轴轴向移动，以保证泵的轴封不受损坏。传动轴安装倾斜角最大不超过5°。

⑤ 马达与减速机安装，其安装面处必须密封好，以防减速机润滑油从此面泄漏。

⑥ 安装完成后，必须给泵、马达壳腔及管路中加满液压油，给减速机加注齿轮油，之后才能试车，否则将会引起泵、马达的早期磨损。

（2）混凝土搅拌输送车液压系统使用与维护注意事项

① 经常检查系统管路接头连接处是否松动或渗漏油（特别是液压泵的吸油管路容易松

动进气），如果发现应及时处理。

② 经常检查液压油滤芯或观察真空表，防止滤芯堵塞造成吸油困难或回油阻力增大，如果发现应及时清洗或更换滤芯，并根据情况更换或过滤液压油。

③ 经常检查油箱的液面高度，确保满足液压泵正常工作要求。

④ 如果吸油滤芯装在油箱上方，要定期检查吸油管路是否松动漏气或脱落。

⑤ 经常检查液压油泵，液压马达是否有漏油情况，并应及时维护。

⑥ 定期检查散热器外表面的清洁度，确保良好的散热效果。

⑦ 拆卸泵马达减速机时，应使用清洁的堵头或保护盖挡上所有管接头，以防止灰尘进入减速机和油管。

⑧ 操作控制油泵排量手柄时，动作一定要柔和，不要猛推猛拉。在改变罐体旋转方向时，手柄及罐体在中位应有停滞时间。

⑨ 每次起动发动机前，应保证泵的排量控制手柄放在中间位置（严禁带负载起动）。

⑩ 正常起动后应怠速运转20分钟后再让搅拌罐运转，在冬季，冷起动油泵时，除怠速空载运行20分钟以上，还要再往复低速空载运行几次，使油温上升，直至液压装置运转灵活后，再进入正式工作。

⑪ 严格按搅拌车使用说明书要求，定期更换合理标号的液压油，原则上夏季使用68#抗磨液压油，冬季使用46#抗磨液压油，严寒地区使用32#低温抗磨液压油。换油时应更换或清洗滤油器，清洗油箱，不同品牌不同型号的油液严禁混加。

⑫ 换油和更换滤油器同时进行：首次运行500工作小时，以后每隔1500工作小时更换一次，但至少每年更换一次。

（3）混凝土搅拌输送车液压系统常见故障及处理方法

液压系统的故障有80%是由液压油的污染造成的。液压系统污染后随时会影响搅拌车的正常工作，并影响液压元件（泵、马达）的使用寿命，严重时会损坏泵和马达，所以定期对油品进行保养非常重要。故障出现后，应通过四觉测试法初步诊断故障部位。例如，用眼观察设备有无破裂，液压元件有无漏油，液压管道有无松脱、变形，过滤器滤芯是否阻塞，油品有无变色，压力表显示压力是否正常等；用耳朵听液压泵、液压马达噪声是否过大，有无异常响声，溢流阀有无尖叫声，管道的振动大小等；用手摸可以感觉部件的温度和振动，如管道有无油流，油箱、泵、马达壳体的温度。初步确定故障部位后，再具体采取相应的措施，常见故障及处理方法如下。

① 搅拌罐不能转动

a. 排除机械故障，如操作手柄、控制阀的安全销、传动轴连接螺栓有无断裂等等。

b. 检查系统的流量，若系统无液压油输出，则应先确认泵的转向是否正确。

c. 检查补油溢流阀4（图8-7）的压力，如压力低，应拧紧溢流阀调压弹簧，调整补油溢流阀压力4至1.8MPa左右，若压力无变化，则可能是溢流阀主阀芯或先导部分的锥阀因脏物或锈蚀而卡死在开口位置；或因弹簧折断失去作用；或因阻尼孔被脏物堵塞造成泵输出的油液立即经溢流阀流回油箱。这时应拆开溢流阀，加以清洗，检查或更换弹簧，恢复其工作性能。

d. 检查高压溢流阀8、9的压力，如压力低于28MPa，应做调整，如调整后压力仍无变化，应拆开清洗马达组件的集成阀块，确认高压溢流阀8、9处在正常工作状态28MPa左右。

e. 检查手动伺服控制阀1的动作，必要时拆开清洗或更换。

f. 检查主泵和马达的工作状态，确认其内部零件是否磨损严重或损坏，容积效率降低，应视情况修复或更换。

② 搅拌罐空载转动，带负载后不动

a. 检查补油溢流阀4的压力，如压力低，应拧紧溢流阀调压弹簧，调整补油溢流阀压力至1.8MPa左右，若压力无变化，则可能是溢流阀主阀芯或先导部分的锥阀因脏物或锈蚀而卡死在开口位置；或因弹簧折断失去作用；或因阻尼孔被脏物堵塞造成泵输出的油液立即经溢流阀流回油箱。这时应拆开溢流阀，加以清洗，检查或更换弹簧，恢复其工作性能。

b. 检查高压溢流阀8和9的压力，调整到正常工作状态28MPa左右，如调节无效，应拆开清洗或更换。

c. 检查主泵和马达的工作状态，确认其内部零件是否磨损严重或损坏，容积效率降低，应视情况修复或更换。

③ 搅拌罐只有一个方向运转，另一方向不动作

a. 检查手动伺服控制阀1的动作，必要时拆开清洗或更换。

b. 检查不动作侧的高压溢流阀8或9的压力，调整到正常工作状态28MPa左右，如调节无效，应拆开清洗或更换。

c. 检查调节主泵斜盘角倾摆角度的伺服液压缸的工作状态，视情况修复或更换。

④ 液压系统油温过高

a. 系统泄漏严重，如液压泵、液压马达运动零件磨损而使密封间隙增大，密封装置损坏，油液黏度过低等，都会引起泄漏增加。当故障判明后，应采取相应措施予以排除。

b. 系统溢流阀调定压力不当，如补油溢流阀4、高压溢流阀8或9、低压溢流阀11的压力，还有就是冷却油路有无阻塞，当故障判明后，及时采取措施，予以排除。

c. 冷却器19散热不良。如油箱散热面积不足；油箱油面高度过低，使油液循环过快，风扇失灵；冷却风扇不转，温控器损坏；环境气温较高等原因，都将导致散热不良，查明原因后，采取相应的措施。

d. 油品质量的影响。油液黏度过大，引起液压损失过大造成油温升高。

★学习体会：

理论考核（30分）

一、请回答下列问题（每题5分，共计20分）

1. 阅读和分析一个较复杂的液压系统图时，一般应遵循哪些步骤？

2. 试分析YT4543动力滑台液压系统如何由一工进转变为二工进？

3. 试分析BOY15S注塑机液压系统中，注塑装置前移和注射是如何实现的？

_____
_____
_____。

4. 试分析混凝土搅拌车系统的冷却油路。
_____
_____
_____。

二、判断下列说法的对错（正确画√，错误画×，每题2分，共计10分）

1. YT4543动力滑台液压系统（图8-2）中，液压缸快速进给时，系统压力低，外控顺序阀7关闭，使液压缸形成差动连接；在一工进时，由于系统压力升高，外控顺序阀7打开。（   ）

2. YT4543动力滑台液压系统（图8-2），调速阀12和13两个串联在进油路上的流量控制阀，与变量泵2联合控制进入液压缸中的流量，实现二次工进。（   ）

3. BOY15S注塑机液压系统，快速合模的速度不能调整。（   ）

4. BOY15S注塑机液压系统（图8-5），喷嘴退回到位后，压下行程开关SQ16，使电磁铁6YA通电，换向阀3切换至左位，模具打开。（   ）

5. 混凝土搅拌车（图8-7）的手动伺服阀1，是变量柱塞泵2斜盘伺服液压缸的随动阀，与变量柱塞泵2斜盘伺服液压缸一起配合控制其排量。（   ）

技能考核（40分）

一、填空（每空2分，共计20分）

1. 液压泵与原动机之间的联轴器的型式及安装要求必须符合制造厂的规定，一般采用_____连接，其同轴度误差不大于_____。

2. 在液压系统的日常维护中，正常液位应该保持在_____。

3. 超负荷试车时，应将安全阀调至比系统最高工作压力大_____的情况下进行，快速行程的压力比实际需要的压力大_____，压力继电器的调定压力比液压泵工作压力低_____。

4. 漏油和吸空是液压系统常见的故障，所以密封是一个重要问题，解决密封问题的途径有两大类型：_____、_____。

5. 混凝土搅拌输送车液压系统的安装过程中，泵必须安装在_____上，使之能够承受泵的重量和泵在工作过程中承受的_____。

二、简答（每空5分，10分）

1. 简述四觉测试法。
_____
_____。

2. 试分析混凝土搅拌车出现搅拌罐只有一个方向运转，另一方向不动作，应该采取什么措施？
_____
_____

三、判断下列说法的对错（正确画√，错误画×，每题2分，共计10分）

1. 安装液压缸时，如果结构允许，进出油口的位置应在最上面，应装有放气方便的放

气阀。没有设置放气装置的液压缸进出油口应尽量安装在向上的位置。　　（　　）

2. 液压系统调试前的准备工作中，将液压泵吸油管、回油管路上的截止阀开启，液压泵出口溢流阀及系统中安全阀手柄全部松开；将减压阀调节到压力最低位置；流量控制阀调节到开度最小位置。　　（　　）

3. 在液压系统的日常维护中，要检查系统压力、工作压力值是否稳定，压力表指针有无跳动（为了保护压力表，除校核压力以外，都应关闭压力表开关），是否与要求相一致。
　　（　　）

4. 螺栓紧固中，可以根据操作者的经验进行紧固就可以了，国家国标可以作为参考。
　　（　　）

5. 替换测试法属于间接检查方法，特点是简单，不需要特殊的工具和仪器。　（　　）

素质考核（30分）

简答（每题10分，共计30分）

1. 谈谈你对团结协作、相互配合重要性的认识。

_____
_____
_____。

2. 试举一个体现团结协作的名人事例。

_____
_____
_____。

3. 谈谈你怎么才能将个人的愿望和团队的目标结合起来。

_____
_____
_____。

学生自我体会：
_____
_____

学生签名：_____　日期：_____

拓展空间

1. 液压系统的数据采集与故障预测

液压系统的运行中，油中固体颗粒的存在，致使配合间隙逐渐加大，导致液压系统泄漏量、流量、压力、油温等参数值，从初始值逐渐地偏离直至达到显性的故障数值，如图8-13所示为液压系统参数数据演变图，图中临界数据点，为了使用时间达到总时间的90%时对应的时间点，液压系统运动该点附近时，就必须要检测和维护，否则，可能很快就会出现显性的故障。

液压系统中的压力、流量、泄漏量、油液中的污染颗粒尺寸和数量等参数，从使用开始值一直演变到故障数值。这些参数，理论上又都与液压系统的泄漏量的数据变化所关联，数据的变化，由于装备的正常运转往往被人们忽略。

液压系统故障信息采集微视频

液压系数据采集,在液压系统使用达到临界数据点时,利用液压有源测试仪作为数据采集仪器,建立液压有源测试环境,来采集在给定的压力下流量、泄漏量参数信息,进而确定液压系统的健康状态。

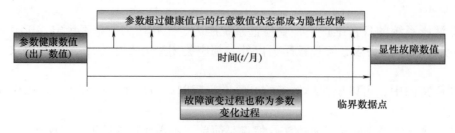

图 8-13　参数数据演变示意图

2. 专业英语

HYDRAULIC UNIT FOR CPC (CENTER POSITION CONTROL)

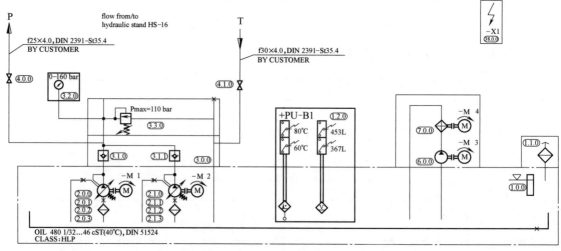

Description of CPC (CENTER POSITION CONTROL): Using the strip position feedback from the optical sensor, the system moves the uncoiler base to maintain the strip at the center of the mill. The movement is controlled by an electronic closed loop, driving a servo-valve. The latter feeds the cylinder attached to the reel sliding base.

Function: The unit can supply energy to the hydraulic cylinder equipping the strip guiding.

Description: Hydraulic Equipment; The hydraulic power station; The control unit for hydraulic cylinders.

The parameter of Hydraulic power station

Fluid	
Mineral oil	ISO VG 46
Filtration	NAS 1638 - Class 5 to 6
Tank	
Quantity	1

续表

Capacity	Total capacity 100 L
Material	Stainless steel
Power pumps	
Quantity	2(one operating, one stand-by)
Type	Axial piston pump
Unit flow	12L/min
Working pressure	80bar
Max pressure	100bar
Pressure filter	
Quantity	1
Type	Single basket
Filtration degree	3 microns absolute with differential pressure switch

Remark:

A recuperation device is provided for the oil leakage under the hydraulic unit.

The hydraulic unit will be located as close as possible to the line.

Control equipment:

The necessary control equipment (limit switches, clogging indicators, pressure switches, level indicators, thermostats, heaters …) are included in our supply.

第 9 章 气动基础知识

知识目标

1. 掌握气动系统的工作原理、组成和作用。
2. 了解气动系统优缺点及其应用领域。
3. 了解气源装置的组成及各辅助元件的作用。
4. 掌握空气压缩机的工作原理和分类。

技能目标

1. 会识别气源装置的图形符号。
2. 了解气源装置的使用和维护方法。
3. 会正确调试和维护气动三联件。
4. 了解气源装置的节能环保降噪等知识。

素质目标

1. 做任何事情要有耐心。
2. 为学习知识和技能不懈努力。
3. 毅力和耐力的培养。

学习导入

本章主要介绍气压传动系统的工作原理、组成及优缺点;介绍动力元件、辅助元件的原理及使用方法;介绍管及管接头的种类及特点。

9.1 气压传动原理和组成

气压传动是以压缩空气为传动介质进行能量传递和控制的一种传动形式,实质就是机械能—气体压力能—机械能的能量转换过程。

气压传动系统是利用多种元件组成不同功能的基本回路,再由若干基本回路有机地组合成能够完成一定控制功能的传动系统来进行能量的传递、转换和控制，以满足机电设备对各种运动和动力的需求。

9.1.1 气压传动原理

以气动剪板机为例，简单介绍气压传动系统的工作原理。如图9-1（a）所示为气动剪板机的工作原理图。空气压缩机1产生压缩空气，经过后冷却器2和油水分离器3进行降温及初步净化，然后储藏在贮气罐4中；再经过空气过滤器5、减压阀6和油雾器7进行二次过滤后，部分气体进入到气控换向阀9的A腔，在A腔压力的作用下将9的阀芯推到上位，气体经过换向阀9进入到气缸10的有杆腔，活塞（活塞杆）处在最下端，剪板机的剪口张开，处于预备工作的状态。

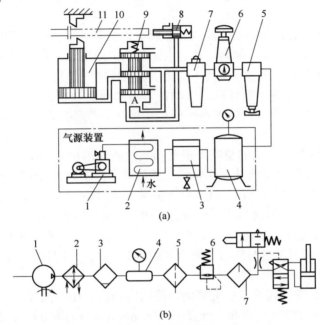

图9-1 气动剪板机

1—空气压缩机；2—后冷却器；3—油水分离器；4—贮气罐；5—空气过滤器；6—减压阀；7—油雾器；
8—行程阀；9—气控换向阀；10—气缸；11—工料

当工料11送入剪板机并达到预定位置时，压下行程阀8的顶杆，使其阀芯向右移动，换向阀9的A腔经行程阀8与大气相通，换向阀9的阀芯在弹簧作用下移到下位，使气缸上腔与大气连通，下腔与压缩空气连通。此时气缸活塞带动剪刀将工料切断，工料落下后松开行程阀8的顶杆，行程阀8阀芯左移复位，将排气口堵死，换向阀9的A腔压力上升，阀芯上移，气路换向。气缸有杆腔进压缩空气，无杆腔排气，活塞带动剪刀向下移动，系统又恢复到图示预备状态，待第二次进料剪切。

为了简化原理图的绘制，可以用图形符号代替各元件，如图9-1（b）所示为用图形符号表示的气动剪板机系统的原理图。

9.1.2 气压传动系统组成

由上面的例子可以看出，气动系统主要由以下几个部分组成。

① 动力元件。把电动机、内燃机等原动机的机械能转化为压缩空气的压力能的装置，一般为空气压缩机。

② 控制元件。对气压传动系统中压缩空气的压力、流量和流动方向进行控制和调节，使执行元件按照需求进行动作的元件，包括流量控制阀、方向控制阀和压力控制阀等。

③ 执行元件。将压缩空气的压力能转换为机械能的一种转换装置。它包含做直线往复运动的气缸，实现连续旋转运动或摆动的气动马达或摆动马达。

④ 辅助元件。除上述三类元件外，其余元件称为辅助元件，它们对保持系统的可靠性、稳定性和长期运行起到重要作用，如过滤器、消声器、管道和接头等。

⑤ 传动介质。传递能量的流体，即压缩空气。

9.1.3 气动技术的应用与发展

气动技术因具有节能、无污染、高效、低成本、安全可靠、结构简单、环保等优点，广泛应用在汽车制造、食品工业、制药工业、电子制造、航空航天和塑料等行业中。目前的工业自动化设备大都融入了液压与气动技术，属于机电气液一体化综合技术系统。

随着生产自动化程度的不断提高，气动技术应用面迅速扩大，气动产品品种规格持续增多，性能、质量不断提高，市场销售产值稳步增长。气动产品的发展趋势主要集中在下述方面。

① 小型化与集成化。有限的空间要求气动元件的外形尺寸尽量小，小型化是主要发展趋势。气阀的集成化不仅仅是将几只阀合装，还包含了传感器、可编程序控制器等装置的功能。集成化的目的不单是节省空间，还有利于安装、维修方便和工作的可靠性。

② 组合化与智能化。最简单的元件组合是带阀、带开关的气缸。在物料搬运中，已广泛使用了气缸、摆动气缸、气动夹头和真空吸盘的组合体；还有一种移动小件物品的组合体，是将带导向器的两只气缸分别按 X 轴和 Y 轴组合而成，并配有电磁阀、程序控制器，其结构紧凑，占用空间小，行程可调。

③ 精密化。为了使气缸的定位更精确，使用传感器、比例阀等实现反馈控制，定位精度可达 0.01mm；在气缸精密化方面，开发了 0.3mm/s 低速气缸和 0.01N 微小载荷气缸。在气源处理中，过滤精度 0.01mm、过滤效率为 100% 的过滤器和灵敏度 0.001MPa 的减压阀已开发出来。

④ 高速化。为了提高生产率，自动化的节拍正在加快，高速化是必然趋势。目前气缸活塞的运动速度范围为 50~750mm/s。高速气缸的活塞速度可达到 5m/s，最高达 10m/s。

⑤ 无油、无味和无菌化。人类对环境的要求越来越高，因此无油润滑的气动元件将普及。有些特殊行业，如食品、饮料、制药、电子等，对空气的要求更为严格，除无油要求外，还要求无味、无菌等，满足这类特殊要求的过滤器将被不断开发。

⑥ 高寿命、高可靠性和自诊断功能。气动元件大多用于自动生产线上，元件的故障往往会影响到生产线的正常运行。生产线的突然停止，不但会造成经济上的严重损失，还可能造成严重事故。为此，对气动元件的工作可靠性提出了更高要求。在提高元件可靠性的同时，又要保证元件的使用寿命。因此，气动系统的自诊断功能就显得十分重要，带有预测寿命等自诊断功能的元件和系统正在开发之中。

⑦ 节能与低功耗。节能是世界发展永久的课题，气动元件的低功耗不仅仅为了节能，更主要的是能与微电子技术相结合。

⑧ 机电一体化。为了精确达到预先设定的控制目标，应采用闭环反馈控制方式。气-电

信号之间的转换，成为实现闭环控制的关键，气动比例控制阀可成为这种转换的接口。

⑨ 新技术、新工艺和新材料。气动技术的发展离不开其他相关技术的发展，在气动技术发展中，压铸新技术、去毛刺新工艺已在国内逐步推广；压电技术、总线技术，新型软磁材料、透析滤膜等正在被应用；超精加工、纳米技术也将被移植。总之，随着相关技术领域的发展，气动技术也得到了飞速发展，应用领域也越来越广泛。

9.1.4 气动技术的优缺点

气动技术自从20世纪80年代以来，随着工业机械化和自动化的发展，比如汽车制造、电子和半导体工业、化工、食品和医药等，气动技术广泛应用在生产自动化的各个领域，形成了现代气动技术。实现工业自动化的方式除了有机械式、电气式、液压式和气动式外，更多的是其中两者或是多者的组合应用。每一种传动方式都有它自身的特点，气动技术与其他传动或控制技术相比，主要有以下优缺点。

优点：
① 气动装置结构简单、轻便以及安装维护简便。由于压力等级低，使用安全。
② 工作介质是取之不尽、用之不竭的空气。排气不需回收，对环境基本无污染。
③ 气压传动动作速度及反应快。在0.02~0.03s就可以达到所要求的工作压力及速度。
④ 气压传动对工作环境适应性好，在易燃、易爆、多尘埃、强辐射等恶劣工作环境下，仍能可靠地工作。
⑤ 因为空气的可压缩性，故可实现储存能量，在一定条件下可以实现气动装置的自动保持能力。即使空气压缩机停止工作，气阀关闭，气压传动系统仍然可以维持一个稳定的压力。
⑥ 由于空气的流动阻力小，所以压缩空气可以集中供应，并能实现远距离输送。

缺点：
① 由于空气具有可压缩性，气动执行元件的速度容易受负载变化的影响，低速稳定性差。
② 排气噪声大，需加消声器。
③ 因为压力低，输出力较小，对于重载不适用。
④ 气压传动的工作介质本身没有润滑性，需要另外加油雾器进行润滑。

9.1.5 空气的性质

气压传动系统的传动介质是压缩空气。空气是由若干气体混合而成的，其主要成分为氮气、氧气和极少量的其他气体。氮气和氧气的体积比例近似于4:1，因为氮气是惰性气体，具有良好的稳定性，不会自燃，所以用压缩空气作为工作介质可以用在易燃、易爆场所。

① 大气和压力。地球的周围被空气所覆盖，这个空气称为大气。大气的密度根据地表面的高度不同而不同，空气的重量称为压力。我们生活在这个大气层之中，虽然感觉不到这个压力，但在$1m^2$的面积上大约有101325N的力。大气随着高度、季节的变化相应地发生变化。

② 空气的标准状态和基准状态。空气的状态可分为三类：自由空气、标准状态的空气和基准状态的空气。

自由空气是指地球上的空气状态，也就是说它的温度、气压、湿度等随时都在发生变化。所以，在气动技术中不能使用自由状态的空气。空气的标准状态和基准状态见表9-1。

表9-1 空气的标准状态和基准状态

	标准状态	基准状态
大气压	760mmHg(1.033kgf/cm²)	760mmHg(1.033kgf/cm²)
温度	20℃	0℃
相对湿度	65%	0%
密度	1.185kg/m³	1.293kg/m³

按照国际标准ISO8778，标准状态下的单位后面可标注（ANR）。如标准状态下的空气流量是200m³/h，则可写成200m³/h（ANR）。在气压传动系统中，控制阀、过滤器等元件的流量表示方法都是指在标准状态下的。

③ 压缩空气。把大气压缩后的空气称为压缩空气，例如0.7MPa的压缩空气是通过空气压缩机把大气压缩成大约1/8的容积后产生的。

④ 空气的压力。空气压力是空气分子热运动而相互碰撞，在容器的单位面积上产生的力的平均统计值，用p表示。

⑤ 压缩空气的湿度。大气中的空气总是含有水蒸气，压缩空气中同样含有水蒸气，含有水蒸气的空气称为湿空气。湿空气中水蒸气的含量会随着温度和压力的变化而发生变化。每立方米中水蒸气的实际含量与同温度下每立方米最大可能的水蒸气含量之比称为相对湿度。相对湿度越小，表示此湿空气中含有水蒸气越少，吸收水蒸气的能力越强。在气动系统中，压缩空气的相对湿度越低越好。

⑥ 压缩空气的流动。众所周知，空气具有可压缩性。为了便于研究空气的流动性，在工程上常将气体流动时其密度变化可以忽略不计的流动称为不可压缩流动。气体流动如果只与一个空间坐标有关则称为一元流动，也称一维流动。

★学习体会：

9.2 气源装置及气动辅助元件

9.2.1 气源装置

产生、处理和储存压缩空气的装置称为气源装置。它为气动系统提供符合质量要求的压缩空气，是气压传动系统一个重要组成部分。典型的气源装置如图9-2所示，它主要由气压发生装置、净化及储存压缩空气的装置和设备、传输压缩空气的管道系统和气动三联件四部分组成。

空压机1由电动机6驱动，它将大气压力状态下的空气压缩成较高的压力，输送给气动系统。压力开关7根据气体压力的大小来控制电动机6的起动和停转。当贮气罐4内压力超过允许限度时，安全阀2自动打开向外排气，以保证贮气罐4的安全。单向阀3在空气压缩机工作时阻止压缩空气反向流动。后冷却器10通过降低压缩空气的温度，将水蒸气和油污冷凝成液态水滴和油滴。油水分离器11用于进一步将压缩空气中的油、水分离出来。当然要将这些设备和元件连接起来，需要管道、接头、压力表等不可缺少的气动辅件。

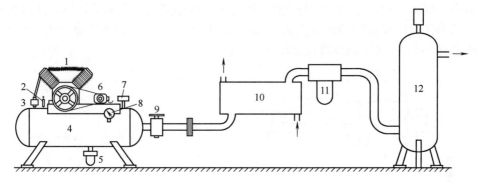

图9-2 气源装置

1—空气压缩机；2—安全阀；3—单向阀；4，12—贮气罐；5—自动排水器；6—电动机；7—压力开关；
8—压力表；9—截止阀；10—后冷却器；11—油水分离器

9.2.2 空气压缩机

空气压缩机简称空压机，是将机械能转换成气体压力能的一种能量转换装置，即气压发生装置。它为气动系统提供具有一定压力和流量的压缩空气。

（1）空气压缩机分类

空气压缩机的种类很多，按照工作原理可以分为容积式和速度式两类，如图9-3所示。

① 速度式空压机的工作原理：气体压力的提高是由于气体分子在高速流动时突然受阻而停滞下来，使动能转化为压力能。按结构可分为离心式和轴流式等。

② 容积式空压机的工作原理：气体压力的提高是由于压缩机内部的工作容积被缩小，使单位体积内气体的分子密度增加。按结构可分为活塞式、膜片式和螺杆式等。

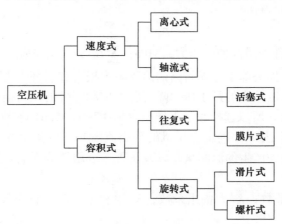

图9-3 空压机的主要分类

(2) 活塞式空压机工作原理

最常用的空压机形式是单级活塞式空气压缩机。其工作原理如图 9-4 所示。当活塞 3 向右移动时，气缸 2 内活塞左腔的压力低于大气压力，吸气阀 8 开启，外界空气进入缸内，这个过程称为吸气过程。当活塞 3 向左移动时，缸内气体被压缩，此过程被称为压缩过程。当缸内压力高于输出管道内压力后，排气阀 1 被打开，压缩空气进入到管道内，此过程称为排气过程。活塞 3 的往复运动是由电动机带动曲柄 7 转动，通过连杆 6 带动滑块 5 在滑道内移动，而活塞杆 4 带动活塞 3 做直线往复运动。

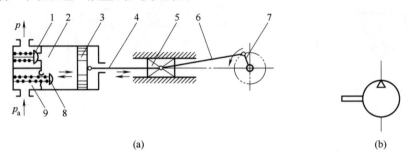

图 9-4 单级活塞式空压机

1—排气阀；2—气缸；3—活塞；4—活塞杆；5—滑块　6—连杆；7—曲柄；8—吸气阀；9—弹簧

单级活塞式空气压缩机常用于需要 0.3~0.7MPa 压力范围的气动系统。这种空压机在使用压力高于 0.6MPa 时，由于在排气过程中有剩余容积存在，在下一次吸气时剩余的压缩空气会膨胀，温度急剧升高，从而发热量很大，空压机工作效率就会太低，因此常使用两级活塞式空气压缩机，其最终压力能够达到 1.0MPa。

活塞式空气压缩机结构简单，使用寿命长，并且容易实现大流量和高压输出。但它振动大，噪声大，并且排气是断续进行，输出压缩空气有脉动，需要气罐。

(3) 空压机的选用

在选用空压机时，首先应根据空气压缩机的特性和工艺要求选择空压机的类型，然后再根据气动系统所需要的工作压力和流量参数，确定空压机的输出压力和输出流量，从而确定空压机的型号。

① 空压机的输出压力 p_c。

$$p_c = p + \sum \Delta p \tag{9-1}$$

式中，p 为执行元件的最高使用压力，MPa；$\sum \Delta p$ 为气动系统的总压力损失，MPa。

气动系统的总压力损失除了考虑管路的沿程阻力损失和局部阻力损失外，还应考虑其他压力损失，如减压阀稳定输出的最小压力降，各种控制元件的压力损失等。一般气动系统的工作压力为 0.5~0.6MPa，所以选择额定工作压力为 0.7~0.8MPa 的空气压缩机。

② 空压机的输出流量 q_c。确定空压机的输出流量必须以整个气动系统最大耗气量为基础，并且考虑到各种损失产生的泄漏量，以及是否连续用气等影响。空压机的输出流量为：

$$q_c = K_1 K_2 K_3 Q \tag{9-2}$$

式中，K_1 为漏损系数；K_2 为备用系数；K_3 为利用系数；Q 为气动系统的最大耗气量，m³/min（ANR）。

需要注意的是，气动系统的流量都是指在标准状态下的流量，即在温度 20℃，大气压力为101325Pa，相对湿度为65%的状态下的流量。

9.2.3 气动辅助元件

（1）压缩空气净化设备

① 后冷却器。后冷却器安装在空气压缩机的出口管道上，空气压缩机排出的压缩空气温度达到140~170℃，必须经过后冷却器降温至40~50℃才能使用。后冷却器的作用就是将空压机出口的高温空气冷却，并将大量水蒸气和变质油雾冷凝成液态水滴和油滴，以便对压缩空气实施进一步净化处理。

后冷却器按照冷却方式分为水冷和风冷两种；按照结构形式分为蛇形管式、列管式、散热片式和套管式等，如图9-5（a）所示为蛇形管式，图9-5（b）所示为列管式后冷却器，图9-5（c）所示为后冷却器的图形符号。

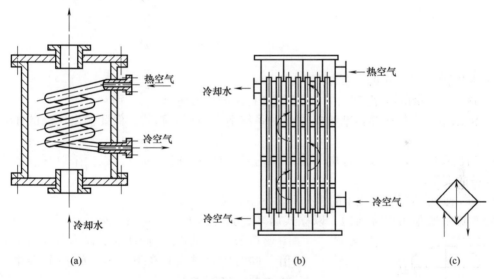

图9-5 水冷式后冷却器

风冷式不需要冷却水设备，不用担心断水和水冻结，占地面积小，**重量轻**，易维修，运转成本低。但只适用于入口温度低于100℃，且处理空气量较少的场合。

水冷式散热面积比风冷式的大得多，热交换均匀，适用于入口温度低于200℃，且处理空气量较大，湿度大，尘埃多的场合。安装水冷式后冷却器时，应使冷却水的进口靠近冷空气的出口。

② 油水分离器。油水分离器安装在后冷却器后的管道上，作用是分离压缩空气中所含的水分、油分等杂质，使压缩空气得到初步净化。油水分离器的结构形式有环形回转式、撞击折回式、离心旋转式、水浴式等多种。以上形式可单独使用也可组合使用。油水分离器主要利用离心回转、撞击、水浴等方法使水滴、油滴及其他杂质颗粒从压缩空气中分离出来。

撞击折回式油水分离器如图9-6（a）所示。由于后冷却器的冷却降温的作用，其出口为冷凝油和水的混合气体，当气体进入分离器后，经撞击挡板使气体向下，继而又折返向上，形成旋流实现气液离心分离过程，同时使混合气体进一步冷却，使油水冷凝液滴沿挡板壁和壳体壁向下流入分离器底部，并由底部放水口流出，而经油水分离后的气体由出口排出，一般出口排出的压缩空气要送入贮气罐储存。图9-6（b）为油水分离器的图形符号。

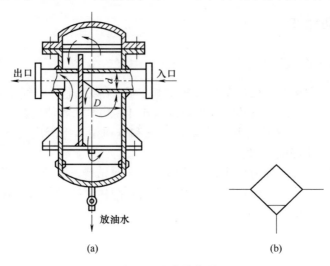

图9-6　油水分离器

③ 贮气罐。贮气罐的主要作用有：

a. 储存一定量的压缩空气，保证连续、稳定的压力输出。

b. 消除由于空气压缩机断续排气而对系统造成的压力脉动，保证输出气流的连续性和平稳性。

c. 当出现突然停机或者停电等意外情况时，维持短时间供气，以便采取紧急措施保证气动设备的安全。

d. 进一步分离压缩空气中的水分和油污等杂质。

贮气罐一般采用焊接结构，以立式居多，其外形如图9-7（a）所示，图9-7（b）为其图形符号。立式贮气罐的高度H为其直径D的2~3倍，同时应使进气管在下，出气管在上，并尽可能加大两管之间的距离，以利于进一步分离空气中的油水。同时每个贮气罐应装有压力表用于指示贮气罐内的压力、装有安全阀调整极限压力等，最低处设有排水阀。

在选择贮气罐的容积V_c时，一般都是以空气压缩机每分钟的排气量q为依据选择的。即：当$q < 6.0 m^3/min$时，取$V_c = 1.2 m^2$；当$6.0 < q < 30 m^3/min$时，取$V_c = 1.2~4.5 m^2$；当$q > 30 m^3/min$时，取$V_c = 4.5 m^2$。

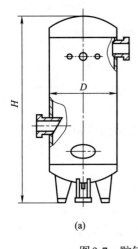

图9-7　贮气罐

④ 干燥器。压缩空气经过后冷却器、油水分离器、贮气罐、主管路过滤器等得到初步净化后仍然含有一定量的水蒸气。当温度降低或者元件内部出现高速流动时就会凝结成水滴，这将对气动元件的正常工作产生不利影响，需要进一步排除。干燥器就是用来进一步排除水蒸气的气动元件。干燥器主要有吸附式和冷冻式两种。

吸附式干燥器是利用具有吸附性能的吸附剂（如硅胶、分子筛等）来吸附压缩空气中含有的水分使其干燥的，其结构原理图如图9-8（a）所示，图9-8（b）所示为其图形符号。

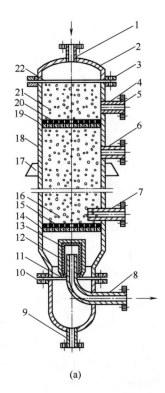
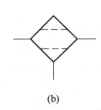

图 9-8　吸附式干燥器

1—湿空气进气管；2—顶盖；3，5，10—法兰；4，6—再生空气排气管；7—再生空气进气管；8—干燥空气输出管；9—排水管；11，22—密封座；12，15，20—钢丝过滤网；13—毛毡；14—下栅板；16，21—吸附剂层；17—支承板；18—筒体；19—上栅板

冷冻式干燥器是将湿空气冷却到露点温度以下，使空气中水蒸气凝结成水滴并排除。进入干燥器的冷空气先经热交换器预冷，再进入冷冻室冷却至露点（2~10℃），使空气中含有的气态水分、油分进一步析出，经自动排水阀排出。冷却后的空气再进入热交换器加热输出。设置热交换器的作用一方面可有效减低冷冻室空气入口温度，从而减小负荷，另一方面也可对冷冻干燥后的空气加热，避免输出空气温度过低而导致出口管路结露。

所谓露点温度就是空气在水蒸气含量和气压都不改变的情况下，冷却到饱和的温度，也就是空气中的水蒸气在降温到某一温度时刚好产生露珠时的这一温度。表面有较多水分时，形成露珠并且不会落下的情况称为结露。

(2) 气动三联件

空气过滤器、减压阀和油雾器一起称为气动三联件，三大件依次无管化连接而成的组件称为三联件，是气动设备必不可少的压缩气源过滤、调压、润滑装置。大多数情况下，三联件组合使用，其安装次序依进气方向为空气过滤器、减压阀和油雾器。三联件应安装在用气设备的就近处，便于调节和观测。

① 空气过滤器。空气过滤器又名分水滤气器、空气滤清器，它的作用是滤除压缩空气中的水分、油滴及杂质，以达到气动系统所要求的净化程度。是气源经压力输送管道进入气动系统前的过滤器，大多与减压阀、油雾器一起构成气动三联件，安装在气动系统的入口处，是对气源的第二次过滤。如图 9-9 (a) 所示为空气过滤器的结构原理图，图 9-9 (b) 为其图形符号。

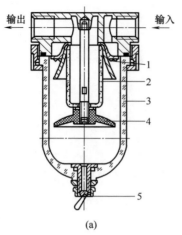
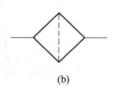

图9-9 空气过滤器
1—旋风叶子；2—滤芯；3—存水杯；4—挡水板；5—排水阀

空气过滤器的工作原理：压缩空气从输入口进入后，被引入旋风叶子1，旋风叶子上有许多成一定角度的缺口，迫使空气沿切线方向产生强烈旋转。这样夹杂在空气中的大水滴、油滴和灰尘等便依靠自身的惯性与存水杯3的内壁碰撞，并从空气中分离出来沉到杯底，而微粒灰尘和雾状水汽则由滤芯2滤除。为了防止气体旋转将存水杯中积存的污水卷起，在滤芯下部设有挡水板4。存水杯中的污水应该通过手动排水阀5及时排放，也可使用自动排水式空气过滤器。

空气过滤器的主要性能参数：

a. 耐压性能。过滤器的耐压性能是指对其施加额定压力的1.5倍压力，并保压1min，保证其没有损坏。这个参数表示了过滤器短时间内所能承受的压力。

b. 过滤精度。过滤器过滤精度是指通过滤芯的最大颗粒直径。标准的过滤精度为5μm，其他过滤精度还有2μm、10μm、20μm、50μm等多种。

c. 流量特性。过滤器流量特性是指在一定的入口压力下，通过元件的空气流量与元件两端压力降之间的曲线关系。在选用时必须注意它的流量特性曲线，并且最好在它的压力损失小于0.02MPa的范围内使用。

过滤器在选用时，除了需要根据过滤器的最大流量和其两端允许的最大压力降来选择外，还需要考虑到气动系统对空气质量的要求来选择其过滤精度等。

② 油雾器。油雾器是一种注油装置，它将润滑油进行雾化后注入压缩空气中，然后随压缩空气流入需要润滑的部位，以达到润滑的目的。

图9-10（a）所示为油雾器的结构原理图，图9-10（b）所示为其图形符号。它以压缩空气为动力，将润滑油利用局部压差作用吸入，并在压差作用下喷射成雾状且混合于压缩空气中，使压缩空气具有润滑气动元件的能力。以减少相对运动元件之间的摩擦力，从而减少密封材料的磨损，防止泄漏，以及管道和金属零部件的腐蚀，延长元件的使用寿命。

在现代气动系统中，由于气阀和气缸大量采用自润滑元件，因此油雾器可以省去不用。

油雾器的主要技术参数：

a. 流量特性。在进口流量一定的情况下，通过油雾器的流量和两端压降之间的关系曲线就是流量特性曲线。在使用时，两端压差最好控制在0.02MPa以内。

b. 最低不停气加油压力。在使用时，如果需要补油，此时输入压力的最低值不得小于0.1MPa。

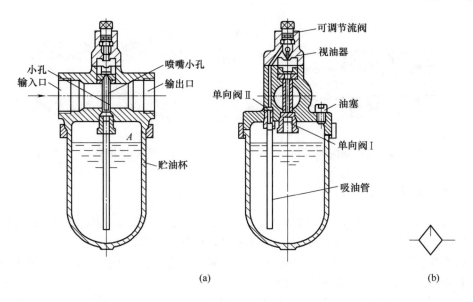

图 9-10 油雾器

③ 减压阀。气动三联件中所用的减压阀,起减压和稳压作用,工作原理与液压系统减压阀相同。

④ 气动三联件的安装次序。气动系统中气动三联件的安装次序如图 9-11 所示。目前新结构的三联件插装在同一支架上,形成无管化连接。用以进一步过滤压缩空气中的灰尘、杂质颗粒,调节和稳定出口工作压力,润滑后续气动元件。

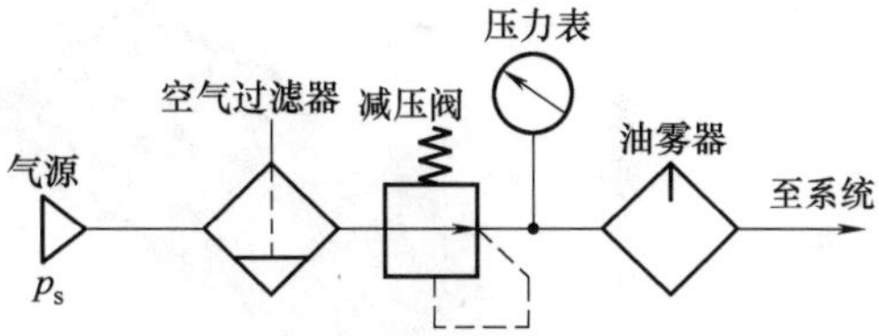

图 9-11 气动三联件

(3) 管道与管接头

在气动系统中,连接各种元件的管道有金属管和非金属管两类。

① 金属管。常用金属管有镀锌钢管、不锈钢管和纯铜管等。镀锌钢管和不锈钢管主要用于工厂主管道以及大型气动设备,适用于固定不动的连接。一般采用螺纹连接或者焊接连接。纯铜管主要用在特殊场合,比如环境温度高的地方,如果使用软管易受损伤等地方,一般采用扩口式或者卡套式连接。

② 非金属管。常用非金属管有尼龙管、橡胶管和聚氨酯管等。其主要优点有拆装方便、不生锈、摩擦阻力小以及吸振消声等;缺点是容易老化,不适于高温使用。使用时需用专用的剪管管钳和拔管工具。

③ 管接头。管接头是连接管道的元件。对于金属管和非金属管具有不同的形式。

a. 金属管接头,一般有法兰式连接、扩口式和卡套式接头。法兰式一般用于通径比较大的管道或阀门连接。扩口式一般用于管径小于 30mm 的无缝钢管或者铜管。如图 9-12 所示为扩口式接头。

b. 非金属管接头,主要有快插式接头、快拧式接头、卡套式接头、快换式和宝塔式接头等。如图 9-13 所示为快插式接头,在气动系统中,快插式接头使用非常广泛。

图9-12 扩口式接头　　　　图9-13 快插式接头

(4) 其他辅助元件

① 消声器。在气动系统中,当气体产生涡流或者压力发生突变,都会引起气体的振动,从而产生噪声。噪声的大小与排气速度、排气量以及排气流道等有关系。

消声器能够将压缩空气排出所产生的噪声降低到正常范围内,根据其消声原理可以分为吸收型和膨胀干涉型,吸收型消声器应用最广泛。

吸收型消声器在工作时,压缩空气通过多孔的吸声材料,依靠气体流动摩擦生热,使气体的压力能部分转化为热能,从而减少排气噪声。吸收型消声器具有较好的吸收中、高频噪声的作用。吸声材料主要为聚氯乙烯纤维、玻璃纤维和烧结铜等。

消声器的直径比排气孔大得多,气流在里面扩散、碰撞反射,互相干涉,从而减弱噪声强度,最后从孔径较大的多孔外壳排出,如图9-14所示。

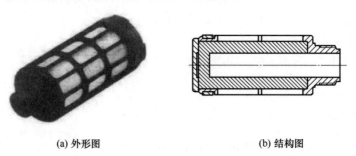

(a) 外形图　　　　(b) 结构图

图9-14 消声器

② 压力表与真空压力表。测定高于大气压力的压力仪表称为压力表;测定低于大气压力也即是真空压力的仪表称为真空压力表。

压力表具有不同的精度等级。精度等级是指压力表的指示压力的最大误差相对于该表最高指示压力的百分比,如3级精度压力表,表示压力表的最高指示压力为1MPa时,其指示压力的最大误差为0.03MPa。

压力表的安装形式有多种,有径向、轴向和面板安装等。

★学习体会:

专注如一，技术报国

李斌是上海电气液压气动有限公司液压泵厂数控工段一名普通工人、共产党员、全国劳模。本着"爱岗敬业、刻苦钻研、勇于创新、无私奉献"的精神，始终立足于生产一线，一干就是30多年。过去，中国的液压产品质量与世界先进水平的差距很大，严重地影响了我国工程机械等主机的发展以及军品配套。为了改变这种局面，李斌团队主动请缨，承担"高压轴向柱塞泵/马达国产化关键技术"项目攻克最大的技术难关——一个戒指形状的柱塞环零件，实现了我国中高端液压元件的国产化，不仅取得了良好的经济效益，也带动了相关技术的持续创新。经过30多年，对产品质量的执着追求和不懈努力，他由一名技校生转变成一位专家型技术工人，成为新一代智能型工人的楷模。"作为普通的一线工人，因为持续的质量改进，解决了企业的难题、国家的难题，这是我们无上的光荣。"李斌在首届中国质量奖颁奖仪式说到，同时他自豪地讲："咱们中国工人有质量。"

9.3 职业技能

9.3.1 空压机使用注意事项和故障诊断维护方法

(1) 空压机常见故障诊断维护方法

① 空压机压力低。由于没选择好与用气设备匹配的空压机，没注意考虑干燥装置的耗损气量及系统泄漏压力损失及干燥装置和管道的压力损失等因素（如外加热再生干燥装置冷吹时需要损耗处理量5%的成品气，8h工作周期的冷吹时间为3~4h，无热再生干燥装置再生要损耗处理量15%的成品气），因而造成供气量不足，使气源的压力偏低。另外，空压机的长期运行，可能出现零部件活塞及活塞环的磨损，而引起排气压力降低，如不及时保养维修，供气压力将越来越低。当气体温度不变时，压缩空气压力越低，其体积流量越大，气体总含湿量就越大，无疑增加气源净化装置的负担，致使气源净化效果不好。供气压力低，气体流速增大，系统压力降增大，从而使供气的工作压力进一步降低，难以满足系统工作需要，使吸附式干燥装置吸附效果越来越差。当工作压力低于0.5MPa时，应选择吸附剂填充量大、能深度吸附的外加热再生干燥装置。如使用无热再生装置，保证有较好的除水效果，应加大再生气的回流量及选择大一档处理量的规格。

② 空压机温度高。空压机排气温度一般超过100℃以上，水分和油分成为气态，与压缩空气混合输出。高温状态的压缩空气含有大量的油、水，无疑给气源净化设备带来超额负担，严重地影响气源净化设备的正常工作，因此必须设置后冷却器，使压缩空气温度冷却至≤40℃。但由于循环水的温度高及水垢的增加，夏天的供气温度往往可高于40℃以上。而压缩空气温度越高，则含水量越大。如：气体温度30℃时含水量30.4g/m³，40℃时含水量51.2g/m³，50℃时含水量83.2g/m³，60℃时130g/m³，70℃时197.9g/m³。当空气的含水量大于其吸附能力时，气体的干燥效果往往达不到原技术指标：-40℃干燥露点。为了保证干燥效果，建议选用大一档的后冷却器及在系统上增加缓冲罐（或气液分离器）。原空压机配套的小型贮气罐，因为体积小，缓冲、贮气效果不好，又没有汽水分离的过滤作用，故在设计及选购时应尽量选择带汽水分离并与处理量配套的缓冲罐，代替空压机原配的小型贮气罐。

③ 空气含油量大。空气压缩机一般分无油润滑、少油润滑或有油润滑三种。无油润滑空压机的含油指标一般在5~8mg/m³。L型的空压机因活塞重力下垂会使活塞及缸套产生磨损，会使空气含油量增大，有的甚至达到15~20mg/m³。无热再生干燥装置如空气中的含油

量大会使干燥剂被污染不能再生，使之中毒失效，随着工作时间的增加，会直接影响其干燥效果及气源质量。外加热再生干燥装置当进气含油量达到15~20mg/m³时，还能保证气体的质量。在设计配套或使用无热再生干燥装置时，应在干燥装置前设置1台高效除油器，以保证气体的含油量<1mg/m³。

(2) 活塞式空压机使用注意事项

① 空气压缩机的安装地点必须清洁、粉尘少、通风好、湿度低，温度低，以保证吸入空气的质量；且要留有维护保养空间，一般要安装在专用机房内。

② 起动空气压缩机前应检查润滑油位，并用手拉动传动带使机轴转动几圈，以保证起动时润滑正常。润滑时应使用专用润滑油，并定期更换，否则高温下易氧化变质，进而产生油泥。

③ 空气压缩机在起动前和停机后应及时排出空气压缩机气罐中的水分。

④ 空气压缩机一运转即产生噪声，因此必须有相应的防噪声措施，常见的噪声防治方法有设置隔声罩、消声器等。

(3) 活塞式空压机故障诊断及维护方法

活塞式空压机故障诊断及维护方法见表9-2。

表9-2 活塞式空压机故障诊断及维护方法

故障现象	故障诊断	维护方法
活塞卡死	润滑油质量低劣,或注油器供油中断,活塞在气缸中产生干摩擦,导致阻力加大而卡住、咬住	选择合理牌号的空气压缩机油,经常检查注油器的工作状况,保证机器在运行中气缸不缺油
	冷却水供给不足,气缸过热后突然给水,引起气缸急剧收缩将活塞咬住	保证冷却水供应量,如因缺水引起气缸过热,应立即停机,待自然冷却后再加注冷却水
	气缸与活塞装配间隙过小,或缸内掉入金属片或其他坚硬物,活塞运行受阻	装配和检修时认真检查气缸与活塞的间隙,确保其符合标准规定。防止气缸内掉入异物,一旦发现及时处理
曲轴断裂	曲轴过渡圆角过小,热处理时,圆角处未处理到位,使曲颈与曲臂交界处产生应力集中	适当增大曲轴过渡圆角,保持热处理均匀,消除应力集中
	曲轴圆角加工不规则,半径不相等,导致过度不均匀而引起应力集中	确保曲轴圆角加工质量,如形状精度和表面粗糙度,提高曲轴的疲劳强度
	设备长期超负荷运转,使曲轴受力状况恶化,导致疲劳寿命下降	严禁设备超负荷运转,发生故障应停机维修,避免设备带病工作
	材料本身有缺陷,如铸件中有砂眼、缩松等,使曲轴实际承载能力降低	提高曲轴铸造工艺水平,避免铸件上有砂眼、缩松等缺陷
	曲轴油孔处产生裂纹,油渗入使裂纹逐步扩大,最后造成折断	严格控制曲轴油孔的加工工艺和质量,加工后应及时去除毛刺,防止产生裂纹
连杆断裂	连杆螺栓长期使用,产生塑性变形,金属疲劳	定期检查连杆螺栓受力和变形情况,如螺栓发生塑性变形,应立即更换
	螺栓或螺母与大头端面接触不良,产生偏心负荷,使螺栓实际受力增大断裂	确保螺栓的材质及加工质量,正确安装和连接,防止螺栓或螺母歪斜,使接触面均匀分布、接触平整
	连杆运动受阻或受到冲击,瞬间载荷增大,螺栓应力超过许用值断裂	严格按照章程操作使用设备,保持机器平稳运行,避免连杆受到冲击

笔记

续表

故障现象	故障诊断	维护方法
气缸、缸盖破裂	冬季长期停车,气缸、缸盖内的冷却水未放或未放完而结冰膨胀,导致气缸以及缸盖破裂	寒冷地区使用的空压机,机房内温度不得低于5℃;空压机长时间停机时必须将冷却系统及气缸水套中的冷却水放尽
	运行中断水没有及时发现,气缸温度过高,突然放入冷却水致使气缸、缸盖炸裂	当发生气缸因断水而造成温度过高现象时,应停机待自然冷却后,再注入冷却水
	活塞与气缸及缸盖相撞,将气缸或缸盖撞裂 活塞在缸内的止点间隙太小,甚至没有 固定活塞杆与活塞的防松螺母松动而造成活塞撞击气缸与缸盖使之破裂 气缸内掉入金属块或破碎阀片,或盘形活塞上的出砂孔螺堵脱出	提高安装质量和检修水平。安装前要仔细检查组件质量及活塞上的出砂孔螺堵是否拧紧、拧牢,保证活塞止点间隙适当,保证螺母防松垫或开口销安装牢固,防止缸内掉进金属杂物

9.3.2 气动三联件使用和调试技巧

在气动技术中,将空气过滤器、减压阀和油雾器三种气源处理元件组装在一起称为气动三联件,用以对压缩空气进行净化过滤和调节稳定气源压力,相当于电路中的电源变压器的功能。

空气过滤器用于对气源的清洁,可过滤压缩空气中的水分,避免水分随气体进入装置。减压阀可对气源进行稳压,使气源处于恒定状态,可减小因气源气压突变时对阀或执行器等硬件的损伤。油雾器可对机体运动部件进行润滑,可以对不方便加润滑油的部件进行润滑,大大延长机体的使用寿命。

若将空气过滤器和减压阀设计成一个整体,称为二联件。

(1) 安装

① 安装时请注意清洗连接管道及接头,避免脏物带入气路。
② 安装时请注意气体流动方向与本体上箭头所指方向是否一致。
③ 安装时,将安装底座用螺钉固定在安装台上即可。

(2) 使用说明

① 过滤器排水。过滤器排水有压差排水与手动排水两种方式。手动排水时当水位达到滤芯下方水平之前必须排出。
② 减压阀压力调节。压力调节时,在转动旋钮前先向下拉再旋转,压力达到设定值后,向上压下旋转钮为定位。顺时针旋转为调高出口压力,逆时针旋转为调低出口压力。调节压力时应逐步均匀地调至所需压力值,不应一步调节到位。
③ 油雾器的油滴量调节。油雾器的调节旋钮示意图如图9-15所示,逆时针旋转旋钮(往"+"方向)表示给油量增加,顺时针旋转旋钮(往"-"方向)表示给油量减少,通过调节旋钮,调节给油量。
④ 油雾器加油方法。油雾器加油分在线加油和离线加油两种方式。首先,在线加油(也称为不停气加油),

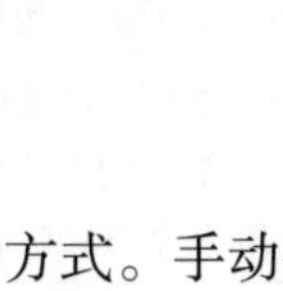

图9-15 油雾器调节旋钮示意图

气动三联件的使用与调试微视频

逆时针缓慢旋开油塞（参见图9-10），用合适的容器或油液吸取器，将润滑油慢慢滴入油杯中，直至达到油液最大高度为止；其次，离线加油，首先逆时针旋下油杯，将润滑油倒入杯中达到容积的80%（或最大高度位置），然后，逆时针旋紧油杯即可。注意每台班使用前要检查，杜绝在缺油的状态下运行设备（即在导油管下端露出油面之前进行补油，避免润滑油用到导油管下端后无法向系统供油）。

⑤ 润滑油品种。润滑气动元件推荐的润滑油为透平油中的一种（ISO VG32）。在对气动元件润滑时，考虑到它的特殊性，要求能防锈，不会引起密封材料的溶胀、收缩、劣化。另外，还要考虑使用油雾器供油时的滴油性能，过高黏性的润滑油是不适宜的。

（3）注意事项

① 部分零件使用PC材质，禁止接近或在有机溶剂环境中使用。PC杯清洗请用中性清洗剂。

② 使用压力请勿超过其使用范围。

③ 当出口风量明显减少时，应及时更换滤芯。

（4）常见故障诊断及维护方法

① 空气过滤器常见故障诊断及维护方法见表9-3。

表9-3 空气过滤器常见故障诊断及维护方法

故障现象	故障诊断	维护方法
压力过大	使用过细的滤芯 过滤器的流量范围太小 流量超过过滤器的流量 过滤器滤芯网眼堵塞	更换适当的滤芯 更换流量范围大的过滤器 更换大流量的过滤器 用净化液清洗(必要时更换)滤芯
从输出端溢流出冷凝水	未及时排除冷凝水 自动排水器发生故障 超过过滤器的流量范围	养成定期排水的习惯或安装自动排水器 修理(必要时更换)自动排水器 在适当流量范围内使用或者更换大流量的过滤器
输出端出现异物	过滤器滤芯破损 滤芯密封不严 用有机溶剂清洗塑料件	更换滤芯 更换滤芯的密封，紧固滤芯 用清洁的热水或煤油清洗
塑料水杯破损	在有机溶剂的环境中使用 空气压缩机输出某种焦油 压缩机从空气中吸入对塑料有害的物质	使用不受有机溶剂侵蚀的材料(如使用金属杯) 更换空气压缩机的润滑油,使用无油压缩机 使用金属杯
漏气	密封不良 因物理(冲击)、化学原因使塑料杯产生裂痕 泄水阀、自动排水器失灵	更换密封件 采用金属杯 修理(必要时更换)

② 油雾器常见故障诊断及维护方法见表9-4。

表9-4 油雾器常见故障诊断及维护方法

故障现象	故障诊断	维护方法
油杯未加压	通往油杯的空气通道堵塞 油杯大,油雾器使用频繁	拆卸修理空气通道 加大通往油杯的空气通孔,使用快速循环式油雾器

续表

故障现象	故障诊断	维护方法
油不能滴下	没有产生油滴下所需的压力差 油雾器反向安装 油道堵塞 油杯未加压	加上文丘里管或换成小的油雾器 改变安装方向 拆卸、检查、修理 因通往油杯的空气通道堵塞,需拆卸修理
油滴数不能减少	油量调整螺栓失效	检修油量调整螺栓
空气向外泄漏	油杯破坏 密封不良 观察玻璃破损	更换油杯 检修密封 更换观察玻璃
油杯破损	用有机溶剂清洗 周围存在有机溶剂	更换油杯,使用金属杯或耐有机溶剂油杯 与有机溶剂隔离

③ 减压阀常见故障诊断及维护方法见表9-5。

表9-5 减压阀常见故障诊断及维护方法

故障现象	故障诊断	维护方法
二次压力升高	阀弹簧损坏 阀座有伤痕或阀座橡胶(密封圈)剥落 阀体中夹入灰尘,阀芯导向部分黏附异物 阀芯导向部分和阀体O形密封圈收缩、膨胀	更换阀弹簧 更换阀体 清洗、检查过滤器 更换O形密封圈
压力降过大(流量不足)	阀口通径小 阀下部积存冷凝水;阀内混有异物	使用大通径的减压阀 清洗、检查过滤器
溢流口总是漏气	溢流阀座有伤痕(溢流式) 膜片破裂 二次压力升高 二次侧背压增高	更换溢流阀座 更换膜片 参看"二次压力升高"栏 检查二次侧的装置、回路
阀体漏气	密封件损伤 弹簧松弛	更换密封件 张紧弹簧或更换弹簧
异常振动	弹簧的弹力减弱、弹簧错位 阀体的中心、阀杆的中心错位 因空气消耗量周期变化使阀不断开启、关闭,与减压阀引起共振	把弹簧调整到正常位置,更换弹力弱的弹簧 检查并调整位置偏差 改变阀的固有频率

★学习体会:

理论考核（40分）

一、请回答下列问题（共20分）

1. 一个典型的气动系统由哪几个部分组成？（4分）

2. 气源装置一般由哪几个部分组成？（4分）

3. 贮气罐上必须安装哪些附件？（3分）

4. 分别画出空气压缩机、气动三联件、贮气罐的图形符号。（9分）

　　空气压缩机　　　　　气动三联件　　　　　贮气罐

二、判断下列说法是否正确（正确画√，错误画×，每题1分，共10分）
1. 空气的绝对压力就是压力表显示的压力。（　）
2. 气动技术所使用的空气可以是自由状态的湿空气。（　）
3. 气压传动的工作介质本身没有润滑性，需要另外加油雾器进行润滑。（　）
4. 贮气罐不具有分离空气中的油、水等杂质的功能。（　）
5. 后冷却器中，冷却水的进入口应靠近压缩空气的流出口。（　）
6. 主管道过滤器的滤芯可以在清洗后继续使用。（　）
7. 干燥器能够将压缩空气的水分全部除掉。（　）
8. 气动快插接头是气动系统中应用最为广泛的一种接头。（　）
9. 安装贮气罐时，应使进气口在上，出气口在下，并尽可能加大进出口的距离。（　）
10. 气压传动系统中所使用的压缩空气直接由空气压缩站供给。（　）

三、请将正确的答案填入括号中（每题1分，共10分）
1. 气动系统对压缩空气的主要要求是（　）。
　A.自然状态的空气　　　B.干净的空气　　C.无味的空气　　D.湿润的空气
2. 关于气压传动，下列说法不正确的是（　）。
　A.空气具有可压缩性，不易实现准确的速度控制和很高的定位精度
　B.负载变化对系统的稳定性影响较大
　C.负载变化对系统稳定性影响较小
　D.压缩空气的压力较低，一般用于输出力较小的场合
3. 气压传动的控制元件不包括（　）。
　A.方向阀　　　　　　B.流量阀　　　　C.压力阀　　　　D.空气压缩机
4. 气压传动中，由于空气的可压缩性会导致（　）。
　A.压力不稳定　　　　　　　　　　B.速度不能精准控制
　C.噪声　　　　　　　　　　　　　D.不适用于重载
5. 与液压传动相比较，气压传动不具备的优势是（　）。
　A.工作介质的使用成本很低　　　　B.空气的流动性好，可以远距离传输
　C.工作压力低，使用安全　　　　　D.可以驱动较大的负载
6. 气源装置的核心元件是（　）。
　A.贮气罐　　　　　　B.空气压缩机　　C.过滤器　　　　D.干燥器
7. 后冷却器一般安装在（　）。

A.空压机的进口管路上 B.空压机的出口管路上
C.贮气罐的进口管路上 D.贮气罐的出口管路上

8. 一般气动系统的工作压力是（　　），所以选用额定压力为 0.7~0.8MPa 的空气压缩机。

　　A. 0.1~0.2MPa　　　B. 0.5~0.6MPa　　　C. 0.7~0.8MPa　　　D. 0.9~1.0MPa

9. 能使润滑油雾化后注入空气流中，并随空气进入需要润滑的部件，达到润滑目的的元件是（　　）。

　　A.除油器　　　　　B.空气过滤器　　　　C.调压器　　　　　D.油雾器

10. 活塞式空压机广泛应用于气动系统中，其主要原因是（　　），价格便宜。

　　A.能够连续排气　　B.噪声低　　　　　　C.结构简单　　　　D.压力稳定

技能考核（30分）

1. 选择空压机的依据是什么？（8分）

2. 气动三联件安装时需要注意哪些事项？（8分）

3. 气动三联件使用时减压阀怎样调节？（7分）

4. 油雾器使用时出现油不能滴下的现象可能的原因有哪些？（7分）

素质考核（30分）

1. 试谈谈你对耐心的理解，并说明应该如何做？（15分）

2. 谈谈该怎样培养自己坚韧的毅力，有耐心。（15分）

自我体会：

学生签名：_____　　　日期：_____

拓展空间

1. 螺杆式空压机

螺杆式空压机是通过阴、阳转子的啮合完成空气压缩的，其工作工程分为吸气、封闭及输送、压缩及喷油和排气四个过程，如图9-16所示。

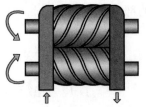

图9-16　螺杆式空压机

① 吸气过程。电动机驱动转子，阴、阳转子的齿沟空间在转至进气端壁开口时，其空间大，外界的空气充满其中，当转子的进气侧端面转离机壳的进气口时，在齿沟间的空气被封闭在阴、阳转子与机壳之间，完成吸气过程。

② 封闭及输送过程。转子在吸气结束时，其阴、阳转子齿峰将与机壳封闭，此时空气在齿沟内封闭不再外流，即封闭过程。当两转子继续转动，其齿峰与齿沟在吸气端吻合，吻合面逐渐向排气端移动。

③ 压缩及喷油过程。在输送过程中，啮合面逐渐向排气端移动，亦即啮合面与排气口间的齿沟渐渐减小，齿沟内之内的气体逐渐被压缩，压力提高，此即压缩过程。在空气压缩的同时，润滑油亦因压力差的作用而喷入压缩室内与空气混合。

④ 排气过程。当转子的啮合端面转到与机壳排气端相通时，压缩气体的压力最高。此时，被压缩的气体开始排出，直至齿峰与齿沟的啮合面移至排气端面，此时两个转子啮合面与机壳排气口之间的齿沟空间为零，即完成排气过程。在此同时，转子啮合面与机壳进气口之间的齿沟长度又达到最长，其吸气过程又在进行，由此开始一个新的压缩循环。

螺杆空压机具有振动小、电动机功率低、噪声低、效率高、排气压力稳定、无易损件等优点。缺点是所压缩出来的空气含油，对压缩空气含油量要求严格的地方需增加除油装置。

2. 专业英语

Air Treatment

Having left the receiver the air undergoes further treatment processes; these include drying using either drying agents or refrigerant drying methods. When the air is sufficiently dry, particulate matter must be removed by filtration. The pressure must be reduced to a pressure suitable for the relevant application. In most cases the air will be lubricated to lubricate the bearings of pneumatically driven tools. These three treatment processes are carried out at the point of use by a service unit, comprising a filter, regulator, and lubricator（FRL）.

笔记

第 10 章 气动执行元件

知识目标

1. 了解气动执行元件的分类及其应用。
2. 掌握单出杆双作用气缸的结构及工作原理。
3. 了解气动马达的种类和特点。

技能目标

1. 会选用气动执行元件。
2. 会对气动执行元件进行故障诊断。
3. 会对气动执行元件进行维护。

素质目标

1. 对本职岗位的热爱。
2. 为技术强国努力奋斗。
3. 对知识的钻研和执着追求。

学习导入

本章主要介绍气动执行元件的分类，气缸的分类及特点；气动马达的种类、工作原理及特点。

10.1 气　缸

气动执行元件是将气体的压力能转化成机械能的元件，包括气缸和气动马达，气缸用于实现直线往复运动，输出力和直线位移；气动马达用于实现连续回转运动，输出力矩和角位移。

气缸是把压缩空气的压力能转换成直线运动的机械能的装置。在气动系统中，气缸由于存在相对较低的成本、容易安装、结构简单、耐用、各种缸径尺寸及行程可选范围大等优点，目前是应用最广泛的一种气动执行元件。

10.1.1 气缸的分类

气缸根据使用条件、场合的不同,其结构、形状也有多种形式,常用的分类方法如下。

(1) 按作用方式分

① 单作用气缸。气缸单方向的运动靠压缩空气,活塞的复位靠弹簧力或其他外力。
② 双作用气缸。双作用气缸的往返运动全靠压缩空气完成。

(2) 按结构特征分

气缸根据结构特征不同可分为活塞式气缸、薄膜式气缸和摆动式气缸等。

(3) 按气缸的安装方式分

① 固定式气缸。气缸安装在机体上固定不动,有耳座式、凸缘式和法兰式等。
② 轴销式气缸。缸体围绕一固定轴可做一定角度的摆动。
③ 回转式气缸。缸体固定在机床主轴上,可随机床主轴做高速旋转运动。这种气缸常用于机床上的气动卡盘中,以实现工件的自动装夹。
④ 嵌入式气缸。气缸做在夹具本体内。

(4) 按尺寸不同分

通常将缸径为2.5~6mm的称为微型气缸;缸径为8~25mm的称为小型气缸;缸径为32~320mm的称为中型气缸;缸径大于320mm的称为大型气缸。

(5) 按气缸的功能分

① 普通气缸。包括单作用和双作用气缸,用于无特殊要求的场合。
② 缓冲气缸。气缸的一端或两端带有缓冲装置,以防止和减轻活塞运动到终点时对气缸盖的撞击,缓冲原理与液压缸相同。
③ 气-液阻尼缸。可控制气缸活塞的运动速度,并使其速度相对稳定。
④ 冲击气缸。以活塞杆高速运动形成冲击力的高能缸,可用于冲击、切断等。

10.1.2 常用气缸的结构特点和工作原理

普通气缸的种类和结构形式及工作原理与液压缸相同。目前最常用的普通气缸的结构和参数都已系列化、标准化、通用化。普通气缸分为单作用气缸和双作用气缸。

(1) 单作用气缸

单作用气缸只在活塞一侧可以通入压缩空气使其伸出或缩回,另一侧是通过呼吸孔与大气相连通的,其结构如图10-1(a)所示,图10-1(b)所示为其图形符号。这种气缸在一个运动方向上由压缩空气驱动,活塞的反方向动作则靠复位弹簧或其他外力来实现。由于压缩空气只能在一个方向上控制气缸活塞的运动,所以称为单作用气缸。

单作用气缸的工作特点是:
① 单边进气,结构简单,耗气量小。

② 缸内安装了弹簧，增加了气缸长度，缩短了气缸的有效行程。

③ 借助弹簧力复位，使压缩空气的能量有一部分用来克服弹簧力，减小了活塞杆的输出力；输出力的大小和活塞杆的运动速度在整个行程中随弹簧的形变而变化。

④ 单作用气缸多用于行程较短以及对活塞杆输出力和运动速度要求不高的场合。

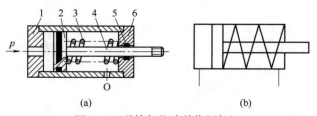

图 10-1　弹簧复位式单作用气缸

1—后缸盖；2—活塞；3—弹簧；4—活塞杆；5—密封件；6—前缸盖

（2）双作用气缸

双作用气缸活塞的往返运动是依靠压缩空气从缸内被活塞分隔开的两个腔室（有杆腔、无杆腔）交替进入和排出来实现的，压缩空气可以在两个方向上做功。由于气缸活塞的往返运动全部靠压缩空气来完成，所以称为双作用气缸，其结构如图10-2（a）所示，图10-2（b）所示为其图形符号。

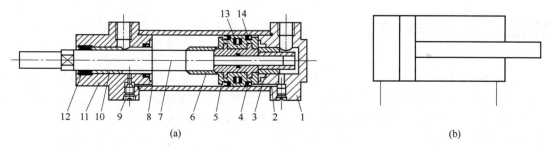

图 10-2　普通型单出杆双作用气缸

1—后缸盖；2—密封圈；3—缓冲密封圈；4—活塞密封圈；5—活塞；6—缓冲柱塞；7—活塞杆；8—缸筒；9—缓冲节流阀；10—导向套；11—前缸盖；12—防尘密封圈；13—磁铁；14—导向环

由于没有复位弹簧，双作用气缸可以获得更长的有效行程和稳定的输出力。同时，由于无杆腔的有效面积大于有杆腔的有效面积，所以向无杆腔供气产生的输出力要大于向有杆腔供气产生的输出力。

（3）标准化气缸

为满足各行各业使用气缸的需求，目前我国已经生产出5种从结构到参数都已经标准化、系列化的气缸（简称标准化气缸）供用户选用。在生产过程中，应尽可能地选用标准化气缸。若需要自行设计时，也应尽可能地与标准化气缸参数结构相一致，以使产品具有互换性，给设备使用和维修带来方便。

① 标准化气缸的标记和系列。标准化气缸的标记是用符号QG表示气缸，用符号A、B、C、D、H表示五种系列，具体的标记方法如下：

| QG | A、B、C、D、H | 缸径×行程 |

五种标准化气缸系列为：

QGA——无缓冲普通气缸；

QGB——细杆（标准杆）缓冲气缸；

QGC——粗杆缓冲气缸；

QGD——气-液阻尼缸；

QGH——回转气缸。

例如 QGA100×125 表示直径为 100mm、行程为 125mm 的无缓冲普通气缸。

② 标准化气缸的主要参数。标准化气缸的主要参数是缸筒内径 D 和行程 L。其中，缸筒内径的大小说明气缸活塞杆的理论输出力，行程大小说明气缸的作用范围。

标准化气缸的缸径系列有 11 种规格：

缸径 D（mm）：40、50、63、80、100、125、160、200、250、320、400。

行程 L（mm）：对无缓冲气缸，$L=(0.5～2)D$；对有缓冲气缸，$L=(1～10)D$。

★学习体会：

10.2 气动马达

气动马达是气动执行元件，它是把压缩空气的压力能转换成机械能的转换装置，它的作用相当于电动机或液压马达，输出转速和转矩，驱动执行机构做旋转运动。气动马达的工作原理与同类液压马达的工作原理基本相同，结构也相似。其主要区别在于工作介质不同，做完功的气体排至外部空间。

10.2.1 气动马达的分类

气动马达可分为连续回转式和摆动式两大类，此外，还有滑片式和膜片式等。其中，连续回转式气动马达又可分为容积式和透平式两种。气压传动系统中最常用的气动马达为容积式气动马达。

(1) 容积式气动马达

容积式气动马达主要有齿轮式马达、活塞式马达和叶片式马达等。

① 齿轮式气动马达。这种马达分双齿轮式和多齿轮式（径向布置多齿轮与主传动齿轮啮合工作）两种形式，转速范围为 1000~10000r/min，输出功率 0.7~36kW，结构简单，噪声和振动较大，效率低。

② 活塞式气动马达。主要有径向活塞式和轴向活塞式两种。其中，径向活塞式气动马达多为径向连杆式，结构复杂，转速范围 100~1300r/min，输出转矩非常大，输出功率 0.7~18kW，其效率较齿轮式气动马达高。轴向活塞式气动马达是所有容积式气动马达中效率最高的马达，其转速范围低于 3000r/min，功率范围<3.6kW，结构紧凑，但较复杂。活塞式气动马达在低速时具有较大的功率输出和较好的转矩特性，适用于负载较大且要求低速转矩较

高的机械设备，如起重机、绞车及拉管设备中的气压传动系统。

③ 叶片式气动马达。可分为单向回转、双向回转和双作用三种类型。叶片式气动马达转速可达 500~50000r/min，功率范围为 0.15~18kW，其结构简单，维修方便。叶片式气动马达低速起动转矩小，低速性能较差，适用于中低功率机械，如手提风动工具、升降装置和拖拉机等。

(2) 摆动式气动马达

摆动式气动马达主要有齿轮齿条式和单、双叶片式等。齿轮齿条式气动马达是利用齿轮齿条啮合传动，将气缸活塞的往复直线运动转换成旋转运动的气动马达。单、双叶片式气动马达靠压缩空气推动叶片绕输出轴旋转，向机械设备提供转矩和转速。单作用叶片式气动马达的摆动角小于360°，而双作用叶片式气动马达的摆动角则小于180°，但输出转矩是单叶片式气动马达的两倍。

10.2.2 常用气动马达的结构特点和工作原理

(1) 气动马达的工作原理

① 叶片式气动马达。如图10-3（a）所示为叶片式气动马达，其工作原理是压缩空气由A口进入到密封工作腔，作用在叶片上，由于两叶片的伸出长度不等，所以产生了转矩差，使得叶片与转子按照逆时针方向旋转，若改变压缩空气的进入方向，即压缩空气从B口进入，则可改变转子的转向。为了使叶片紧贴定子内表面，需将进气引到叶片底部，依靠压力及转子转动后的离心力的综合作用来实现。气动马达的图形符号如图10-3（b）所示。

② 活塞式气动马达。如图10-4所示为活塞式气动马达，其工作原理是压缩空气经进气口进入分配阀后再进入气缸，推动活塞及连杆组件运动，在使曲轴旋转的同时，带动固定在曲轴上的分配阀同步转动，使压缩空气随着分配阀角度位置的改变进入不同的缸内，依次推动各个活塞运动，并由各个活塞及连杆带动曲轴连续运转，与此同时，与进气缸相对应的气缸则处于排气状态。

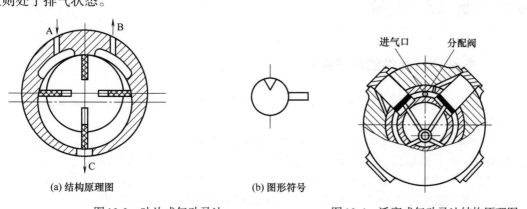

图10-3　叶片式气动马达　　　　　图10-4　活塞式气动马达结构原理图

(2) 气动马达的特点

① 可以无级调速。只要控制进气阀或排气阀的阀口开度，即可控制输入或输出压缩空气的流量，从而调节马达的输出功率和转速。

② 能够正反转。只要简单操作气阀来变换进出气方向，即能实现气动马达输出轴的正转和反转，而且可以瞬时换向。

③ 工作安全可靠，具有防爆性能。由于气动马达的工作介质（空气）本身的特性和结构上的考虑，使其能够在工作中不产生火花，故适合于爆炸、高温和多尘的场合，并能用于空气极潮湿的环境，而无漏电的危险。而且使用过的空气也不需要处理，不会造成污染。

④ 具有过载保护作用，不会因为过载而发生故障。

⑤ 具有较高的起动力矩，可以直接带动负载起动。

⑥ 功率范围及转速范围较宽。

⑦ 可长时间满载运转，温升较小。

⑧ 操作方便，维修简单。

⑨ 气动马达同时也具有输出功率小、耗气量大、效率低、输出速度不易控制、噪声大和易产生振动等缺点。

陈景润专注数学研究

陈景润：中国科学院院士，著名的数学家。主要从事解析数论方面的研究，并在哥德巴赫猜想研究方面取得国际领先的成果。20世纪50年代对高斯圆内格点、球内格点、塔里问题与华林问题作了重要改进。60年代以来对筛法及其有关重要问题作了深入研究，1966年5月证明了命题"1+2"，将200多年来人们未能解决的哥德巴赫猜想的证明大大推进了一步，这一结果被国际上誉为"陈氏定理"，其后他又对此作了改进。他有着超人的勤奋和顽强的毅力，致力于数学研究，废寝忘食，每天工作12个小时以上。

有一次，陈景润走路时撞到树上，非但没察觉到自己走错了路，反倒以为是撞着别人了，一连说了几声："对不起，对不起！"后来抬头一看，原来是一棵大树，不由得会心地笑了。原来，他正全神贯注地思考着数学问题。

10.3 职业技能

笔记

10.3.1 气动执行元件的维护保养

气缸在使用过程中，应定期进行维修保养，认真检查气缸各部位有无异常现象，以便发现问题及时处理。

① 检查各连接部位有无松动等，轴销式安装的气缸的活动部位应该定期加润滑油。除无油润滑气缸外，均应注意合理润滑，运动表面涂以润滑脂，气源入口设置油雾器。

② 气缸的正常工作条件为：工作压力为0.4~0.6MPa，普通气缸运动速度范围为50~500mm/s，环境温度为5~60℃。在低温下，要采取防冻措施，防止系统中的水分冻结。

③ 气缸在安装前，应在1.5倍工作压力下试压，不应漏气。气缸检查重新装配时，零件必须清洗干净，不得将脏物带入气缸内。特别是要防止密封圈被剪切、损害，注意动密封圈的安装方向。

④ 气缸拆下的零部件长时间不使用时，所有加工表面涂防锈油，进排气口应该加防尘堵塞。

10.3.2 气动执行元件使用注意事项和故障诊断

(1) 气缸使用注意事项

① 应根据气缸的具体安装位置和运动方式,合理选择安装辅件。常用的安装方式有:脚架安装、前法兰安装、前耳轴安装、后耳环安装、螺纹安装、后法兰安装和中间耳轴安装。

② 在需要加装节流阀调速的情况下,应选择排气节流阀,以消除气缸的爬行现象。

③ 有些气缸可以在没有油雾器的环境下正常工作,一旦使用了油雾器就需要一直使用。

④ 活塞杆与工件之间宜采用柔性连接,以补偿轴向和径向偏差。

⑤ 应尽量避免活塞杆头部螺纹退刀槽承受冲击力和扭力。

⑥ 保证气源的清洁,定期对气缸进行检查清洗,尤其要注意对活塞杆的保养,以延长气缸的使用寿命。

(2) 气缸常见故障诊断及维护方法

即使是气缸本身制造质量符合标准,满足质量要求,但由于安装和使用不当,特别是长期使用,气缸也会产生故障。

气缸常见故障诊断及维护方法见表10-1。

气缸故障诊断及维护微视频

表10-1 气缸常见故障诊断及维护方法

故障现象		故障诊断	维护方法
外泄漏	活塞杆端漏气	活塞杆安装偏心 润滑油供应不足 活塞密封圈磨损 活塞杆轴承配合面有杂质,活塞杆有伤痕	重新安装调整,使活塞杆不受偏心和横向负荷 检查油雾器是否失灵 更换密封圈 除去杂质,安装防尘罩,更换活塞杆
	缸筒与端盖漏气	密封圈损坏	更换密封圈
	缓冲调节处漏气	密封圈损坏	更换密封圈
内泄漏	活塞两端串气	活塞密封圈已损坏 润滑不良 活塞被卡住,活塞配合面有缺陷 杂质挤入密封面	更换密封圈 检查油雾器是否失灵 重新安装调整,使活塞杆不受偏心和横向负荷 除去杂质,采用净化压缩空气
输出力不足,动作不平稳		润滑不良 活塞或活塞杆被卡住 供气流量不足 有冷凝水杂质	检查油雾器是否失灵 重新安装调整,消除偏心和横向负荷 加大连接或管接头口径 注意用净化干燥压缩空气
缓冲效果不良		缓冲密封圈磨损 调节螺钉损坏 气缸速度太快	更换密封圈 更换调节螺钉 注意缓冲机构是否合适
损伤	活塞杆损坏	有偏心横向负荷 活塞杆受冲击负荷 气缸速度太快	消除横向偏心负荷 冲击不能加在活塞杆上 设置缓冲装置
	缸盖损坏	缓冲机构不起作用	在外部或回路中设置缓冲机构

10.3.3 气缸的选择

气缸选择的主要步骤：确定气缸的类型，计算气缸内径及活塞杆直径，对计算出的直径进行圆整，根据圆整值确定气缸型号。

（1）计算气缸内径

在一般情况下，根据气缸所使用的压力 p、轴向负载力 F 和气缸的负载 η 来计算气缸内径，p 应小于减压阀进口压力的 85%。

① 负载力的计算：负载力是选择气缸的重要因素，负载状态与负载力的关系如表 10-2 所示。

表 10-2　负载状态与负载力的关系

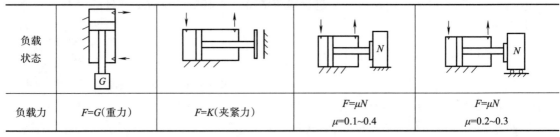

负载状态				
负载力	$F=G$(重力)	$F=K$(夹紧力)	$F=\mu N$ $\mu=0.1\sim0.4$	$F=\mu N$ $\mu=0.2\sim0.3$

② 气缸负载率的计算和选择。气缸负载率 η 是气缸活塞杆受到的轴向负载力 F 与气缸的理论输出力 F_0 之比。

$$\eta=\frac{F}{F_0}\times100\% \tag{10-1}$$

负载率可以根据气缸的工作压力来选取，如表 10-3 所示。

表 10-3　气缸工作压力与负载率的关系

p/MPa	0.06	0.20	0.24	0.30	0.40	0.50	0.60	0.70~1
η	10%~30%	15%~40%	20%~50%	25%~60%	30%~65%	35%~70%	40%~75%	45%~75%

③ 气缸内径的计算方法。确定了 F、p 和 η 后，则可根据以下公式计算活塞直径 D。
单杆、双作用气缸的计算公式如下。
活塞杆伸出时：

$$D=\sqrt{\frac{4F}{\pi p\eta}} \tag{10-2}$$

活塞杆返回时：

$$D=\sqrt{\frac{4F}{\pi p\eta}+d^2} \tag{10-3}$$

计算出 D 之后，再按照标准的缸径进行圆整，缸体内径的圆整值如表 10-4 所示。

表 10-4　缸体内径圆整值　　　　　　　　　　　　单位：mm

8	10	12	16	20	25	32	40	50	63	80	(90)	100
125	(140)	160	(180)	200	(220)	250	(280)	320	(360)	400	450	

(2)活塞杆直径的确定

在确定气缸活塞杆直径时,一般按照 $d/D=0.2\sim0.3$ 进行计算,计算后再按标准值进行圆整,活塞杆直径的圆整值如表10-5所示。

表10-5 活塞杆直径圆整值   单位:mm

4	5	6	8	10	12	14	16	18	20	22	25
28	32	36	40	45	50	56	63	70	80	90	100
110	125	140	160	180	200	220	250	280	320	360	

选好气缸的内径和活塞杆直径后,还要选择密封件、缓冲装置,确定防尘罩。

★学习体会:

理论考核(30分)

一、请回答下列问题(共26分)

1. 气动执行元件分为哪几种?(5分)

2. 按照作用方式不同,气缸分为哪几种?(5分)

3. 单作用气缸有哪些特点?(5分)

4. 气动马达如何分类?容积式气动马达有哪些类型?(5分)

5. 画出单作用气缸、双作用气缸和气动马达的图形符号。(6分)

| 单作用气缸 | 双作用气缸 | 气动马达 |

二、判断下列说法的对错(正确画√,错误画×),(每题1分,共4分)

1. 气动执行元件是将气体的压力能转换为机械能的装置。( )
2. 气动马达与液压马达相比,可长时间满载工作,且温升较小、效率高。( )
3. 气缸选用的主要依据是它的输出力和运动速度。( )

4. 气动马达是将机械能转换成压力能的装置。　　　　　　　　　　（　　）

技能考核（40分）

一、简答题（共20分）

1. 气缸选择的主要步骤有哪些？（5分）

2. 列举气缸产生缓冲效果不良可能的原因。（6分）

3. 气缸使用时的注意事项有哪些？（9分）

二、计算题（20分）

已知夹紧力 K=4600N，供气压力 p=0.7MPa，气缸行程为600mm。试计算缸筒内径 D 和活塞杆直径 d？

素质考核（30分）

1. 谈谈你对专注的认识？（15分）

2. 谈谈如何做到爱岗敬业，专注工作？（15分）

自我体会：

学生签名：＿＿＿＿＿＿＿＿＿＿　　　日期：＿＿＿＿＿＿＿＿＿＿

拓展空间

1. 特殊气缸

所谓特殊气缸是指结构特殊，或用于具有特殊功能、方式等场合下的气缸。常见的特殊气缸有以下几种。

(1) 气-液阻尼缸

气-液阻尼缸是由气缸和液压缸组合而成,以压缩空气为动力源,利用液压油的不可压缩性和对油液流量的控制,从而使气缸通过封闭的油缸的阻尼调节作用获得平稳的运动。如图10-5所示,液压缸和气缸共用同一缸体,两活塞固定在同一活塞杆上。气缸活塞由压缩空气推动,串联的液压缸的运动速度受到节流阀的调节。分体式气-液阻尼缸由气液缸、控制阀和气液转换器组成。气液缸前端经控制阀与气液转换器油口连接。气液转换器将气压转换成压力相同的油压,用油压来驱动执行元件,便可消除空气的压缩性带来的问题,得到平稳的运动速度。

与普通气缸相比,气-液阻尼缸传动平稳,低速动作时不存在爬行,停位精确,噪声小;与液压缸相比,它不需要液压源,经济性好。由于气-液阻尼缸同时具有气压传动和液压传动的优点,适用于精密稳速输送、中停、急停、快速进给和旋转执行元件的慢速驱动等,常用于机床和机械切削加工中的恒定进给装置。

(2) 冲击气缸

冲击气缸是将压缩空气的能量转化为活塞高速运动能量的一种气缸,活塞的最大速度可达每秒十几米。冲击气缸的特点是体积小、结构简单、易于制造、耗气功率小,但能产生相当大的冲击力的特殊气缸。普通型冲击缸的结构示意图如图10-6所示。它与普通气缸相比增加了储能腔以及带有喷嘴和具有排气小孔的中盖。普通型冲击气缸的工作原理及工作过程可分为3个阶段:第一阶段压缩空气进入活塞杆腔,活塞上升并用密封垫封住喷嘴;第二阶段压缩空气进入蓄能腔,喷嘴口仍处于关闭状态;第三阶段蓄能腔的压力继续增大,当蓄能腔内压力克服活塞向下的阻尼时,活塞开始向下运动,在冲程达到一定时获得最大冲击速度和能量,利用这个能量对工件进行冲击做功,产生很大的冲击力。

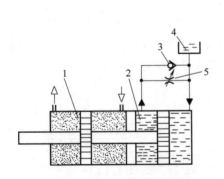

图10-5 气-液阻尼缸结构原理
1—气缸;2—液压缸;3—单向阀;
4—油箱;5—节流阀

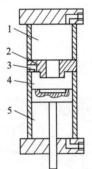

图10-6 普通型冲击气缸的结构示意图
1—储能腔;2—中盖;3—排气小孔;
4—尾腔;5—头腔

(3) 薄膜式气缸

薄膜式气缸是一种利用压缩空气通过膜片推动活塞杆做往复直线运动的气缸。它由缸体、膜片、膜盘和活塞杆等零件组成,其功能类似于活塞式气缸。薄膜式气缸分为单作用式和双作用式两种。如图10-7 (a) 所示为单作用薄膜式气缸,气缸只有一个气口。当气口输入压缩空气时,推动膜片2、膜盘3和活塞杆4向下运动,而活塞杆的上行则需依靠弹簧力作用。如图10-7 (b) 所示为双作用薄膜式气缸,有两个气口,活塞杆的上下运动都依靠压缩空气来推动。

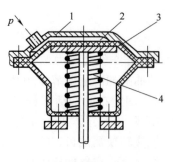
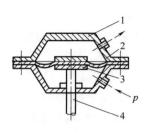

(a) 单作用薄膜式气缸　　　　(b) 双作用薄膜式气缸

图 10-7　薄膜式气缸
1—缸体；2—膜片；3—膜盘；4—活塞杆

薄膜式气缸与活塞式气缸相比较，具有结构紧凑、简单、成本低、维修方便、寿命长、效率高等优点。但因膜片的变形量有限，其行程较短，一般不超过 50mm，且气缸活塞上的输出力随行程的加大而减小，因此它的应用范围受到一定限制，一般用于化工生产过程的调节器上。

(4) 带磁性开关气缸

带磁性开关气缸是指在气缸的活塞上装有一个永久磁环，而将磁性开关装在气缸的缸筒外侧，其余部分和一般气缸相同。带磁性开关气缸可以是各种型号的气缸，但缸筒必须是导磁性弱的隔磁材料，如铝合金、不锈钢、黄铜等。当随气缸移动的磁环靠近磁性开关时，舌簧开关的两根簧片被磁化而触点闭合，产生电信号；当磁环离开磁性开关后，簧片失磁，触点断开。磁性开关可以检测到气缸活塞的位置而控制相应的电磁阀动作。如图 10-8 所示为带磁性开关气缸的结构原理图。

(5) 回转气缸

回转气缸的结构如图 10-9 所示。它由导气头 9、缸体 3、活塞 4 等组成。这种气缸的缸体 3 连同缸盖 6 及导气头芯可被携带回转，活塞 4 及活塞杆 1 只能做往复直线运动，导气头 9 外接管路，固定不动。回转气缸主要用于车床夹具和线材卷曲等装置上。

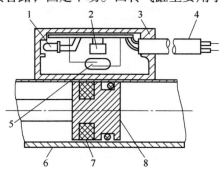
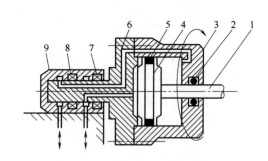

图 10-8　带磁性开关气缸的结构原理图　　　图 10-9　回转气缸结构原理图
1—动作指示灯；2—保护电路；3—开关外壳；4—导线；　　1—活塞杆；2，5—密封圈；3—缸体；4—活塞；6—缸盖；
5—舌簧开关；6—缸筒；7—永久磁环；8—活塞　　　　　　7，8—轴承；9—导气头

(6) 摆动式气缸

摆动气缸将压缩空气的压力能转变成气缸输出轴有限回转的机械能。摆动式气缸可分为叶片式摆动气缸和齿轮齿条式摆动气缸。叶片式摆动气缸又可分为单叶片式、双叶片式和多叶片式三种。叶片越多，摆动角度越小，但输出转矩越大。单叶片型摆动式气缸输出摆动

角度小于360°，双叶片型摆动式气缸输出摆动角度小于180°，三叶片型摆动式气缸则在120°以内。如图10-10（a）所示为叶片式摆动缸的外观。如图10-10（b）、图10-10（c）所示分别为单、双叶片式摆动气缸的结构原理。在定子上有两条气路，当左腔进气时，右腔排气，叶片在压缩空气作用下逆时针转动，反之，则顺时针转动。

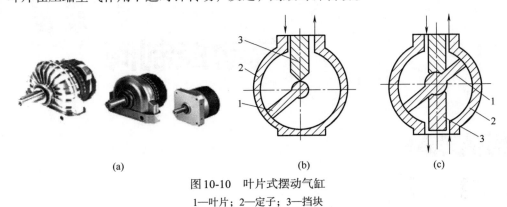

图10-10　叶片式摆动气缸
1—叶片；2—定子；3—挡块

这种气缸的耗气量一般都较大，多用于安装位置受到限制或转动角度小于360°的回转工作部件，例如夹具的回转、阀门的开启、转塔车床刀架的转位以及自动线上物料的转位等场合。

2. 专业英语

Actuators

The actuators contains the linear actuator and rotary Actuators.

（1）Linear actuators

The basic linear actuator is the cylinder, or ram, The piston is connected to a rod which drives the load. The force applied by a piston depends on both the area and the applied pressure. The SI units of force is the Newton. Cylinders are generally either single acting or double acting.Single-acting cylinders are simple to drive particularly for pneumatic cylinders with quick exhaust valves they extend under the influence of pressure and retract under the influence of external force、spring、Gravity. Double acting cylinders extend and retract under the influence of pressure, hydraulic or pneumatic. These cylinders are sometimes referred to as differential cylinders due to the different cross-sectional areas either side of the piston. This difference gives rise to the fact that the extension force is greater than the retraction force, for equal pressures, since force is a unction of pressure x area. This reduced area is the piston area-the piston rod area. The resulting area is known as the annulus area.

A double rod cylinder does not suffer this problem since it has equal fluid areas on both sides of the piston, and hence can give equal forces in both directions. The speed of a cylinder is enter-mined by volume of fluid delivered to it.

（2）Rotary Actuators.

These units are very similar in construction to pumps. They convert hydraulic energy into mechanical energy, they are used to produce rotary motion. These units are available in fixed and variable, displacement and semi rotary versions.

第 11 章 气动控制阀

知识目标

1. 了解气动控制阀的分类和作用。
2. 了解气动控制阀结构原理。
3. 掌握气动控制阀的特点及应用。

技能目标

1. 会识别气动控制阀的图形符号。
2. 会选用气动控制阀。
3. 会对气动控制阀进行故障诊断。

素质目标

1. 深刻认识严谨求实的真谛。
2. 对待工作要严谨求实。
3. 将严谨求实的精神贯穿到日常的学习工作中。

学习导入

本章主要介绍气动方向控制阀、压力控制阀、流量控制阀等。

气动控制阀是指在气压传动系统中,控制和调节压缩空气的压力、流量和方向的各类控制阀,按功能分为压力控制阀、流量控制阀、方向控制阀以及能实现一定逻辑功能的气动控制元件。

11.1 方向控制阀

气动方向控制阀和液压方向控制阀在工作原理、分类方法和使用功能上都大致相同。按其作用特点可分为单向型和换向型两种,其阀芯结构主要有截止式和滑阀式。

11.1.1 单向型控制阀

单向型控制阀有单向阀、梭阀、双压阀和快速排气阀等。

① 单向阀。单向阀指气流只能沿一个方向流动而反方向不能流动的阀。气动单向阀的工作原理、结构和图形符号与液压元件中的单向阀相同,只是在气动单向阀中,为保证密封效果,阀芯和阀座之间有一层软质密封胶垫,如图11-1所示。

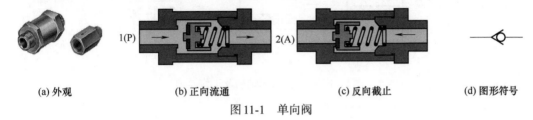

(a) 外观　　　　　　(b) 正向流通　　　　　　(c) 反向截止　　　　　　(d) 图形符号

图11-1　单向阀

② 梭阀。梭阀又称为或门型梭阀,如图11-2所示为梭阀工作原理,它相当于两个单向阀反向串联组成。梭阀有三个通口,P_1、P_2和A。其中P_1口和P_2口都可与A口相通,而P_1口和P_2口互不相通。当P_1口进气时,阀芯切断P_2口,P_1口与A口相通,A口有输出。当P_2进气时,阀芯切断P_1口,P_2口与A口相通,A口也有输出。如P_1和P_2都进气时,活塞则移向压力较低侧,关闭低压侧进气口,使高压侧进气口与A相通,A口有输出。如果两侧压力相等时,则先加入压力一侧与A口相通,并输出。

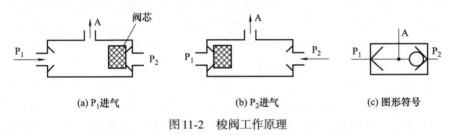

(a) P_1进气　　　　　　(b) P_2进气　　　　　　(c) 图形符号

图11-2　梭阀工作原理

③ 双压阀。双压阀又称与门型梭阀,在气动逻辑回路中,它的作用相当于"与"门作用。如图11-3所示为双压阀工作原理,它有P_1和P_2两个输入口和一个输出口A。只有当P_1、P_2同时有输入时,A才有输出,否则A口无输出;当P_1和P_2口压力不等时,则关闭高压侧,低压侧与A口相通。

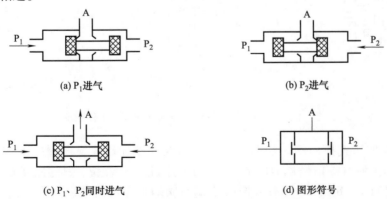

(a) P_1进气　　　　　　　　　　　　(b) P_2进气

(c) P_1、P_2同时进气　　　　　　　(d) 图形符号

图11-3　双压阀工作原理

④ 快速排气阀。快速排气阀简称快排阀,是为使气缸快速排气,加快气缸运动速度而设置的,一般安装在换向阀和气缸之间。实践证明,安装快排阀后,气缸的运动速度可提高4~5倍。如图11-4所示为膜片式快速排气阀结构、工作原理及图形符号。当P口进气时,推动膜片向上运动,关闭O口,气流经A口流出;当气流反向流动时,A口气体推动膜片向下复位,关闭P,A口气体经O快速排出。

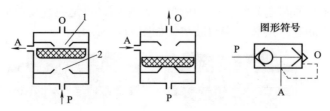

图11-4 快速排气阀结构及工作原理

11.1.2 换向型控制阀

换向型控制阀通过改变压缩空气的流动方向,从而改变执行元件的运动方向。根据控制方式不同,换向阀可分为气压控制、电磁控制、机械控制、手动控制和时间控制等。

① 气压控制换向阀。气压控制换向阀是以压缩空气为动力切换主阀,使气路换向或通断的阀。按作用原理可分为加压控制、泄压控制、差压控制和时间控制四种方式,常用的是加压控制和差压控制。加压控制是指加在阀芯上的控制信号的压力值是逐渐升高的,当控制信号的气压增加到阀的切换动作压力时,使阀芯迅速沿加压方向移动,换向阀实现换向,这类阀有单气控和双气控之分。差压控制是利用控制气压在阀芯两端面积不等的控制活塞上产生推力差,从而使阀换向的一种控制方式。

a. 单气控加压式换向阀。如图11-5所示为二位三通单气控加压式换向阀的工作原理。如图11-5(a)所示为无气控信号时阀的状态,即常态位。此时阀芯1在弹簧2的作用下处于上端位置,阀口A与O接通。如图11-5(b)所示为有气控信号K阀芯动作时的状态。由于气压力的作用,阀芯1压缩弹簧2下移,阀口A与O断开,P与A接通。如图11-5(c)为该阀的图形符号。

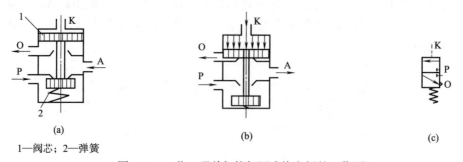

1—阀芯;2—弹簧

图11-5 二位三通单气控加压式换向阀的工作原理

b. 双气控加压式换向阀。如图11-6所示为双气控加压式换向阀的工作原理图。如图11-6(a)所示为有气控信号K_1时阀的状态,此时阀芯位于左位,其通路状态是P与A通,B与T_2通。如图11-6(b)所示为有气控信号K_2时阀的状态(信号K_1已不存在)。此时阀芯换位,其通路状态变为P与B通、A与T_1通。双气控加压式换向阀具有记忆功能,即气控信号消失后，阀仍能保持在有信号时的状态，直到有新的信号输入，阀才会改变工作状态。如图11-6（c）为该阀的图形符号。

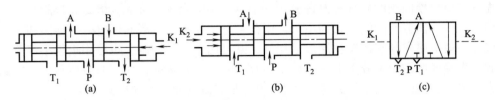

图11-6 双气控加压式换向阀的工作原理

② 电磁控制换向阀。电磁控制换向阀是利用电磁力的作用来实现阀的切换并控制气流的流动方向。按照电磁控制部分对换向阀的推动方式，电磁控制换向阀可分为直动式和先导式两大类。

a. 直动式电磁换向阀。由电磁铁的衔铁直接推动换向阀阀芯的阀称为直动式电磁阀。直动式电磁阀分为单电磁铁和双电磁铁两种，单电磁铁直动式换向阀的工作原理如图11-7所示。图11-7（a）为阀的原位状态，图11-7（b）为阀的通电状态，图11-7（c）为该阀的图形符号。从图中可知，阀芯的移动靠电磁铁的推力，而复位靠弹簧力。因此，这种控制方式换向的冲击较大，一般适合制成小型换向阀。

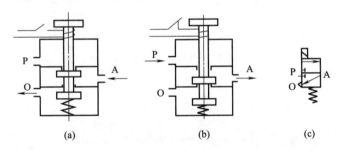

图11-7 单电磁铁直动式换向阀

若将图11-7中阀的复位弹簧改变为电磁铁，换向阀就成为了双电磁铁直动式换向阀，如图11-8所示。如图11-8（a）所示为电磁铁1通电、2断电时的状态，图11-8（b）为电磁铁2通电、1断电时的状态，图11-8（c）为其图形符号。由此可见，这种阀的两个电磁铁只能交替通电工作，不能同时通电，否则会产生误动作。

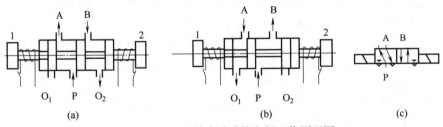

图11-8 双电磁铁直动式换向阀工作原理图

双电磁铁直动式换向阀亦可构成三位阀，即电磁铁1通电（2断电）、电磁铁1、2同时断电和电磁铁2通电（1断电）三个切换位置。在两个电磁铁均断电的中间位置，可形成三种气体流动状态，类似于液压阀的中位机能，即中间封闭（O形）、中间加压（P形）和中间泄压（Y形）。

b. 先导式电磁换向阀。由电磁铁首先控制从主阀气源节流出来的一部分气体，产生先导压力，去推动主阀阀芯换向的阀，称为先导式电磁阀。

先导式电磁换向阀的先导控制部分实际上是一个电磁阀，称之为电磁先导阀，由它所控制的用以改变气流方向的阀，称为主阀。由此可见，先导式电磁阀由电磁先导阀和主阀两部分组成。一般电磁先导阀都单独制成通用件，既可用于先导控制，也可用于较小气流量的直接控制。先导式电磁阀也分单电磁铁控制和双电磁铁控制两种，如图 11-9 所示为双电磁铁控制的先导式电磁换向阀的工作原理，图 11-10 为某二位五通电磁换向阀的结构。

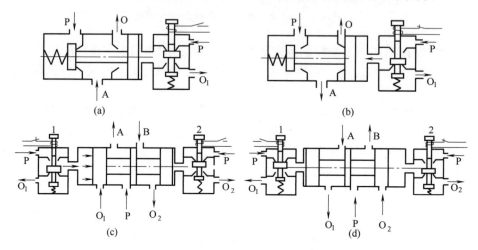

图 11-9　先导式电磁换向阀原理

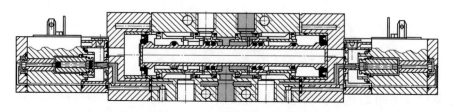

图 11-10　先导式电磁换向阀结构

③ 时间控制换向阀。时间控制换向阀是利用气流通过气阻（如小孔、缝隙等）节流后到气容（储气空间）中，经一定时间，气容内建立起一定压力后，再使阀芯换向的阀。时控换向阀中时间控制的信号输出有脉冲信号和延时信号两种。

a. 延时阀。如图 11-11 所示为二位三通延时换向阀工作原理，它是由延时部分和换向部分组成的。当无气控信号时，P 与 A 断开，A 腔排气；当有气控信号时，气体从 K 腔输入经可调节流阀节流后到气容 a 内，使气容不断充气，直到气容内的气压上升到某一值时，阀芯由左向右移动，使 P 口与 A 口接通，A 口有输出。当气控信号消失后，气容内气体经单向阀到 K 排空。这种阀的延时时间可在 0~20s 内调整。

b. 脉冲阀。如图 11-12 所示为脉冲阀的工作原理，它与延时阀一样也是依靠气流流经气阻，并通过气容 a 的延时作用使输入压力的长信号变为短暂的脉冲信号输出。当有气体从 P 口输入时，阀芯在气压作用下向上移动，A 端有输出。同时气流从阻尼小孔向气容 a 充气，在充气压力达到动作压力时，阀芯下移，输出消失。这种脉冲阀的工作气压范围为 0.15~0.8MPa，脉冲时间小于 2s。

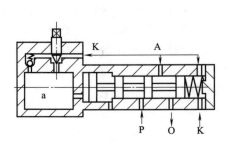
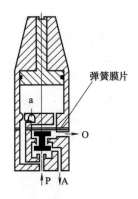

图 11-11　二位三通延时换向阀　　　图 11-12　脉冲阀工作原理

c. 机械控制和人力控制换向阀。这两类阀分别是靠机械（凸轮或挡块等）和人力（手动或脚踏等）来控制换向阀换向，其工作原理与液压阀类似，在此不再重复。

★学习体会：

11.2　压力控制阀

在气压传动系统中，调节压缩空气的压力以控制执行元件输出推力或转矩，并依靠空气压力来控制执行元件动作顺序的阀统称为压力控制阀，它分为减压阀、顺序阀和溢流阀。压力控制阀都是利用压缩空气作用在阀芯上的力和弹簧力相平衡的原理来进行工作的。由于溢流阀和顺序阀的工作原理与液压传动中的溢流阀和顺序阀基本相同，并且在气动系统中使用较少，因此，此处重点介绍气动系统中应用最广泛的压力控制阀——减压阀。

11.2.1　减　压　阀

减压阀又称调压阀，是气动系统中必不可少的一种调压元件，它在气动系统中起降压稳压作用。在气压传动中，一般都是由空气压缩机将空气压缩后储存于储气罐中，然后经管路输送给各气压传动装置使用。由于储气罐提供的空气压力通常都高于每台装置所需的工作压力，且压力波动较大，因此必须在系统的入口处安装一个具有减压、稳压作用的元件，即减压阀。

与液压减压阀类似，气动减压阀也有直动式和先导式两种。其工作原理是：将减压阀输出口的压力反馈在膜片或活塞上，与调压弹簧力相平衡，以保持出口压力不变。调节调压弹簧的预压紧力，可以实现对出口压力的控制并稳定输出压力。

① 直动式减压阀。如图 11-13 所示中，图 11-13（a）为直动式减压阀的结构原理，图 11-13（b）为外形图。当顺时针方向旋转调压手柄时，调压弹簧推动下面的弹簧座（活塞）、推杆和阀芯向下移动，使阀口开启。压缩空气从 P_1 进入，通过阀口并降压从出口 P_2 流出。与

此同时，出口的压缩空气作用在活塞上，在活塞下面产生一个向上的推力与调压弹簧力平衡，当减压阀维持这种平衡状态时，阀便有稳定的压力输出。当输入压力增高时，输出压力也随之增高，活塞下面的压力也增高，将膜片向上推，阀芯和推杆在复位弹簧的作用下上移，从而使阀口的开度减小，节流作用增强，导致输出压力降低到调定值为止，活塞上的空气压力与调压弹簧力达到一个新的平衡。反之，若输入压力下降，则输出压力也随之下降，活塞在调压弹簧力的作用下向下移动，推杆和阀芯随之下移，阀口开度增大，节流作用降低，导致输出压力回升到调定压力，压力维持稳定。

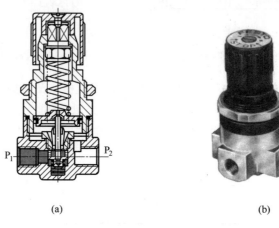

图 11-13　直动式减压阀

当减压阀不使用时，可旋松调压手柄使弹簧恢复自由状态，阀芯在复位弹簧作用下，关闭进气阀口，这样减压阀便处于截止状态，无气流输出。但是，减压阀在工作时，阀口是处于常开状态的。

② 先导式减压阀。当气动系统对压力要求较高，需要进行精确调压时，直动式减压阀就不能满足要求了。此时，可以采用精密减压阀。精密减压阀实际上是一种先导式减压阀，它由先导阀和主阀两部分组成。先导式减压阀工作原理和主阀结构与直动式减压阀基本相同，先导式减压阀所采用的调压空气是由小型直动式减压阀供给的。若把小型直动式减压阀装在主阀的内部，则称为内部先导式减压阀。若将小型直动式减压阀装在主阀的外部，则称为外部先导式减压阀。如图 11-14 所示为内部先导式减压阀结构原理图。当压缩空气从进气口流入阀体后，气流的一部分经阀口流向输出口，一部分经固定节流孔 9 进入中气室 B，经喷嘴 4、挡板 3、上气室 A、右侧孔道 5 反馈至下气室 C，再经阀芯 6 中心孔及排气口 7 排至大气。因下气室 C 与出口连通，其压力与减压阀出口压力一致。把手柄旋转到一定位置，使喷嘴挡板的距离在工作

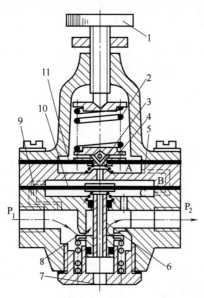

图 11-14　先导式减压阀（内部先导式）

A—上气室；B—中气室；C—下气室；
1—旋钮；2—调压弹簧；3—挡板；4—喷嘴；5—孔道；6—阀芯；7—排气口；8—进气阀门；9—固定节流口；10，11—膜片

范围内,减压阀就进入工作状态。中气室B的压力随喷嘴与挡板间的距离减小而增大,此压力在膜片上产生的作用力相当于直动式减压阀的弹簧力。调节手柄控制喷嘴与挡板间的距离,即能实现减压阀在规定的范围内工作。当输入压力瞬时升高时,输出压力也相应升高,通过孔口的气流使下气室C内的压力也升高,破坏了膜片原有的平衡,使阀芯6上移,节流阀口减小,节流作用增强,输出压力下降,膜片两端作用力重新平衡,输出压力恢复到原有的调定值。当输出压力瞬时下降时,经喷嘴挡板的放大会引起中气室B的压力明显升高,而使阀芯下移,阀口开大,输出压力上升,并且稳定在原有的调定值上。因此,当喷嘴4与挡板3之间的距离有微小变化时,都会使中气室B中的压力发生明显变化,从而使膜片10产生较大的位移,并控制阀芯6,使之上下移动并使进气阀口8开大或关小。提高了阀芯控制的灵敏度,使输出压力的波动减小,稳压精度比直动式减压阀高。

③ 减压阀的安装。安装减压阀时,最好将减压阀的手柄朝上,以方便操作。要按照气动系统压缩空气流动的方向,按过滤器—减压阀—油雾器的顺序依次进行安装,不得颠倒顺序。否则,气动元件将不能实现正常的功能。同时要注意气动元件上表示气流方向的箭头,不要装反。在减压阀压力调节时,应由低向高调,直到规定的压力值为止。减压阀在储存和长期不使用时,应把手柄放松,以免膜片长期受压变形。在正常使用的气动系统中,不允许放松手柄。

11.2.2 溢 流 阀

在气动系统中,溢流阀又称安全阀、限压切断阀,主要起限压安全保护作用。当储气罐或气动系统中的压力超过一定值时,溢流阀能立即打开排气、溢流,以防止压力继续升高产生危险。如图11-15所示为溢流阀的工作原理图,图11-15(a)为溢流阀关闭时的状态,图11-15(b)为溢流阀开启、溢流时的状态,图11-15(c)为溢流阀的图形符号。

11.2.3 顺 序 阀

在气动系统中,顺序阀又称平衡阀。它主要根据气动回路压力不同、压力高低的变化,来实现气动执行元件的顺序动作。气动顺序阀与液压顺序阀的工作原理和功能都类似,如图11-16所示为气动顺序阀的工作原理图。

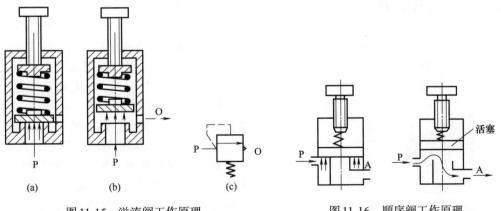

图11-15 溢流阀工作原理　　　　图11-16 顺序阀工作原理

★学习体会：

11.3 流量控制阀

流量控制阀是通过改变阀的通流面积来调节压缩空气的流量，从而控制气动执行元件的运动速度、换向阀的切换时间和气动信号的传递速度等的气动控制元件。流量控制阀包括节流阀、单向节流阀和排气阀等。其中，节流阀和单向节流阀的原理与结构和液压系统使用的普通节流阀和单向节流阀的原理与结构类似，而排气节流阀是气动系统独有的流量控制元件。

11.3.1 单向节流阀

单向节流阀是由单向阀和节流阀并联组合而成的组合式控制阀。图11-17所示为单向节流阀的工作原理，当气流由P至A正向流动时，单向阀在弹簧和气压的作用下处于关闭状态，气流经节流阀节流后流出；而当气流由A至P反向流动时，单向阀打开，不起节流作用。单向节流阀的图形符号如图11-18（a）所示，实物图如图11-18（b）所示。

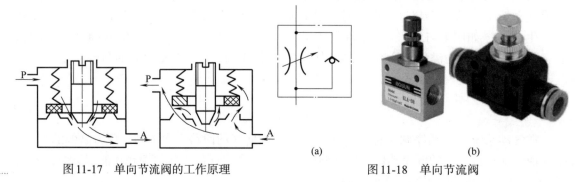

图11-17 单向节流阀的工作原理　　　　　图11-18 单向节流阀

11.3.2 排气节流阀

排气节流阀可调节排入大气的流量，以改变执行元件的运动速度，通常安装在执行元件的排气口处，常带有消声元件以降低排气噪声，并防止不清洁的环境气体通过排气口污染气路中的元件。如图11-19所示为排气节流阀。气流从底部气口进入阀内，由节流口节流后经消声套排出。所以它不仅能调节执行元件的运动速度，还能起到降低排气噪声的作用。

排气节流阀通常安装在换向阀的排气口处与换向阀联用，起单向节流阀的作用。它实际上是节流阀的一种特殊形式，由于其结构简单、安装方便，能简化回路，应用十分广泛。

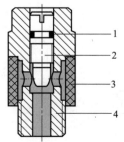

图11-19 排气节流阀
1—密封；2—节流阀芯；3—消声套；4—阀体

★学习体会：

大国工匠胡双钱严谨求实

　　胡双钱用规范、标准和精确来对待每一个零件、每一道工艺、每一次检测，将"容易"的事当"艰难"的事做，将"细小"的事当"天大"的事做，这是一个当代工匠对严谨求实的哲学实践，在当今世界所有大飞机制造过程中，这是任何先进的自动化生产线和精密机床都无法取代的。

11.4　职 业 技 能

11.4.1　气动控制阀选用

（1）气动方向控制阀选用

　　① 根据流量选择阀的通径。阀的通径是根据气动执行机构在工作压力状态下的流量值来选取的。目前，国内各生产厂对于阀的流量有的用自由空气流量表示，有的用压力状态下的空气流量（一般是指在0.5MPa工作压力下）表示。流量参数也有各种不同的表示方法，而且阀的接管螺纹并不能代表阀的通径，如G1/4的阀通径为8mm，也有的为6mm。这些在选择阀时需特别注意。

　　所选用的阀的流量应略大于系统所需的流量。信号阀（如手动按钮）是根据它距所控制的阀的远近、数量和响应时间的要求来选择的。一般对于集中控制或距离在20m以内的场合，可选3mm通径的；对于距离在20m以上或控制数量较多的场合，可选6mm通径的。

　　② 根据气动系统的工作要求和使用条件选用阀的机能和结构（包括元件的位置数、通路数、记忆功能、静止时通断状态等）。应尽量选择与所需机能相一致的阀，如选不到，可用其他阀代替或用几个阀组合使用。如用二位五通阀代替二位三通阀或二位二通阀，只要将不用的气口用堵头堵上即可；又如用两个二位三通阀代替一个二位五通阀，或用两个二位二通阀代替一个二位三通阀。这种方法可在维修急用时使用。

　　③ 根据控制要求选择阀的控制方式。

　　④ 根据现场使用条件，包括使用现场的气源压力大小、电源条件（交直流、电压大小等）、介质温度、环境温度、是否需要油雾润滑等条件，选择能在此条件下可靠工作的阀。

　　⑤ 根据气动系统工作要求选用阀的性能（包括阀的最低工作压力、最低控制压力、响应时间、气密性、寿命及可靠性）。

　　⑥ 根据实际情况选择阀的安装方式。从安装维修方面考虑，板式连接较好，包括集装

式连接，ISO 5599.1—1：2001标准也是板式连接。因此，优先采用板式安装方式，特别是对集中控制的气动控制系统更是如此。管式安装方式的阀占用空间小，也可以集中安装，且随着元件的质量和可靠性不断提高，已得到广泛的应用。

⑦ 应选用标准化产品，避免采用专用阀，尽量减少阀的种类，以便于供货、安装及维护。

(2) 气动减压阀选用

气动减压阀在选用时，首先应根据气动系统对压力精度的要求选择减压阀的类型，对调压精度要求较高的系统应选择先导式减压阀；对调压精度无特殊要求的系统可选择直动式减压阀。然后根据气源压力确定减压阀的额定输入压力，减压阀的最低输入压力应大于最高输出压力0.1MPa。再根据减压阀所在气动回路的最大输出流量要求确定减压阀通径规格。最后根据机械设备的安装要求选择减压阀的安装形式。

(3) 气动流量控制阀选用

对于气动系统而言，用流量控制的方法控制气缸的速度，由于受空气压缩性及阻力的影响，一般气缸的运动速度不得低于30mm/s。在气缸速度控制中，要注意以下几点。

① 要防止管路中的气体泄漏。包括各元件接管处的泄漏，如接管螺纹的密封不严、软管的弯曲半径过小、元件的质量欠佳等因素都会引起泄漏。

② 要注意减小气缸的摩擦力，以保持气缸运动的平衡。应选用高质量的气缸，使用中要保持良好的润滑状态。要注意正确、合理地安装气缸，超长行程的气缸应安装导向支架。

③ 气缸速度控制有进气节流和排气节流两种。用排气节流的方法比进气节流稳定、可靠。

④ 加在气缸活塞杆上的载荷必须稳定。若载荷在行程中途有变化或变化不定，则其速度控制相当困难，甚至不可能。在不能消除载荷变化的情况下，必须借助液压传动，如气-液阻尼缸、气-液转换器等，以达到运动平稳、无冲击。

11.4.2 气动控制阀的使用与维护

笔记

气动控制阀如果使用不当，也会造成执行元件的误动作甚至是事故。

(1) 换向阀的合理使用

换向阀的故障主要有阀不能换向或换向动作缓慢、气体泄漏、电磁先导阀误动作等。主要由以下因素造成。

① 换向阀不能换向或换向动作缓慢，主要是由于润滑不良、弹簧被卡住或损坏、油污或杂质卡住滑动部分等原因。因此应先检查油雾器的工作是否正常；润滑油的黏度是否合适；是否因环境变冷而油温较低。

以上情况应采用更换润滑油，或清洗换向阀的滑动部分，或更换弹簧和换向阀等。

② 换向阀经长时间使用后易出现阀芯密封圈磨损、阀杆和阀座损伤的现象，导致阀内气体泄漏，阀的动作缓慢或不能正常换向等故障。

以上情况应更换密封圈、阀杆和阀座，或更换全新换向阀。

③ 如果电磁先导阀的进、排气孔被油泥等杂物堵塞，封闭不严，活动铁芯会被卡死，电路有故障等，均可导致换向阀不能正常换向。

对以上情况应清洗先导阀及活动铁芯上的油泥和杂质。而电路故障一般又分为控制电路故障和电磁线圈故障两类。在检查电路故障前,应将换向阀手动操作,看换向阀在额定的气压下是否能正常换向,若能正常换向,则是电路有故障。电路故障包括电源电压、行程开关电路的电接点接触电阻大等问题。其中也包括电磁线圈的接头(插头)松动或接触不良等问题。

气动换向阀故障诊断与排除

(2) 压力阀的合理使用

压力阀主要指减压阀和顺序阀。安全阀主要用于贮气罐的安全压力控制而与执行元件无关。

① 减压阀的输出压力必须低于输入压力一定值,否则压力稳定性很差。

② 当系统快进时,减压阀输出不稳定。这种情况主要是气源的排量太小,或选择的贮气罐容积也很小,此时如果系统的工作具有间歇性时,可增加贮气罐容积,否则应更换气源。

③ 如果减压阀调整后,应将其锁紧,否则振动等因素可能导致输出压力变化。

④ 顺序阀相当于一个压力开关,压力达到设定值时接通,否则关断。为了保证其工作的稳定性,其开门压力不应接近系统最高压力,否则压力波动会引起顺序阀工作不稳定。

⑤ 系统中的水、油、尘可能导致压力阀的参数变化,如阀磨损、结垢或堵塞等。

(3) 流量阀的合理使用

气动流量阀主要指节流阀、单向节流阀、节流排气阀、柔性节流阀等种类。下面主要是节流阀使用中遇到的问题。

① 节流阀流量不稳是由于调节螺丝没有锁紧。

② 速度调节应采用单向节流阀,才能实现双向不同参数的设置与调节。

③ 系统中的水、油、尘可能导致节流阀流通截面积因结垢而减小,也可能因粉尘磨损而增大。

11.4.3 气动控制阀的常见故障与排除方法

① 减压阀的常见故障与排除方法见表11-1。

表11-1 减压阀的常见故障与排除方法

故障现象	故障诊断	排除方法
出口压力升高	阀弹簧损坏	更换阀弹簧
	阀座有伤痕,或阀座橡胶剥离	更换阀座
	阀体中夹入灰尘,阀导向部分黏附异物	清洗、检查过滤器
	阀芯导向部分和阀体的O形密封圈收缩、膨胀	更换O形密封圈
压力降很大(流量不足)	阀口径小	使用口径大的减压阀
	阀下部积存冷凝水,阀内混入异物	清洗、检查过滤器

续表

故障现象	故障诊断	排除方法
向外漏气	溢流阀阀座有伤痕（溢流式）	更换溢流阀阀座
	膜片破裂	更换膜片
	出口压力升高	参见第一栏"出口压力升高"
	出口侧背压增加	检查出口侧的装置、回路
阀体泄漏	密封件损伤	更换密封件
	弹簧松弛	张紧弹簧
异常振动	弹簧的弹力减弱，或弹簧错位	把弹簧调整到正常位置，更换弹力减弱的弹簧
	阀体、阀杆的中心错位	检查并调整位置偏差
	因空气消耗且周期变化使阀不断开启、关闭，与减压阀引起共振	和制造厂协商
出气口不溢流	溢流阀阀座孔堵塞	清洗并检查过滤器
	使用非溢流式减压阀	需要在出口处安装高压溢流阀

② 溢流阀的常见故障与排除方法见表11-2。

表11-2 溢流阀的常见故障与排除方法

故障现象	故障诊断	排除方法
压力虽已上升，但不溢流	阀内部的孔堵塞	清洗
	阀芯导向部分进入异物	
压力虽没有超过设定值，但在溢流口处却溢出空气	阀内进入异物	清洗
	阀座损伤	更换阀座
	调压弹簧损坏	更换调压弹簧

③ 方向阀的常见故障与排除方法见表11-3。

表11-3 方向阀的常见故障与排除方法

故障现象	故障诊断	排除方法
不能换向	阀的滑动阻力大，润滑不良	进行润滑
	O形密封圈变形	更换密封圈
	灰尘卡住滑动部分	清除灰尘
	弹簧损坏	更换弹簧
	阀操纵力小	检查阀操纵部分
	活塞密封口磨损	更换密封圈
	膜片破裂	更换膜片
阀产生振动	空气压力低（先导式）	提高操纵压力，采用直动式
	电源电压低（电磁式）	提高电源电压，使用低电压圈

★学习体会：

理论考核（35分）

一、请回答下列问题（共计30分，每题10分）

1. 气动控制阀在气动系统中的功用是什么？有哪些类型？

2. 比较气动减压阀和液压减压阀的相同之处与不同之处？

3. 在气动控制元件中，哪些元件具有记忆功能？记忆功能是如何实现的？

二、判断下列说法的对错（正确画√，错误画×，共计5分，每题1分）

1. 减压阀是气动系统中必不可少的一种调压元件，起降压稳压作用。（　）
2. 排气节流阀通常安装在换向阀的排气口处与换向阀串联，起单向节流作用。（　）
3. 气动溢流阀在气动系统中主要起稳定压力的作用。（　）
4. 气动换向阀也有"位"和"通"之分。（　）
5. 排气节流阀一般安装在执行元件的排气口处。（　）

技能考核（45分）

一、填空（共计30分，每空5分）

1. 阀的通径是根据气动执行机构在工作压力状态下的_____来选取的。所选用的阀的流量应_____系统所需的流量。

2. 根据气动系统的_____和_____选用阀的机能和结构（包括元件的位置数、通路数、记忆功能、静止时通断状态等）。应尽量选择与所需_____相一致的阀，如选不到，可用其他阀代替或用几个阀组合使用。

3. 根据实际情况选择阀的安装方式。从安装维修方面考虑，_____连接较好。

二、请回答下列问题（共计15分，每题5分）

1. 气动减压阀选用注意事项？

2. 气动减压阀安装注意事项？

3. 气动节流阀使用中需要注意的问题？

素质考核（20分）

1. 谈谈你对严谨的认识？（10分）

2. 谈谈如何在学习工作中做到严谨求实？（10分）

学生自我体会：

学生签名：_____ 日期：_____

拓展空间

1. 阀岛技术

"阀岛"一词来自德语"Ventilinsel"，英文名为"Valve Terminal"，它是由德国FESTO公司发明并最先应用的。阀岛由多个电控阀构成，它集成了信号输入、输出及信号的控制，犹如一个控制岛屿，类似于液压传动中的多路阀。

随着气动技术的普遍使用，一台机器上往往需要大量的电磁阀，由于每个阀都需要单独的连接电缆，因此如何减少连接电缆线就成为了一个不容忽视的问题。为此，FESTO公司推出了阀岛技术和现场总线技术解决了这个问题。

（1）带多针接口的阀岛

传统的配线方法是从控制器引出的接线在电磁阀处通过接线端子转接后再分别连接到不同的电磁阀上，而使用带多针接口的阀岛后不再需要接线端子盒，同时电信号的处理已在阀岛上实现。图11-20（a）所示为传统的配线方法，图11-20（b）所示为带多针接口的阀岛。

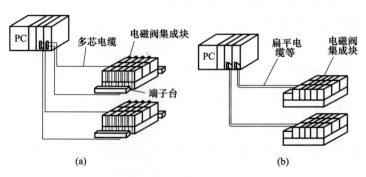

图11-20　电磁阀的配线

(2) 带现场总线的阀岛

现场总线（Field Bus）的实质是通过电信号传输方式，并以一定的数据格式实现控制系统中信号的双向传输。两个采用现场总线进行信息交换的对象之间只需一根两股或四股的电缆连接，其特点是以一对电缆之间的电位差方式进行传输。在由带现场总线的阀岛组成的系统中，每个阀岛都带有一个总线输入口和总线输出口。这样当系统中有多个带现场总线阀岛或其他带现场总线设备时就可以由近至远串联连接。这样，使用带多针接口的阀岛就使设备的接口大为简化。图11-21（a）所示为现场总线的阀岛，图11-21（b）所示为带现场总线的阀岛的应用示意图。

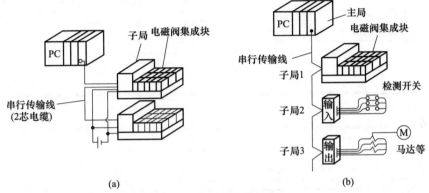

图11-21 带现场总线的阀岛

阀岛是集成化的电磁阀组合，主要是集中控制很多气动阀门，采用总线结构把多个电控换向阀集成，即电控部分通过一个接口方便地连接到气路板并对其上的电磁阀进行控制，不再需要对单个电磁阀独立地引出信号控制线，既减少了控制线，又缩小了体积，非常便于安装，有利于综合布线和采用计算机控制。

阀岛技术从第一代的多针阀岛到第二代的总线阀岛，使阀岛在现场设备的使用过程中更便利，更可加靠。多针阀岛通过把可编程控制器与气动阀传感器输入电信号之间的接口简化为只有一个多针插头和一根多股电缆，从而使得系统的设计、制造和维护过程大为简化。带现场总线的阀岛与外界的数据交换只需通过一根两股或四股的屏蔽电缆实现。这样就大幅度节省了接线时间，而且由于连线的减少使设备所占的空间减小，设备的维护更为方便。随着阀岛技术的发展，带总线技术的阀岛正朝着可编程阀岛、模块式阀岛、紧凑型阀岛（CP阀岛）、ASI接口与阀岛结合等方向发展。

阀岛是新一代气电一体化控制元器件，已从最初带多针接口的阀岛发展为带现场总线的阀岛，继而出现可编程阀岛及模块式阀岛。阀岛技术和现场总线技术相结合，不仅确保了电控阀的布线容易，而且也大大地简化了复杂系统的调试、性能的检测和诊断及维护工作。借助现场总线高水平一体化的信息系统，使两者的优势得到充分发挥，具有广泛的应用前景。

2. 专业英语

Service Units FRC/FRCS

General technical data

Size	Micro					Mini			Midi				Maxi		
Pneumatic connection	M5	M7	G⅛	QS4	QS6	G⅛	G¼	G⅜	G¼	G⅜	G½	G¾	G½	G¾	G1
Operating medium	Compressed air															
Design	Filter regulator with/without pressure gauge															
	Proportional standard mist lubricator															
Type of mounting	Via accessories															
	In-line installation															
Assembly position	Vertical ±5°															
Regulator lock	Rotary knob with detent															
	–					Rotary knob with integrated lock										
Grade of filtration [μm]	5					5 or 40										
Max. hysteresis [bar]	0.3					0.2						0.4				
Pressure regulation range [bar]	0.5 … 7					0.5 … 7										
						0.5 … 12										
Pressure indication	Via pressure gauge															
	M5 prepared					G⅛ prepared			G¼ prepared				G¼ prepared		
Max. condensate volume [cm³]	3					22			43				80[1]		
Input pressure [bar]																
Condensate drain turned manually	1 … 10					1 … 16										
semi-automatic	1 … 10					–										
fully automatic	–					2 … 12										

Standard nominal flow rate[1] qnN [l/min]

Connection	G⅛	G¼	G⅜	G½	G¾	G1
Mini						
FRC/FRCS-…-D-…(-A)	700	1000	1200	–	–	–
FRC/FRCS-…-D-7-…(-A)	800	1300	1500	–	–	–
FRC/FRCS-…-D-5M-…(-A)	600	850	1050	–	–	–
Midi						
FRC/FRCS-…-D-…(-A)	–	1500	2000	2600	2600	–
FRC/FRCS-…-D-7-…(-A)	–	1700	2000	2800	2800	–
FRC/FRCS-…-D-5M-…(-A)	–	1300	1700	1800	2100	–
Maxi						
FRC/FRCS-…-D-…(-A)	–	–	–	7600	8300	8500
FRC/FRCS-…-D-7-…(-A)	–	–	–	7700	8500	8700
FRC/FRCS-…-D-5M-…(-A)	–	–	–	6800	7000	7200
Maxi – Directly actuated pressure regulator with integrated return flow function						
FRC-…-D-…(-A)	–	–	–	3300	3800	4000
FRC-…-D-7-…(-A)	–	–	–	4500	5000	5200
FRC-…-D-5M-…(-A)	–	–	–	3000	3600	3800

Ambient conditions

Size	Micro	Mini	Midi	Maxi
Ambient temperature [°C]	–10 … +60			
Temperature of medium [°C]	–10 … +60			
Corrosion resistance class CRC[1]	2			

第 12 章 气动回路

知识目标

1. 了解气动回路的种类和用途。
2. 掌握一次压力控制回路。
3. 掌握双作用气缸的速度控制回路。

技能目标

1. 会分析气动回路。
2. 会安装气动回路。
3. 掌握使用气动回路的注意事项。
4. 了解气动系统日常维护。

素质目标

1. 奋斗精神的培养。
2. 爱国情怀的培养。

学习导入

与液压系统一样，气动系统也是由一些基本回路组成的。按回路控制的不同功能，气动回路分为方向控制回路、压力控制回路、速度控制回路、位置控制回路、同步控制回路、安全保护回路。了解回路的功能、熟悉回路的结构和性能，将有助于设计出经济适用和可靠的气动回路。

12.1 方向控制回路

12.1.1 单作用气缸换向控制

气缸活塞杆运动的一个方向靠压缩空气驱动，另一个方向则靠其他外力，如重力、弹簧力等驱动。这种回路简单，可选用简单结构的二位三通阀来控制。

如图12-1（a）所示回路中，方向阀通电时活塞杆伸出，断电时活塞杆靠弹簧力返回；如图12-1（b）中，方向阀断电时活塞杆缩回，通电时活塞杆靠弹簧力伸出；如图12-1（c）中控制气缸的换向阀带有全封闭型中间位置，可使气缸活塞停止在任意位置，但定位精度不高。

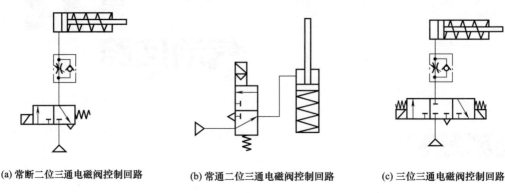

(a) 常断二位三通电磁阀控制回路　　(b) 常通二位三通电磁阀控制回路　　(c) 三位三通电磁阀控制回路

图12-1　单作用气缸控制回路

12.1.2　双作用气缸控制回路

气缸活塞杆伸出和缩回两个方向的运动都靠压缩空气驱动，通常选用二位五通阀来控制。如图12-2（a）所示回路中，方向阀通电时活塞杆伸出，断电时活塞杆返回；如图12-2（b）所示回路中采用了双电控换向阀，换向信号可以为短脉冲信号，因此电磁铁发热少，并具有断电保持功能；如图12-2（c）所示，左侧电磁铁通电时，活塞杆伸出；右侧电磁铁通电时，活塞杆缩回。左、右两侧电磁铁同时断电时，活塞可停止在任意位置，但定位精度不高；如图12-2（d）所示，当电磁阀处于中间位置时活塞杆处于自由状态，可由其他机构驱动。

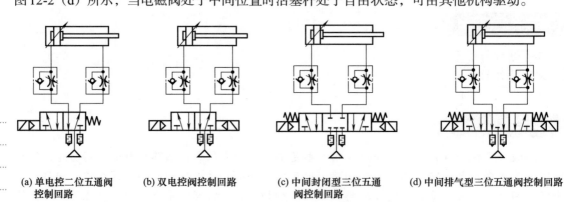

(a) 单电控二位五通阀控制回路　　(b) 双电控阀控制回路　　(c) 中间封闭型三位五通阀控制回路　　(d) 中间排气型三位五通阀控制回路

图12-2　双作用气缸控制回路

如图12-3（a）所示，当左、右两侧电磁铁同时断电时，活塞可停止在任何位置，但定位精度不高。采用一个压力控制阀，调节无杆腔的压力，使得在活塞双向加压时，保持力的平衡；如图12-3（b）中，采用双活塞杆气缸，使活塞两端受压面积相等，当双向加压时，可保持力的平衡。

如图12-4所示回路中，采用二位五通气控阀作为主控阀，其先导控制压力由一个二位三通电磁阀进行远程控制。该回路可以应用于有防爆要求的特殊场合；如图12-5所示回路中，主控阀为双气控二位五通阀，两个二位三通阀作为主控阀的先导阀，可进行遥控操作实现气缸的换向。

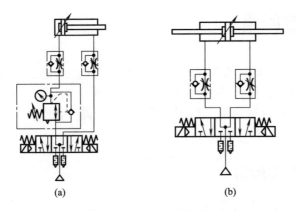

图 12-3 中间加压型三位阀控制回路

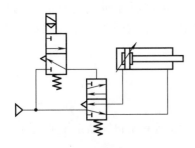

图 12-4 远程控制回路

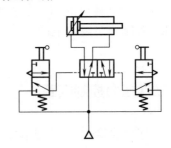

图 12-5 双气控阀控制回路

如图 12-6 所示回路中，两个二位三通阀中，一个为常通阀，另一个为常断阀。当两个电磁阀同时动作时可实现气缸换向。如图 12-7 所示回路中，采用一个二位三通阀的差动回路可实现气缸换向。

如图 12-8 所示回路中，两个二位二通阀分别控制气缸运动的两个方向。图示位置为气缸右腔进气。当阀 2 按下时，由气动管路向阀右端供气，使二位五通阀切换，则气缸左腔进气，右腔排气，同时自保回路中从 a 点经单向阀、b 点和 c 点给阀的右端增加压气，以防中途气阀 2 失灵，阀芯被弹簧弹回，自动换向，造成误动作（即自保作用）。当阀 2 复位，按下阀 1 时，二位五通阀右端压缩空气排出，则阀芯靠弹簧复位，实现气缸换向。

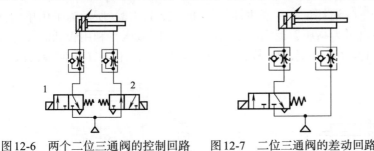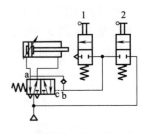

图 12-6 两个二位三通阀的控制回路　　图 12-7 二位三通阀的差动回路　　图 12-8 带有自保的控制回路

★学习体会：

12.2 压力控制回路

气动系统中，压力控制回路不仅是维持系统正常工作所必需，而且也关系到系统总的经济性、安全性及可靠性。作为压力控制方法，可分为一次压力（气源压力）控制回路、二次压力（系统工作压力）控制回路、差压回路、限压回路、多级压力控制、增压控制、压力控制顺序回路等。

12.2.1 一次压力控制回路

如图12-9所示回路中，控制气罐使其压力不超过规定压力，常采用外控制式溢流阀1来控制，也可用带电触点的压力表2代替溢流阀1来控制压缩机电动机的起动与停止，从而使气罐内压力保持在规定范围内。采用安全阀的回路结构简单，工作可靠，但无功耗气量大。

12.2.2 二次压力控制回路

如图12-10所示回路中，利用气动三联件中的减压阀来控制气动系统的工作压力。

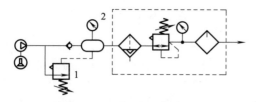

图12-9 一次压力控制回路
1—溢流阀；2—压力表

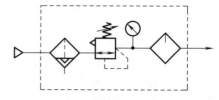

图12-10 二次压力控制回路

12.2.3 差压回路

采用差压操作，可以减少空气消耗量，并减少冲击。如图12-11（a）所示为采用单向减压阀的差压回路，当活塞杆伸出时为高压，返回时空气通过减压阀减压，利用较低的压力来驱动气缸。图12-11（b）与图12-11（a）原理一样，只是用快速排气阀代替了单向节流阀。

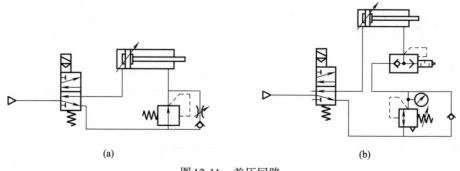

图12-11 差压回路

12.2.4 限压回路

如图 12-12 所示回路中，按下阀 1 时，换向阀 3 换向，活塞杆开始伸出。当挡块遇行程阀 2 后，压下阀 2，换向阀 3 复位并使活塞返回。如果气缸在前进中遇到较大的阻碍，气缸左腔压力增高，顺序阀 5 动作，压缩空气推动二位二通阀 4 换向，使换向阀 3 右侧排气，活塞自动返回。

12.2.5 多级压力控制

如图 12-13 所示回路中，气源经过减压阀 1 与 2 可设定两种不同的压力，通过换向阀 3 可得到两种不同的压力输出。

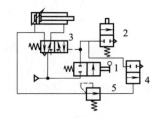

图 12-12　限压回路
1—手动阀；2—行程阀；3—换向阀；
4—二位二通阀；5—顺序阀

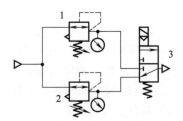

图 12-13　双压回路
1，2—调压阀；3—换向阀

如图 12-14 所示多级压力控制回路中，远程调压阀的先导压力通过三通电磁阀 1 的切换来控制，根据工作需要可以分别设定低、中、高三种先导压力。在进行压力切换时，必须先用电磁阀 2 将先导压力泄压，然后再选择新的先导压力。

如图 12-15 所示回路中，采用一个小型比例减压阀作为先导压力控制阀可实现压力的无级控制。比例压力阀的入口应使用一个微型油雾分离器，防止油雾和杂质进入比例阀，影响阀的性能和使用寿命。

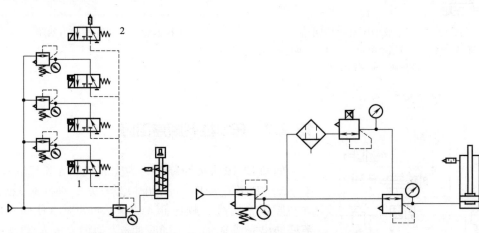

图 12-14　多级压力控制回路
1，2—电磁阀

图 12-15　采用比例调压阀的无级压力控制回路

12.2.6 增压回路

如图12-16（a）回路中，当二位五通电磁阀1通电时，气缸在增压泵供气下实现增压驱动；当电磁阀1断电时，气缸在正常压力作用下返回。如图12-16（b）所示回路中，当二位五通电磁阀1通电时，利用气控信号使主换向阀切换，增压泵给气缸供气进行增压驱动；当电磁阀1断电时，气缸在正常压力作用下返回。

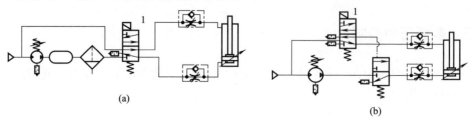

图12-16 增压回路

如图12-17所示回路中，当三通电磁阀3、4通电时，气-液缸6在与气压相同的油压作用下伸出；当需要大输出力时，则使五通电磁阀2通电，让气-液增压缸1动作，实现气-液缸的增压驱动。让五通电磁阀2和三通电磁阀3、4断电时，则可使气-液缸6返回。气-液增压缸1的输出可通过减压阀5进行设定。

如图12-18所示回路中，三段活塞缸串联，电磁换向阀通电时，三个气缸都进压缩空气，使活塞杆增力推出。复位时，电磁阀断电，气缸右端口进气，把活塞杆拉回。

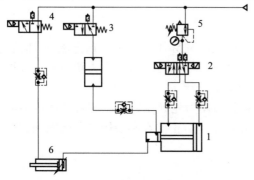

图12-17 气-液增压缸增压回路

1—气-液增压缸；2—五通电磁阀；3、4—三通电磁阀；
5—减压阀；6—气-液缸

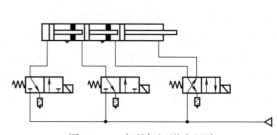

图12-18 串联气缸增力回路

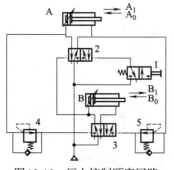

图12-19 压力控制顺序回路

1—启动阀；2、3—换向阀；4、5—顺序阀

12.2.7 压力控制顺序回路

如图12-19所示回路中，为完成气缸A和气缸B的A_1、B_1、A_0、B_0顺序动作，启动阀1动作后，换向阀2换向，A缸左腔压力增高，顺序阀4动作，推动阀3换向，B缸活塞杆伸出完成B_1动作，同时使阀2换向完成A_0动作；最后A缸右腔压力增高，顺序阀5动作，使阀3换向完成B_0动作，顺序阀4及5需调整到一定压力后才动作。

★学习体会：

12.3 速度控制回路

12.3.1 单作用气缸的速度控制回路

如图 12-20（a）所示回路中，采用两个速度控制阀串联，用进气节流和排气节流分别控制活塞两个方向的运动速度。如图 12-20（b）所示回路中，直接将节流阀安装在换向阀的进气口与排气口上，可分别可控制活塞两个方向的运动速度；如图 12-20（c）所示回路为快速返回回路。活塞杆伸出时为进气节流调速控制，返回时空气通过快速排气阀直接排至大气中，实现快速返回。

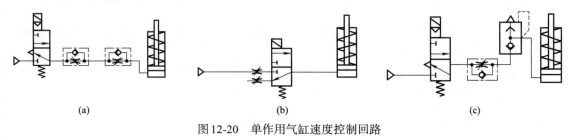

图 12-20　单作用气缸速度控制回路

12.3.2 双作用气缸的速度控制回路

如图 12-21 所示，在气缸两个气口分别安装一个单向节流阀，活塞两个方向的运动分别通过单向节流阀调节。为保证其运动平稳性，常采用排气节流型单向节流阀；如图 12-22 所示回路中，采用二位五通阀，在阀的两个排气口分别安装节流阀，实现排气节流速度控制。该回路控制方法比较简单，应用较广。

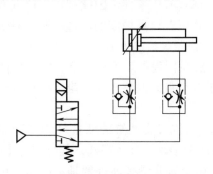

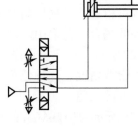

图 12-21　采用单向节流阀速度控制回路　　图 12-22　采用排气节流阀的速度控制回路

如图 12-23 所示回路中，活塞杆伸出时，利用单向节流阀调节速度；返回时通过快速排

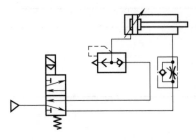

图 12-23 快速返回回路

气阀排气，实现快速返回。

如图12-24所示回路中，气缸的进、排气口均装有快速排气阀，从而使气缸活塞运动加速，实现快速换向。如图12-25所示回路中，用两个二位二通阀与速度控制阀并联，可以让控制活塞在运动中的任意位置发出信号，通过二位二通阀使背压腔空气直接排出到大气中，从而改变气缸的运动速度。如图12-26所示回路可实现气缸的无级调速。当电磁阀2通电时，给电-气比例节流阀1输入电信号，使气缸前进。当电磁阀2断电时，利用电信号设定电气比例阀1的节流阀开度，使气缸以设定的速度后退。阀1和阀2应同时动作，以防止气缸起动"冲出"。

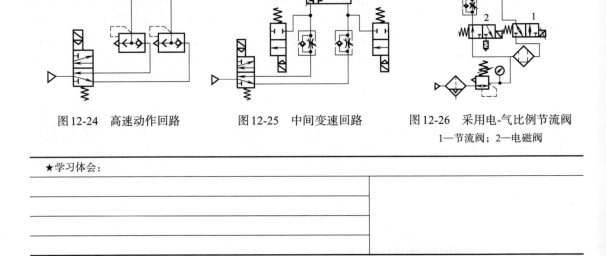

图 12-24 高速动作回路　　图 12-25 中间变速回路　　图 12-26 采用电-气比例节流阀
1—节流阀；2—电磁阀

★学习体会：

12.4 位置控制回路

气缸通常只能保持在伸出和缩回两个位置。如果要求气缸在运动过程中的某个中间位置停下来，则要求气动系统具有位置控制功能。由于气体具有压缩性，因此利用三位五通电磁阀对气缸两腔进行进、排气控制的纯气动控制方法，难以获得高精度的位置控制。对于定位精度要求较高的场合，应采用机械辅助定位或气-液转换器等控制方法。

如图12-27所示，在定位点设置机械挡块，使气缸在行程中间可靠定位，定位精度取决于机械挡块的设置精度。这种位置控制方法的缺点是定位点的调整比较困难，挡块与气缸之间还应考虑缓冲的问题。

如图12-28所示为串联气缸的位置控制回路。图示位置为两缸的活塞杆均处于缩进状态，当阀2不通电，而阀1通电换向时，缸A活塞杆向左推动缸B活塞杆，其行程为Ⅰ—Ⅱ。当阀1保持通电而阀2通电切换时，缸B活塞杆杆端由位置Ⅱ继续前进到Ⅲ。此外，可在两缸端盖上f处，与活塞杆平行安装调节螺钉，以相应地控制行程位置，使缸B活塞杆可停留在Ⅰ—Ⅱ、Ⅱ—Ⅲ之间的所需位置。

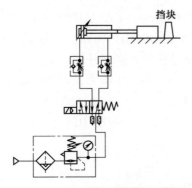

图 12-27 利用外部挡块的定位回路

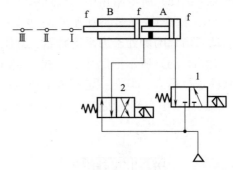

图 12-28 使用串联气缸的三位置控制回路

如图 12-29（a）所示回路中，如果制动装置为气压制动型，气源压力应在 0.1MPa 以上；如果为弹簧+气压制动型，气源压力应在 0.35MPa 以上。气缸制动后，活塞两侧应处于力平衡状态，防止制动解除时活塞杆飞出，为此设置了减压阀 1。解除制动信号应超前于气缸的往复信号或同时出现。如图 12-29（b）所示回路中，制动装置为双作用型，即卡紧和松开都通过气压来驱动。采用中位加压型三位五通阀来控制气缸的伸出与缩回。

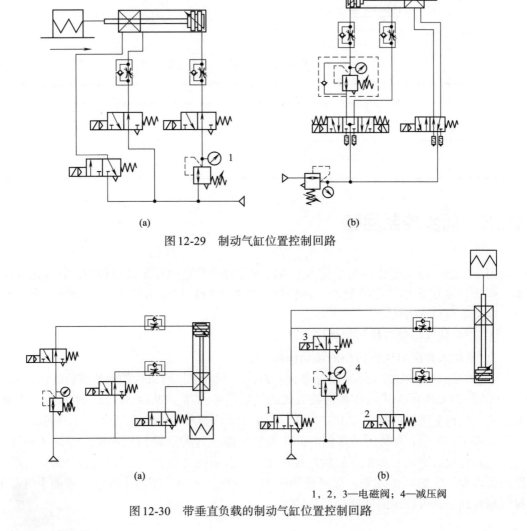

(a)　　　　　　　　　　　(b)

图 12-29 制动气缸位置控制回路

(a)　　　　　　　　　　　(b)

1，2，3—电磁阀；4—减压阀

图 12-30 带垂直负载的制动气缸位置控制回路

如图12-30（a）所示回路中，气缸带有垂直负载时，为防止突然断气时负载掉下，应采用弹簧+气压制动型或弹簧制动型的制动装置。如图12-30（b）回路中，垂直负载向上时，为了使制动后活塞两侧处于力平衡状态，减压阀4应设置在气缸有杆腔侧。

如图12-31（a）所示回路中，通过气-液转换器，利用气体压力推动液压缸运动，可以获得较高的定位精度，但在一定程度上要牺牲运动速度。如图12-31（b）所示回路中，通过气-液转换器，利用气体压力推动摆动液压缸运动，可以获得较高的中间定位精度。

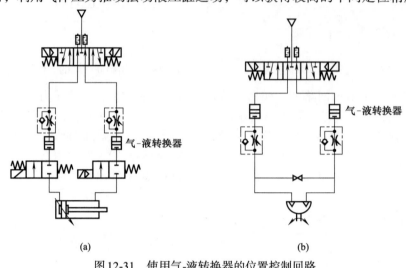

图12-31　使用气-液转换器的位置控制回路

★学习体会：

12.5　同步控制回路

同步控制回路是指驱动两个或多个执行元件时，使它们在运动过程中位置或速度保持同步。同步控制实际是速度控制的一种特例。当各执行机构的负载发生变动时，为了实现同步，通常采用以下方法：

① 用机械连接使各执行机构同步动作。
② 使流入和流出执行机构的流量保持一定。
③ 测量执行机构的实际运动速度，并对流入和流出执行机构的流量进行连续控制。

如图12-32所示为采用机械连接方式的气动同步回路。图12-32（a）所示为采用刚性连接方式，使两个气缸同步；图12-32（b）所示为采用连杆机构实现两个气缸的同步。

如图12-33所示为利用节流阀的同步控制回路。这种回路结构简单，但同步精度较差，易受负载变化的影响。如果气缸的缸径相对于负载来说足够大，工作压力足够高，该同步回路可以取得一定的同步效果。如果使用两个电磁阀，分别控制两个气缸，使两个气缸的进、排气相互独立，可以提高回路的同步精度。

如图12-34所示利用气-液缸的同步回路中,当三位五通电磁阀的A'侧通电时,压力空气经过管路流入气-液联动缸A、B的气缸中,克服负载推动活塞上升。此时,在先导压力的作用下,常开型二位二通阀关闭,使气-液联动缸A的液压缸上腔的油压入气-液联动缸B的液压缸下腔,从而使它们同步上升。三位五通电磁阀的B'侧通电时,可使气-液联动缸向下的运动保持同步。为补偿液压缸的漏油,设置了储油缸,在不工作时进行补油。

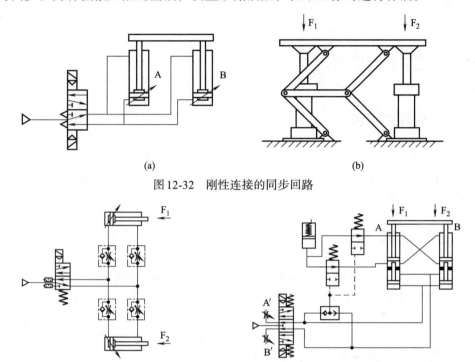

图12-32 刚性连接的同步回路

图12-33 利用节流阀的同步回路

图12-34 利用串联型气-液缸的同步回路

如图12-35所示为利用气-液转换器的同步回路。在图12-35（a）中,使用两只双出杆气-液转换缸,缸1的下侧和缸2的上侧通过配管连接,其中封入液压油。如果缸1和缸2的活塞及活塞杆面积相等,则两者的速度可以一致。如果气-液转换缸有内泄漏和外泄漏,因为油量不能自动补充,所以两缸的位置会产生累积误差。在图12-35（b）中,气-液转换缸1和2利用具有中位封闭机能的三位五通电磁阀3驱动,可实现两缸同步控制和中位停止。该回路中,节流阀不是设置在电磁阀和气缸之间,而是连接在电磁阀的排气口上,这样可以改善中间位置停止精度。

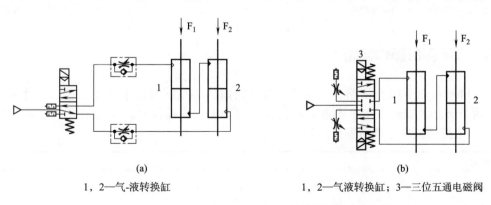

1,2—气-液转换缸

1,2—气液转换缸；3—三位五通电磁阀

图12-35 使用气-液转换器的同步回路

★学习体会：

12.6 安全保护回路

12.6.1 过载保护回路

如图12-36所示，当活塞向右运行过程中遇到障碍或因其他原因使气缸过载时，左腔内的压力将逐渐升高，当其超过预定值时，打开顺序阀3使换向阀4换向，阀1、2同时复位，气缸返回，保护设备安全。

12.6.2 互锁回路

如图12-37所示，主控阀的换向将受三个串联机控三通阀的控制，只有三个机控三通阀都接通时，主控阀才能换向，活塞才能动作。

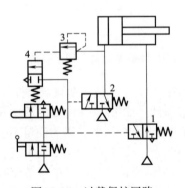
图12-36　过载保护回路
1，2，4—气控换向阀；3—顺序阀

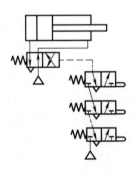
图12-37　互锁回路

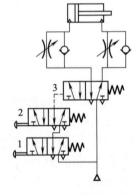
图12-38　双手操作回路
1，2—二位三通手动阀；3—主控阀

12.6.3 双手同时操作回路

图12-38所示双手操作回路，为使主控阀3换向，必须同时按下两个二位三通手动阀1和2。这两个阀必须安装在单手不能同时操作的位置上，在操作时，如任何一只手离开时则信号消失，主控阀复位，则活塞杆后退。

★学习体会：

弘扬爱国奋斗精神

郭永怀,中国力学科学的奠基人和空气动力研究的开拓者,也是以烈士身份被追授"两弹一星"功勋奖章的科学家。他还是一位出色的教育家,曾任中国科学技术大学化学物理系首任系主任,培养了一大批科技人才。

在国外工作期间,郭永怀一直在等待机会,要用他的科学知识为祖国服务。抗美援朝战争结束后,在中国政府的努力下,终于出现了这种机会。这时,郭永怀毅然放弃了在国外的优越条件与待遇,于1956年11月回到了阔别16年的祖国,并立即投身于轰轰烈烈的社会主义建设事业。郭永怀曾说:"我只是新中国一个普通的科技工作者,我希望自己的祖国早一天强大起来,永远不再受人欺侮。"

1968年12月5日凌晨,郭永怀带着第二代导弹核武器的一份绝密资料,匆匆乘飞机从青海基地赶往北京,飞机不幸坠毁。找到遗体时,在场的人失声痛哭:郭永怀与警卫员小牟紧紧地抱在一起,费了很大力气将他们分开后,那个装有绝密资料的公文包就夹在俩人中间,数据资料完好无损。郭永怀牺牲20天后,我国第一颗热核导弹成功试爆,氢弹的武器化得以实现。

"两弹一星"元勋、著名科学家钱学森在《写在〈郭永怀文集〉的后面》中写道:"郭永怀同志是一位优秀的应用力学家,他把力学理论和火热的改造客观世界的革命运动结合起来了。其实这也不只是应用力学的特点,也是一切技术科学所共有的,一方面是精深的理论,一方面是火样的斗争,是冷与热的结合,是理论与实践的结合,这里没有胆小鬼的藏身处,也没有私心重的活动地;这里需要的是真才实学和献身精神""作为我们国家的一个科学技术工作者,作为一个共产党员,活着的目的就是为人民服务,而人民的感谢就是一生最好的评价!"

12.7 职业技能

12.7.1 气动系统的组建

气动系统的组建并不是简单地用管子把各种阀连接起来,其实质是设计的延续。作为一种生产设备,它首先应保证运行可靠、布局合理、安装工艺正确、维修及检测方便。此外,还应注意以下事项。

(1) 管道的安装

安装前要彻底清理管道内的粉尘及杂物;管子支架要牢固,工作时不得产生振动;接管时要充分注意密闭性,防止出现漏气,尤其注意接头处及焊接处;管路尽量平行布置,减少交叉,力求最短,转弯最少,并考虑到能自由拆装。安装软管要有一定的转弯半径,不允许有拧扭现象,且应远离热源或安装隔热板。

(2) 元件的安装

元件应按照阀的推荐安装位置和标明的安装方向进行安装;逻辑元件应按照控制回路的需要,将其成组地装在底板上,并在底板上开出气路,用软管接出;可移动缸的中心线应与负载作用力的中心线重合,否则易产生侧向力,使密封件加速磨损、活塞杆弯曲;对于各种控制仪表、自动控制器、压力继电器等,在安装前要先进行校验。

12.7.2 气动系统使用注意事项和维护保养

(1) 气动系统使用时的注意事项

① 开车前后要放掉系统中的冷凝水。
② 定期给油雾器注油。
③ 开车前要检查各调节手柄是否在正确的位置，机控阀、行程开关、挡块的位置是否正确、牢固。
④ 对导轨、活塞杆等外露部分的配合表面进行擦拭。
⑤ 随时注意压缩空气的清洁度，对空气过滤器的滤芯要定期清洗。
⑥ 设备长期不用时，应将各手柄放松，防止因弹簧发生永久变形而影响各元件的调节性能。

(2) 气动系统的日常维护

气动系统的日常维护主要是指对冷凝水的管理和系统润滑的管理。

压缩空气吸入的是含有水分的湿空气，经压缩后提高了压力，当再度冷却时就要析出冷凝水，侵入到压缩空气中致使管道和元件锈蚀，影响其性能。

防止冷凝水侵入压缩空气的方法是：及时排除系统各排水阀中积存的冷凝水；注意经常检查自动排水器、干燥器的工作是否正常，定期清洗空气过滤器、自动排水器的内部元件等。

气动系统从控制元件到执行元件，凡有相对运动的表面都需要进行润滑。如润滑不当，将会使摩擦阻力增大而导致元件动作不良，因密封面磨损会引起系统泄漏等危害。

润滑油黏度的高低直接影响润滑的效果。通常，高温环境下用高黏度的润滑油，低温环境下用低黏度的润滑油。如果温度特别低，为克服雾化困难可在油杯中装加热器。供油是随润滑部位的形状、运动状态及负载大小而变化，而且供油量总是大于实际需要量。一般以 $10m^3$ 自由空气供给1mL的油量为基准。

平时要注意油雾器的工作是否正常，如果发现油量没有减少，需及时检修或更换油雾器。

气动系统的保养。对于气动系统的保养主要是要进行定期的检修，定期检修的时间通常为三个月。检修的主要内容有：

a. 查明系统各泄漏处，并设法予以解决。
b. 通过对方向控制阀排气口的检查，判断润滑油是否适度，空气中是否有冷凝水。如果润滑不良，考虑油雾器规格是否合适，安装位置是否恰当，滴油量是否正常等。如果有大量冷凝水排出，考虑过滤器的安装位置是否恰当，排除冷凝水的装置是否正确，冷凝水的排除是否彻底。如果方向控制阀排气口关闭时，仍有少量泄漏，往往是元件损伤的初期阶段，检查后，可更换受磨损元件以防止发生动作不良的情况。
c. 检查安全阀、紧急安全开关动作是否可靠。定期检修时，必须确认它们动作的可靠性，以确保设备和人身安全。
d. 观察换向阀的动作是否可靠。根据换向时的声音是否异常，判断铁芯和衔铁配合处是否夹有杂质。检查铁芯是否有磨损，密封件是否老化。
e. 反复开关换向阀，观察气缸动作，判断活塞上的密封是否良好。检查活塞外露部分，判断前盖的配合处是否有泄漏。

上述各项检查和修复的结果应记录下来，以作为设备出现故障时查找原因和设备大修时的参考。

　　气动系统的大修间隔为一年或几年。大修的主要内容是检查系统各元件和部件，判定其性能和寿命，并对平时产生故障的部位进行检修或更换元件，排除修理间隔期内一切可能产生故障的因素。

★学习体会：

理论考核（40分）

一、判断下列说法的对错（正确画√，错误画×）。（共18分，每题3分）
1. 使用节流阀的同步控制回路结构简单，具有较好的同步效果。　　　　（　　）
2. 在增压回路中，增压泵和增压缸都可以连续为执行元件提供高压输出。（　　）
3. 快速排气阀可以提高气缸的运动速度，但有可能造成气缸缓冲失效。　（　　）
4. 一次压力控制是利用外控溢流阀控制气罐的压力。　　　　　　　　　（　　）
5. 二次压力控制是利用气源处理装置中的减压阀来控制的压力，该压力也是系统工作压力。　　　　　　　　　　　　　　　　　　　　　　　　　　　　　　（　　）
6. 气缸运动速度控制可以使用节流阀，也可以使用单向节流阀，二者作用一样。（　　）

二、请回答下列问题
1.气动系统中，压力控制回路有什么作用？包括哪几种形式？（10分）

2.串联气缸的位置控制回路如何实现三位置控制？（12分）

技能考核（30分）

1. 叙述气动管道的安装要求。（8分）

2. 简述气动元件安装要求。（8分）

3. 简述气动系统使用的注意事项。（14分）

素质考核（30分）

1. 谈一谈自己对爱国奋斗精神的理解。（15分）

_____

_____

_____。

2. 谈一谈如何通过的奋斗去实践自己的爱国情怀。（15分）

_____

_____

_____。

学生自我体会：

_____

学生签名：_____ 日期：_____

拓展空间

1. 延时回路

如图12-39所示的延时回路中，按钮1按下一段时间后，阀2才有换向动作。如图12-40所示回路中，当按钮1松开一段时间后，阀2才切换。

如图12-41所示回路中，当手动阀1按下后，阀2立即切换至右边工作。活塞杆伸出，同时压缩空气经管路A流向气室3中。当气室3的压力升高后，差压阀2换向，活塞杆收回。延时的长短可根据需要选用不同大小气室或调节进气快慢而定。

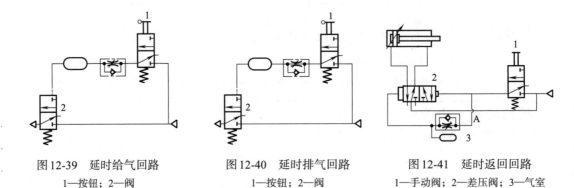

图12-39　延时给气回路　　　　图12-40　延时排气回路　　　　图12-41　延时返回回路
1—按钮；2—阀　　　　　　　1—按钮；2—阀　　　　　　　1—手动阀；2—差压阀；3—气室

2. 专业英语

In a pneumatic system, energy that will be used by the system and transmitted through the system is stored as potential energy in an air receiver tank in the form of compressed air. A pressure regulator is positioned after a receiver tank and is used to portion out this stored energy to each leg of the circuit.

In pneumatic circuit diagrams, the components are arranged the way that the flow of energy always flows from the bottom up (as opposed to electrical schematics). Thus the pressure source represents the first element is the actuator is the last element. In purely pneumatic circuits the processing of the input signals is also performed pneumatically.

第13章 典型气动系统及使用维护

知识目标

1. 了解气动机械手工作过程和基本回路。
2. 会分析典型气动系统原理。
3. 掌握气动系统维护和保养的相关知识。

技能目标

1. 掌握气动系统的安装规范。
2. 会对气动系统进行调试和维护。
3. 会对气动系统进行故障诊断。

素质目标

1. 毅力和专注力的培养。
2. 工匠精神的培养。

学习导入

气动系统在轻工业、汽车、机械人、市政工程车辆、数控加工中心、数控车等领域有着相对广泛的应用，因此，对气动系统的工作原理、气动元件和附件的安装、使用和维修养护规范，应该具有满足岗位需求的能力。

13.1 气液动力滑台气动系统

13.1.1 气液动力滑台的构成

气液动力滑台是组合机床上的一个动力部件。它采用气-液阻尼缸作为气动执行元件实现滑台的往复运动，实现控制的元件有：手动控制气阀、行程控制气阀、单向气阀、补油箱和管道等。滑台上可安装单轴头、动力箱或工件，因而它常作为组合机床上实现进给运动的部件。气液动力滑台原理图如图13-1所示。

13.1.2 气液动力滑台气压传动系统的工作过程

根据气液动力滑台的气压传动系统原理图，系统的执行元件气-液阻尼缸的缸筒固定，活塞杆与滑台相连。图13-1中阀1、2、3和阀4、5、6分别组成两个组合阀。该气液动力滑台能够完成下面两种工作循环。

① 快进→工进→快退→停止，此时手动换向阀4开启（处于右位）。

快进：手动换向阀3切换至右位。

慢进：挡铁B切换行程换向阀6至右位。

快退：挡铁C使行程换向阀2切换至左位。

停止：挡铁A切换行程换向阀8至图示位置。

② 快进→工进→慢退（反向工进）→快退→停止，此时手动换向阀4关闭（处于左位）。

快进：手动换向阀3切换至右位。

工进：挡铁B切换行程换向阀6至右位。

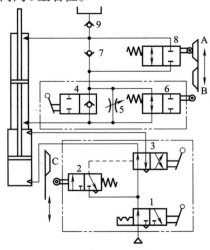

图13-1 气液动力滑台气动系统原理图

1—手动定位换向阀；2，6，8—行程阀；3，4—手动换向阀；
5—节流阀；7，9—单向阀

慢退（反向工进）：挡铁C使行程换向阀2切换至左位，手动换向阀3切换至左位，气缸活塞开始向上运动，液压缸活塞上腔的油液经行程换向阀8左位和节流阀5进入活塞下腔，实现慢退（反向工进）。

快退：挡铁B离开行程换向阀6的顶杆。

停止：挡铁A切换行程换向阀8至图示位置。

★学习体会：

火箭"心脏"焊接人高凤林：大国工匠是怎样炼成的

高凤林简介：

在中国航天科技集团有限公司第一研究院首都航天机械公司工作，国家特级技师。1983年以来，高凤林连年获得厂、院优秀团员、党员，新长征突击手，先进生产者，十佳青年等共20多项称号。此外，1995年获部级科技进步一等奖；1996年获国家科技进步二等奖；同年获航天百优"十杰"青年、航天部劳动模范、航天技术能手、中央国家机关"十杰"青年；1997年获全国青年岗位能手、全国十大能工巧匠等称号，1999年获中国航天基金奖；2018年"大国工匠年度人物"；2019年9月25日，高凤林获"最美奋斗者"个人称号。

长三甲、长三乙、长三丙运载火箭设计的新型大推力氢氧发动机，由于使用新技术新材料给焊接加工带来诸多难题，尤其在发动机大喷管的大、小端焊接中，超厚与超薄材质在复杂结构下的对接焊，多次泄漏，高凤林经过反复分析和摸索，终于找出以高强脉冲焊，配以打眼补焊的最佳工艺措施，攻克难关。

在国家某特种车的研制中高凤林充分运用焊接系统控制理论，出色攻克了一系列部组件的生产工艺难关，保证了国防急需，其中后梁和起竖臂分获院科技进步一等奖和阶段成果二等奖。某型号发动机试车多次失败，头部生产试验中断，生产无法继续进行，高凤林应邀参加，以气保护双面成型和局部自由收缩焊接等措施解决难关，将试验压力由130个压力提高到180个压力，满足了使用要求，试车得以成功。

13.2 职业技能

13.2.1 气动系统安装

（1）气缸的安装

气动执行元件是将空气压力能转换为机械能的装置，它是气动系统与负载相联系的元件。气动执行元件安装的好坏将直接影响到气动系统能否正常工作，完成设备要求的动作。气缸是最常用的气动执行元件，因此这里只介绍气缸的安装要求，其他执行元件的安装可参考相关设计手册或产品样本。

① 气缸的安装形式。气缸的安装形式是根据负荷运动方向来决定的，如表13-1所示为常用气缸的安装形式。

表13-1 气缸常用安装形式

负荷运动方向	安装形式	注 意 事 项
负荷做直线运动	底座形 法兰形	固定气缸本体，使负荷的运动方向和活塞的运动方向在同一轴线上或平行
负荷做直线运动	轴销形 耳环形	行程过长或负荷的运动方向与活塞运动方向不平行，并且不在同方向上，可采用轴销或耳环形的安装形式。要注意不能对活塞杆和轴承施加横向载荷
负荷在同一平面内摆动	轴销形 耳环形	使支撑气缸的耳环或轴销的摆动方向与负荷的摆动方向一致。活塞杆前端的金属零件的摆动方向也需要相同。轴承上有横向载荷时，横向载荷值应在气缸输出力的1/20以内

② 气缸的安装要求

a. 活塞杆的轴线与负载移动方向应保持一致或同轴。否则，活塞杆和缸筒将产生别劲，导致缸筒内表面、导向套与活塞杆的表面以及密封件加速磨损。

b. 避免活塞杆直接连接垂直负载。否则，活塞杆和缸筒会产生别劲，活塞杆容易弯曲，导致缸筒内表面、导向套和活塞杆的表面以及密封件加速磨损。

c. 避免活塞杆受扭矩力。否则，活塞杆和缸筒会产生别劲，活塞杆容易弯曲，导致导向套和活塞杆的表面以及密封件加速磨损。

d. 防止后活动铰接离出力点过长，而导致活塞杆受扭矩作用。通过改用中间活动支撑，以缩短支撑点与出力点过长的距离。

e. 长行程气缸上应设置中间导向支撑，避免活塞杆自然下垂，以克服活塞杆的下垂、缸筒下弯以及振动和外负载给活塞杆带来的损害。

f. 在长行程时易发生挠曲，可将安装托架移至前端盖处。

g. 不能将底座式或法兰式气缸与进行圆周运动的摇臂连接，而应采用销轴式或耳环式连接方式。

h. 应根据气缸受力的方向，采取适当的法兰式安装，以保证气缸的安装法兰紧贴在安装表面上，减小安装螺钉的受力。

(2) 气动元件的安装

① 安装前应对元件进行清洗，必要时要进行密封试验。

② 各类阀体上的箭头方向或标记，要符合空气流动方向。

③ 逻辑元件应按控制回路的需要，先将其成组地装于底板上，并在底板上引出气路，再用软管接出。

④ 一般电磁换向阀可以安装在任何方向，但机械装置的振动或冷凝水、油等液体接触到电磁阀的线圈部位，会造成电磁阀工作不良。因此，安装时可使振动方向与电磁阀滑阀芯的动作方向成直角。同时，为防止冷凝水、油等接触电磁阀的线圈，应将线圈朝上或横向安装，如图13-2所示。

⑤ 电磁阀配线连接时，应仔细查看线圈上的电压参数，以免造成电磁阀动作不良或线圈烧毁。直流规格的电磁阀因为带有极性的指示灯，在接线的时候要注意正负极。如接反，则指示灯不会亮，但电磁阀仍能动作。

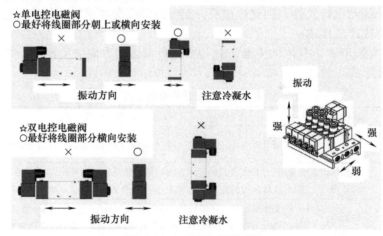

图13-2 电磁换向阀的安装

⑥ 密封圈不要装得太紧，松紧要合适。

⑦ 各种自动控制仪表、自动控制器、压力继电器等，在安装前应进行校验。

(3) 气动管路的安装

① 安装前要仔细检查管道内壁是否光滑，并进行除锈和清洗。

② 管道支架要牢固，工作时不得产生振动。
③ 接头及管道不允许漏气。
④ 管道焊接应符合规定的标准。
⑤ 安装软管时，其长度应有一定余量。在弯曲时，不能从接头端部处开始弯曲，以防止漏气。在安装直线段时，不要使接头端部和软管间承受拉伸。
⑥ 软管安装应尽可能远离热源或安装隔热板。
⑦ 管路系统中任何一段管道均应能拆装。管道安装的倾斜度、弯曲半径、间距和坡向均要符合有关规定。

在气动管路安装中，应注意：

a. 不到进行配管的时刻，不要拆开气缸包装袋或者配管口防尘塞，以防止异物进入气缸内部，从而导致故障和误动作。

b. 配管连接时密封带的缠绕方法，应从距离配管螺纹部分的前端1.5~2个螺牙以上的内侧位置开始，按照顺着螺纹的方向进行缠绕。如果密封带超出配管的螺纹前端部分，在拧入连接口时密封带会被撕成碎片，碎片进入到气阀内将导致故障和误动作，如图13-3所示。

图13-3 密封带缠绕方法

密封带缠绕技术
微视频

13.2.2 气动系统维护和保养

气动系统的日常维护主要是对冷凝水、系统润滑和空压机系统的管理。在管理过程中，主要检查以下内容。

① 检查系统压力。气动装置在动作时，其压力表是否显示为设定压力。

② 检查冷凝水，油杯、滤芯的污染状况。滤芯应定期清洗或更换，当过滤器压力降大于0.05MPa时应更换，并使用中性清洗液清洗水杯。对于金属滤芯，可通过以下方法再生。

a. 反吹法：将气体或液体清洗介质以略高于工作压力的压力从过滤器的反方向通过过滤元件。反吹速度为正常过滤速度的二分之一，时间为1min。

b. 灼烧法：将滤芯放在热气流中加热，使堵塞孔道的固体颗粒烧掉。但应注意加热温度应在过滤材料的允许温度以下。

c. 超声波法：这是一种效果最好的再生方法，它保证滤芯在清洗过程中不受损坏，同时能清洗最小孔道。

③ 检查泄漏情况。检查配管及可动部分的连接状况是否正常，满足要求。
④ 检查电磁阀动作有无迟缓现象，排气状态是否正常。
⑤ 检查油雾器润滑、油量调节是否正常，油杯内的油面应处于上下限之间，注意及时补油。检查润滑是否良好的一个方法是：将一张清洁的白纸放在换向阀的排气口附近，如果换向阀在工作三到四个循环后，白纸上只有很轻的斑点时，表明润滑是良好的。油雾器补油时，将透平油倒入油杯内达到容积的80%即可。油雾器使用油量一般情况下为每$10m^3$自由空气量使用$1cm^3$润滑油。

⑥ 定期检查空气过滤器、油雾器的塑料杯及油雾器的视察窗有无裂缝、损伤及其他的老化。为保证气动系统的正常使用，在系统的日常维护工作中，需要对气动元件定期进行检查，其检查项目如表13-2所示。

笔记

表 13-2 气动元件定期检查项目

气动元件	定期检查项目	检查方法、措施
气缸	活塞杆密封处及进排口是否漏气	用肥皂沫进行检查；更换密封或加装生料带重新安装
	活塞杆是否生锈、划伤	目测；更换活塞杆或气缸
	气动动作过程中是否产生异常声音	耳听；重新调试系统
	管接头、配管是否有损伤	目测；更换
速度控制阀	是否可以对气缸进行速度控制	旋转流量调整旋钮，确认是否可以进行
电磁阀	动作时是否异常	耳听；更换电磁阀
	电磁阀外壳是否异常发热	手摸或红外测温仪；更换电磁阀
	气缸的行程到末端后排气口是否继续排气	手摸电磁阀排气口；维修或更换气缸
	配线是否损伤	目测；更换配线
	排气口是否有湿润油（确认润滑情况）	润滑情况不好时，应注意油雾器的安装位置
	各安装外壳、螺母有否松动	检查电磁铁端螺母；及时拧紧
过滤器	水杯中是否积存冷凝水	目测；卸下水杯倒掉水
	当冷凝水自动排水时，应确定它是否正常动作	目测；更换或维修
	是否漏气	用肥皂沫进行检查；维护或更换
	检查过滤器是否堵死	拆卸检测；更换滤芯
调压阀	压力表指示是否正常，指针是否在规定范围	观察；更换压力表
	旋动调节钮，确认压力是否可以调节	将压力降至零，确认压力表是否为零
	有无漏气	用肥皂沫进行检查；维护或更换
油雾器	有无润滑油，是否使用透平1号油（ISO VG32）	目测；及时添加
	滴油是否适合	目测；调整油雾器加油量旋钮
	润滑油是否变色、混浊	目测；更换润滑油
	油杯底部是否沉积有灰尘和水	目测；更换润滑油

13.2.3 气动系统常见故障维修

（1）气动系统常见故障分类

由于气动系统故障发生的时期不同，反映出的故障现象以及引发故障的原因也不相同。一般可以将气动系统故障分为初期故障、突发故障和老化故障三类。

① 初期故障。所谓初期故障，是指在气动系统调试阶段和开始运转的2~3个月内发生的故障称为初期故障。引发初期故障的原因主要是气动系统设计、加工、安装和气动元件质量等方面的缺陷造成的，如：

a. 元件加工、装配不良。元件内孔的研磨不符合要求，零件毛刺未清除干净，不清洁安装，零件装错、装反，装配时对中不良，紧固螺钉拧紧力矩不恰当，零件材质不符合要求，外购密封圈、弹簧等零件质量差等。

b. 设计失误。设计气动元件时，对零件的材料选用不当，加工工艺要求不合理等；对元件的特点、性能和功能了解不够，造成回路设计时元件选用不当；设计的空气处理系统不能满足气动元件和系统的要求，造成回路设计出现错误。

c. 安装不符合要求。安装时，气动元件及管道内吹洗不干净，使灰尘、密封材料碎片等杂质混入，造成气动系统故障；安装气缸时存在偏载；管道的防松、防振动等没有采取有效措施。

　　d. 维护管理不善。未及时排放冷凝水，未及时给油雾器补油等。

　　② 突发故障。气动系统在稳定运行时期内突然发生的故障称为突发故障。油杯和水杯都是用聚碳酸酯材料制成的，如果它们在有机溶剂的雾气中工作，就有可能突然破裂；空气或管路中，残留的杂质混入元件内部，突然使相对运动件卡死；弹簧突然折断、软管突然爆裂、电磁线圈突然烧毁；突然停电造成回路误动作等。有些突发故障是有先兆的。例如，排出的空气中出现杂质和水分，表明过滤器已失效，应及时查明原因，予以排除，不要酿成突发故障。但有些突发故障是无法预测的，只能采取安全保护措施加以防范，或准备一些易损备件，以便及时更换失效的元件。

　　③ 老化故障。个别或少数气动元件达到使用寿命后发生的故障称为老化故障。参照气动系统中各气动元件的生产日期、开始使用日期，使用的频繁程度以及已经出现的某些征兆，如声音反常、泄漏越来越严重、气缸运动不平稳等，可以大致预测老化故障的发生期限。

(2) 故障诊断的方法

　　气动系统故障诊断常采用的方法有经验法和推理分析法。

　　① 经验法。经验法是指依靠检修人员的实际工作经验，凭借视觉、听觉、嗅觉、触觉等判断故障发生的部位，并找出故障原因的方法。

　　　a. 通过视觉观察，了解气动系统发生故障时的现象。如，观察执行元件的运动速度有无异常变化；各测压点的压力表显示的压力是否符合要求，有无大的波动；润滑油的质量和滴油量是否符合要求；冷凝水能否正常排出；换向阀排气口排除空气是否干净；电磁阀的指示灯显示是否正常；紧固螺钉及管接头有无松动；管道有无扭曲和压扁；有无明显振动存在；加工产品质量有无变化等。

　　　b. 通过听觉和嗅觉，了解系统发生故障时的现象。如，听气缸及换向阀换向时有无异常声音；气动系统停止工作但尚未泄压时，有无漏气，漏气声音大小及其每天的变化情况；闻电磁线圈和密封圈有无因过热而发出的特殊气味等。

　　　c. 通过触觉，了解系统发生故障时的温度与振动情况。如，通过触摸相对运动件外部和电磁线圈，感受其温度。如触摸2s后感到烫手，则应查明发热原因。此外，通过触摸可以查明气缸、管道等处有无振动，气缸有无爬行，各接头处及元件处有无漏气等。

　　经验法简单易行，但由于每个人的感觉、实践经验和判断能力的差异，诊断故障会存在一定的局限性。在使用经验法时，适当采用查阅技术资料和人员访谈的方法，能够取得更好的诊断效果。如：通过查阅气动系统的技术资料，可以了解系统的工作程序、运行要求及主要技术参数；查阅产品样本，可以了解每个元件的作用、结构、功能和性能；查阅维护检查记录，可以了解日常维护保养的工作情况；访谈现场操作人员，可以了解设备运行情况，故障发生前的征兆及故障发生时的状况等。

　　② 推理分析法。推理分析法是利用逻辑推理，由简到繁、由易到难、由表及里逐一进行分析，排除不可能的和非主要的故障原因，优先检查故障发生前曾经调整或更换过的元件，查找故障概率高的常见原因，从而找出故障真实原因的一种方法。

　　③ 仪表分析法。利用检测仪器仪表，如压力表、压差计、电压表、温度计及其他电子仪器等，检查气动系统或元件的技术参数是否符合相应技术要求，从而找出故障发生的真实原因。

　　④ 比较法。用标准的或合格的气动元件代替气动系统中相同的元件，通过工作状况的对比，来判断被更换的气动元件是否失效。

★学习体会：

理论考核（40分）

一、判断下列说法的对错（正确画√，错误画×，每题5分，共20分）

1. 在气缸安装时，应尽量使气缸轴线与负载运动轨迹一致，以避免活塞杆受侧向力。（　　）

2. 把调压阀装在电磁阀与气缸之间时，由于调压阀无法正常排气，所以在实际使用时都会并联一个单向阀，组成带单向功能的调压阀。（　　）

3. 快排阀可以提高气缸的运动速度，但有可能造成气缸缓冲失效。（　　）

4. 一般气动系统的过滤器的金属滤芯都是可以反复使用的。（　　）

二、请回答下列问题

1. 说明气动机械手的结构组成和特点。（10分）

2. 气缸在与负载连接时主要需要注意哪些问题？（10分）

技能考核（30分）

1. 气动系统在调试时主要有哪几个阶段？做些什么工作？（10分）

2. 气动系统引发初期故障的原因？（10分）

3. 气动系统故障诊断的方法有哪些？（10分）

素质考核（30分）

1. 谈一谈自己对工匠精神的理解。（15分）

2. 谈一谈如何在学习中和今后的工作中培养自己的工匠精神？（15分）

学生自我体会：

学生签名：_____ 日期：_____

拓展空间

1. 气动机械手系统

（1）概述

在气动系统中，气动机械手系统是一种以气压为动力驱动执行件动作，而控制执行件动作的各类换向阀又都是电磁-气动控制的系统，能充分发挥电、气两方面的优点，应用相当广泛。

这类系统的分析和液压传动系统相类似，其信号与执行元件动作之间的协调连接（含逻辑设计）由电气设计完成。

下面以一种在无线电元器件生产线广泛使用的可移动式通用气动机械手为例，说明其工作原理及特点。

（2）气动机械手的工作原理

如图13-4所示为搬运平台的工件运动要求和六自由度搬运机械手结构，可完成将工件从A平台搬运至可升降的B平台。机械手由气动爪、腕、升降臂、伸缩臂、升降柱、回转柱等组成。

工件从A平台搬运至B平台后要求工件旋转90°；机械手的工作原位状态为升降柱升位、爪放松，其余各气缸应在杆缩回和回转马达0°状态；各气缸和气马达均设有电磁开关进行位置检测。

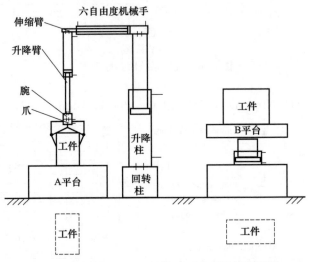

图13-4 搬运平台的工件运动要求和机械手结构

六自由度机械手结构其动作循环过程如图13-5所示。主回路原理图主要是气动回路原理图，如图13-6所示，包括机械手和可升降的B平台两部分的气动回路。每个执行气缸或气马达的行程两端都采用磁性开关进行检测，因此应有14个磁性检测开关（SQ1~SQ14），除爪和柱气缸采用二位五通双控电磁阀控制外，其余各气缸或气马达由于是短时制动作，因此均采用二位五通单控电磁阀控制，从而共有5个断电复位的单控阀，2个具有记忆功能的双控阀，即（YA1~YA9）九个电磁阀线圈。各气缸或气马达所显示的状态应是系统上电后的原位状态。各气缸或气马达的运行速度采用出口节流调速形式，实现气缸杆伸出和缩回的速度整定。

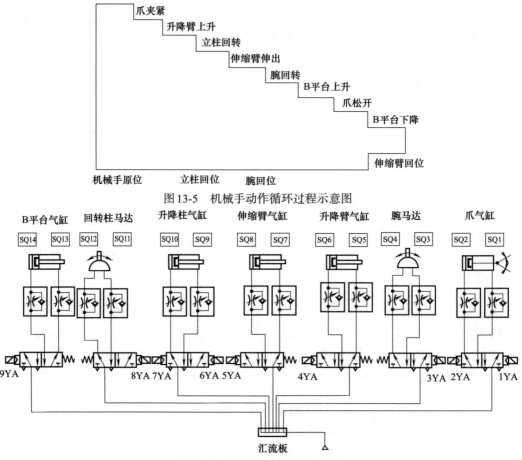

图 13-5 机械手动作循环过程示意图

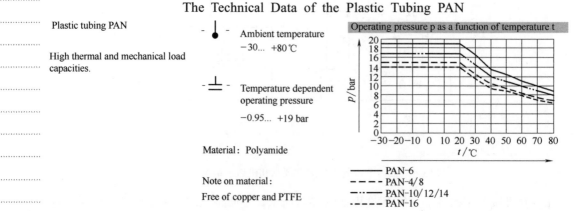

图 13-6 气动系统回路原理图

2. 专业英语

The Technical Data of the Plastic Tubing PAN

Plastic tubing PAN

High thermal and mechanical load capacities.

Ambient temperature
−30… +80 ℃

Temperature dependent operating pressure
−0.95… +19 bar

Material: Polyamide

Note on material:
Free of copper and PTFE

Operating pressure p as a function of temperature t

—— PAN-6
- - - PAN-4/8
-·-·- PAN-10/12/14
-··-··- PAN-16

Dimensions and ordering data								
O.D. /mm	I.D. /mm	Min.bending radius /mm	Flow-relevant bending radius /mm	Weight /[kg/m]	Colour	Part No.	Type	PU[1] /m
4	2.9	12	18	0.006	Silver	152697	PAN-4×0,75-SI	50
					Silver	553888	PAN-4×0,75-SI-500	500
					Blue	553906	PAN-4×0,75-BL	50
					Blue	553894	PAN-4×0,75-BL-500	500
					Black	553912	PAN-4×0,75-SW	50
					Black	553900	PAN-4×0,75-SW-500	500
					Natural	546284	PAN-4×0,75-NT	50
					Green	553918	PAN-4×0,75-GN	50
					Red	553924	PAN-4×0,75-RT	50
					Yellow	553930	PAN-4×0,75-GE	50

参 考 文 献

[1] 周进民，杨成刚. 液压与气动技术 [M]. 北京：机械工业出版社，2013.
[2] 冷更新，张雨新. 液压与气动控制技术 [M]. 北京：电子工业出版社，2016.
[3] 潘玉山. 液压与气动技术 [M]. 北京：机械工业出版社，2015.
[4] 马廉洁. 液压与气动 [M]. 北京：机械工业出版社，2015.
[5] 胡家富，王庆胜. 液压、气动系统应用技术 [M]. 北京：中国电力出版社，2011.
[6] 徐小东. 液压与气动应用技术 [M]. 北京：电子工业出版社，2009.
[7] 崔学红，孙余一. 液压与气动系统及维护 [M]. 北京：机械工业出版社，2015.
[8] 姚成玉，赵静一，杨成刚. 液压气动系统疑难故障分析与处理 [M]. 北京：化学工业出版社，2010.
[9] 赵静一，曾辉，李侃. 液压气动系统常见故障分析与处理 [M]. 北京：化学工业出版社，2009.
[10] 杨务滋. 液压维修入门 [M]. 北京：化学工业出版社，2009.
[11] 宋锦春. 液压工必备手册 [M]. 北京：机械工业出版社，2010.
[12] 周玉蓉. 职业素养与职场规范 [M]. 北京：高等教育出版社，2012.
[13] 唐颖达. 液压缸设计与制造 [M]. 北京：化学工业出版社，2017.
[14] 张利平. 液压阀原理、使用与维护 [M]. 北京：化学工业出版社，2020.
[15] 张勤，徐钢涛. 液压与气压传动技术 [M]. 北京：高等教育出版社，2015.
[16] 左健民. 液压与气动技术（第5版）[M]. 北京：机械工业出版社，2016.
[17] 冯锦春. 液压与气压传动技术 [M]. 北京：人民邮电出版社，2009.
[18] 陈宽. 气动与液压技术 [M]. 北京：电子工业出版社，2016.
[19] 李新德. 液压与气动技术 [M]. 北京：机械工业出版社，2018.
[20] 黄志坚，吴百海. 液压设备故障诊断与维修案例精选 [M]. 北京：化学工业出版社，2009.
[21] 黄志坚，袁周. 液压设备故障诊断与监测实用技术 [M]. 北京：机械工业出版社，2005.
[22] 雷天觉. 新编液压工程手册 [M]. 北京：北京理工大学出版社，1998.
[23] 闻邦椿. 机械设计手册 [M]. 北京：机械工业出版社，2018.
[24] 唐颖达. 液压缸设计与制造 [M]. 北京：化学工业出版社，2017.
[25] 刘海丽，李华聪. 液压机械系统建模仿真软件AMESim及其应用 [J]. 机床与液压，2006（6）：124-126.
[26] 李永贵. 液压系统设计中的禁忌 [J]. 科技信息，2009（13）：99-100.
[27] 丁小九. 论述液压系统设计中的错误疏漏 [J]. 商品与质量：学术观察，2013（11）：130.
[28] 袁国义. 机床液压传动系统图识图技巧 [M]. 北京：机械工业出版社，2005.
[29] 王凤娟. 利用图形符号特征快速识别液压系统原理图中三大类控制元件 [J]. 三门峡职业技术学院学报，2011（1）：122-124.
[30] 岳丽敏，索小娟. 轻松识别溢流阀、减压阀、顺序阀图形符号 [J]. 郑州铁路职业技术学院学报，2014（4）：16-17.
[31] 郭向阳. 液压与气压传动 [M]. 合肥：合肥工业大学出版社，2006.
[32] 董霞，孙振强. 液压与气压传动技术 [M]. 上海：同济大学出版社，2009.